小学校6年生までに必要なプログラミング的思考力が1冊でしっかり身につく本

ENY KiDZ オンラインスクール
校長
熊谷基継

かんき出版

ご購入の前に

本書は以下の環境を前提に作成されています。ご購入の前に必ずご確認ください。お使いのブラウザや環境によって、操作画面の見え方が多少異なる場合がありますので、あらかじめご了承ください。

Scratchのバージョン

本書では、プログラミング学習のためのツールとして「Scratch」を使用しています。Scratchにはインターネットをつないでインターネットブラウザ上で利用するブラウザ版と、パソコンにインストールするインストール版があります。本書では、**「ブラウザ版Scratchバージョン３」**を使用し、解説しています。

推奨ブラウザ

パソコン

Chrome（バージョン63以上）

Edge（バージョン15以上）

Firefox（バージョン57以上）

Safari（バージョン11以上）

※ Internet Explorerはサポートされていません。

※最新情報、詳細はScratchのサイトをご覧ください。

https://scratch.mit.edu/info/faq

タブレット

Mobile Chrome（バージョン63以上）

Mobile Safari（バージョン11以上）

※ タブレットでも動作しますが、「キーが押された」ブロックなど、一部機能しないものがあります。

※そのほか、PROJECT13ではWEBカメラを使用します。

保護者のみなさま、教育者のみなさまへ

プログラミング教育が必修化されても大丈夫！

2020年4月より、小学校ではプログラミング教育が必修となりました。
保護者の方々、教育現場で働かれている先生方の中には「プログラミングなんてよくわからないし、どうしたらいいんだろう……」と思う方も多いと思います。

でも、ご安心ください！　今は「ビジュアルプログラミング」という学習ツールがあり、**子どもたちはゲーム・パズル感覚で遊びながら、プログラミング的思考を身につけることができます。**
代表的なビジュアルプログラミングツールのひとつが、本書で紹介している「Scratch（スクラッチ）」です。

スクラッチはMIT（マサチューセッツ工科大学）で開発された、プログラムを学習するためのツールで、多くの教育現場で使われています。
ゲームを作ったり音を出したり絵を描いたり……と、単にプログラムを書くだけではなく、クリエイティブなものを生み出す環境が整っています。

スクラッチはとてもわかりやすいツールなので、**作品を１つ作ることで「できた！」という「自信」がつきます。**すぐに反応がかえってくるツールですから、**子どもたちの「こんなの作りたい！」をいう気持ちを刺激します。**

本書では、**全部で16個の作品に10問ずつのチャレンジ問題**もおまけでつけました。「体験」だけで終わらせず、子どもたち の「創作」につなげていくためです。
ぜひ、子どもたちがこの本で作った作品を、見てあげてください。それが子どもたちの自信になります！

プログラミング的思考力とは？

本やWEBサイトに書いてある「手順」通りにやれば、お手本通りのゲームは作れますが、**「やりたいことをプログラムする」考え方**を持っていないと、自分で何かを作ろうとしたときに、うまく作ることができません。

プログラミングの基本は、**「やりたいこと」をどうやって実現するかを、細かく「分解」して「整理」すること**にあります。
本書では、どの作品もアルゴリズム（プログラムをする手順）を考えてから、プログラミングする流れになっています。この考え方さえ身につけば、自分で作りたいものを作れるようになります。
やりたいことをどうやったら実現できるかを、分解・整理して考える力、つまり**「プログラミング的思考力」は、論理的思考力でもあります。**将来プログラマーになる、ならないにかかわらず、これからの時代を生きる社会人として必須のスキルです。

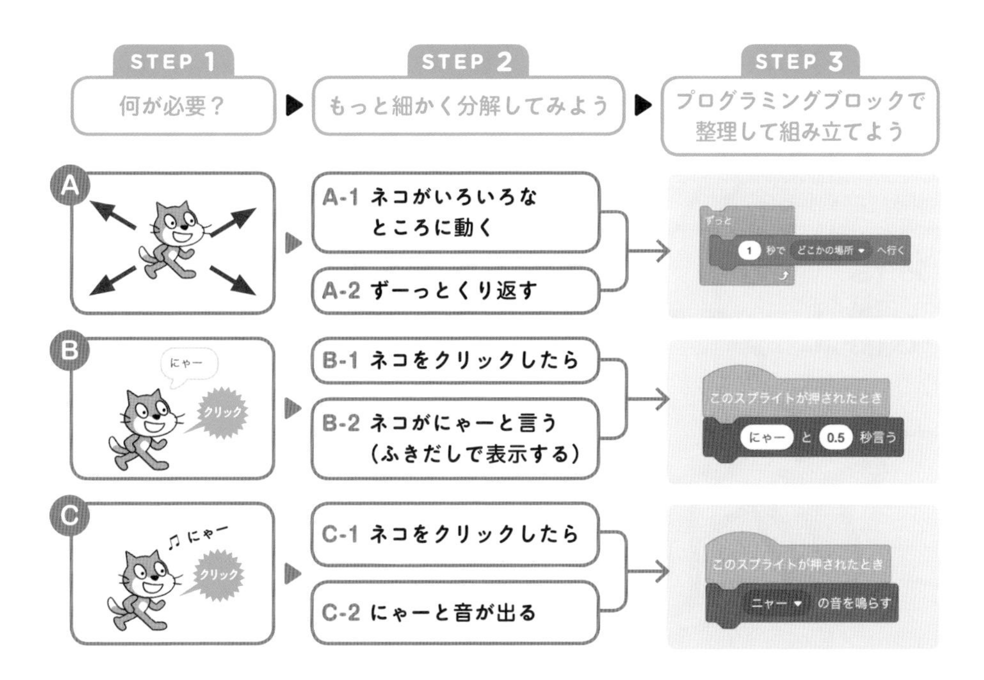

スクラッチの使い方について、保護者のみなさんへのお願い

本書はパソコンでスクラッチのサイトにアクセスし、プログラミングしていきます。本書は基本的には子ども一人でも読めるように作っていますが、3ページの動作環境は事前に大人の方にご確認いただくほか、16〜17ページのアカウント登録は、ぜひ一緒にやってあげてください。アカウント登録なしでも使用できますが、アカウントがあると作品を保存できるなど便利な機能があるため、登録することをおすすめします。

――小学生がプログラミングしたゲームアプリが海外で大ヒット！話題になっています
マイケルくん（11）
わたしたちと同い年だ
双子のジュン
ジョウ
すごいねえ

うおおっっ！
ちょーーーおもしろいよ！
ダウンロードしてみた
こんなの作れるなんて天才少年なんだろうなあ……
わたしにはムリ……

そんなことはナイッッ!!!
わっ!!

ワシはロボ博士
プログラミングの楽しさを伝える伝道師じゃ
えっだれ？
でんどーし？
ドーーン!!!

あの子に
できるんだから
キミたちにもできる
プログラミング
して作って
みなはれ
でも、
プログラミングって
むずかしそう……
わかんなーい
やったことないし…
5

いや、
プログラミングは
ちょーー
ーーーー
カンタン。
ずいっ
ちかっ
6

「スクラッチ」を使えば
こうやってブロックを
組み合わせるだけで
プログラミング
できるんじゃ
ゲームだけでなく
アニメや翻訳アプリ、
音楽も作れるぞ！
これは
きょうりゅうが
しゃべる
プログラム
が押されたとき
こんにちは! と 2 秒言う
pop の音を鳴らす
こんにちは!
やってみたい！
おしえて〜！
これなら
できそう！
7

この本の特長は、
ただプログラミング
するんじゃなくて、
自分の得意なことを
活かせる
ところじゃ！

絵を描く、
音楽を作る、
ストーリーを作る
……キミが興味が
あるのは何かな？

PROJECT 01

スピードキャットをつかまえろ！

➔34ページへ

PROJECT 02

めくるたびに動く絵本

➔40ページへ

PROJECT 05

瞬間移動するフグをふくらませろ！

➔64ページへ

PROJECT 06

ケンタウロスの勝手な占い

➔74ページへ

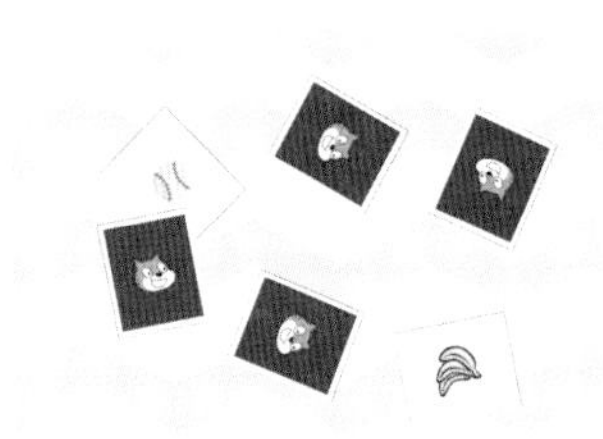

PROJECT 09

マッチングカード

➔100ページへ

PROJECT 10

ニワトリで迷路を走り抜けろ！

➔108ページへ

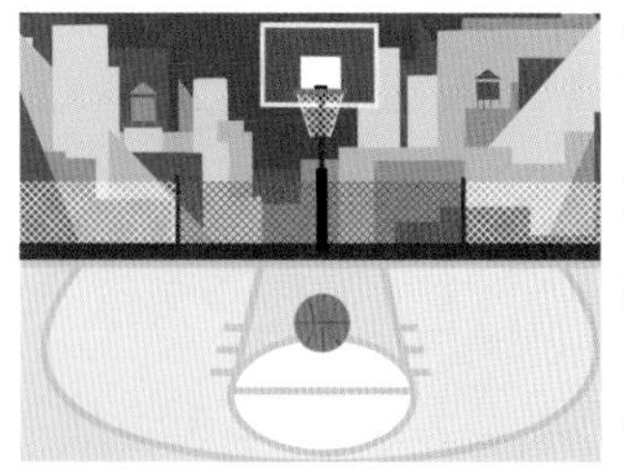

PROJECT 13

フォースを使ってボールを動かせ！

➔132ページへ

PROJECT 14

PKでゴールを決めろ！

➔140ページへ

ノートに
勇者の冒険の話を
書いてたんだけど、
使えるかな？

わたしは
なにか
デザインを
やってみたい！

PROJECT 03

タコス好きのゴーストを動かせ

48ページへ

PROJECT 04

ぼうしで虫をとれるかな？

56ページへ

PROJECT 07

楽器を演奏！「カエルのうた」ライブ

82ページへ

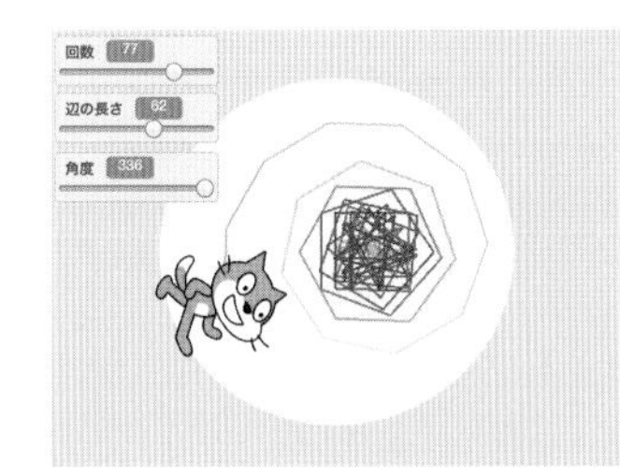

PROJECT 08

ぐるぐるラインアート

90ページへ

PROJECT 11

しゃべる翻訳ロボット

118ページへ

PROJECT 12

クイズ好きの火星人

124ページへ

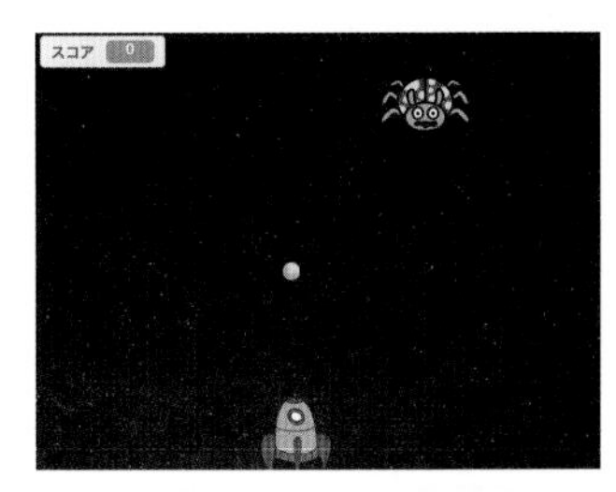

PROJECT 15

スペースシューティングゲーム

152ページへ

PROJECT 16

RPG（ロールプレイングゲーム）を作ろう！

164ページへ

本書の使い方

この本には、スクラッチで作れる作品（プロジェクト）が全部で16個ある！
プロジェクトの最初のページには、レベル、完成までの目標時間、見本URLが書かれているぞ。
まずは見本URLにアクセスして、実際に遊んでイメージをつかんでからプログラムすると、わかりやすいからオススメじゃ！

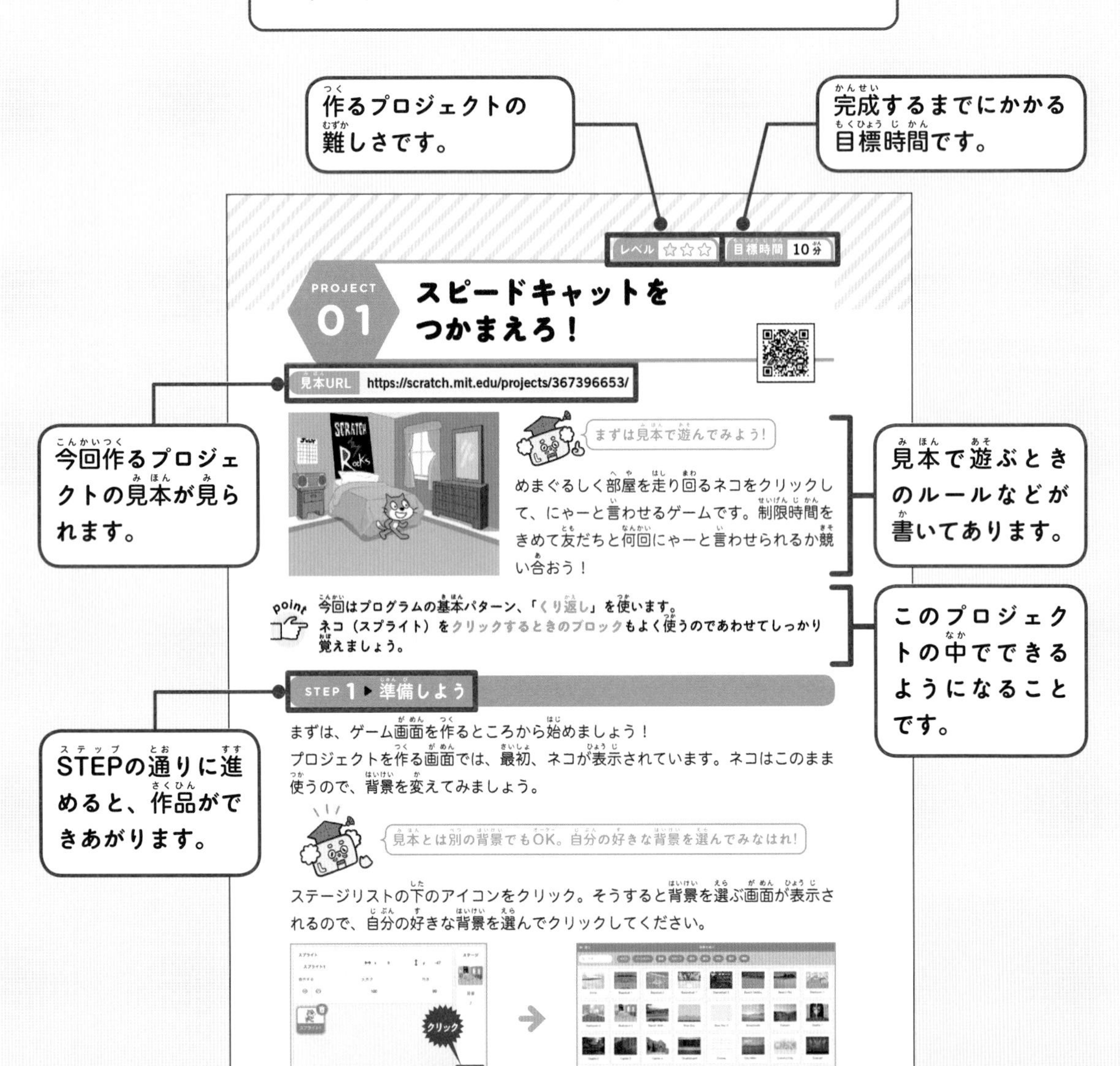

各プロジェクトの解説ページの最後には、必ず「チャレンジ問題」があるぞ。そこまでで作ったプロジェクトにプログラムを追加する問題じゃ。
なかには、使ったことのないブロックを調べるなど、試行錯誤して解く問題もあるから、全部のプロジェクトを完成させてからやってもいいかもしれんぞ。
チャレンジ問題を解いていけば、プログラミングスキルがどんどんレベルアップ！
はりきって挑戦していくのじゃ！

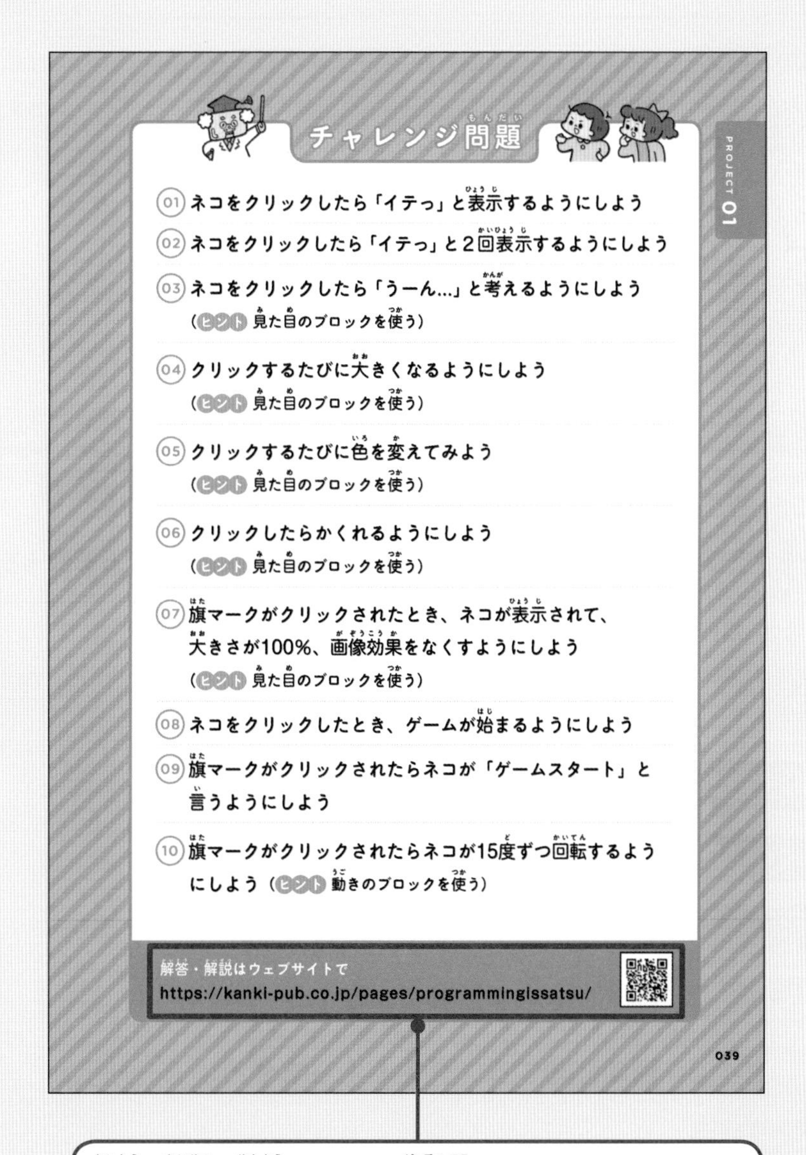

チャレンジ問題

PROJECT 01

01 ネコをクリックしたら「イテっ」と表示するようにしよう
02 ネコをクリックしたら「イテっ」と2回表示するようにしよう
03 ネコをクリックしたら「うーん…」と考えるようにしよう
（ヒント 見た目のブロックを使う）
04 クリックするたびに大きくなるようにしよう
（ヒント 見た目のブロックを使う）
05 クリックするたびに色を変えてみよう
（ヒント 見た目のブロックを使う）
06 クリックしたらかくれるようにしよう
（ヒント 見た目のブロックを使う）
07 旗マークがクリックされたとき、ネコが表示されて、大きさが100%、画像効果をなくすようにしよう
（ヒント 見た目のブロックを使う）
08 ネコをクリックしたとき、ゲームが始まるようにしよう
09 旗マークがクリックされたらネコが「ゲームスタート」と言うようにしよう
10 旗マークがクリックされたらネコが15度ずつ回転するようにしよう（ヒント 動きのブロックを使う）

解答・解説はウェブサイトで
https://kanki-pub.co.jp/pages/programmingissatsu/

039

解答・解説は専用サイトからPDFでダウンロードできます。
問題を解いたら答え合わせをしましょう。

『小学校6年生までに必要なプログラミング的思考力が
1冊でしっかり身につく本』

もくじ

カバーデザイン	ISSHIKI
本文デザイン・DTP	藤塚尚子（e to kumi）
DTP	茂呂田 剛（エムアンドケイ）
	畑山栄美子（エムアンドケイ）
イラスト	まつむらあきひろ（まつむらデザイン工房）

プログラミングは「分解→整理→組み立て」がすべて！

プログラミングはみんなが思っているよりかんたんです。料理やプラモデルなどと同じで、作りたいものを順番を決めて組み立てていくだけなんです。

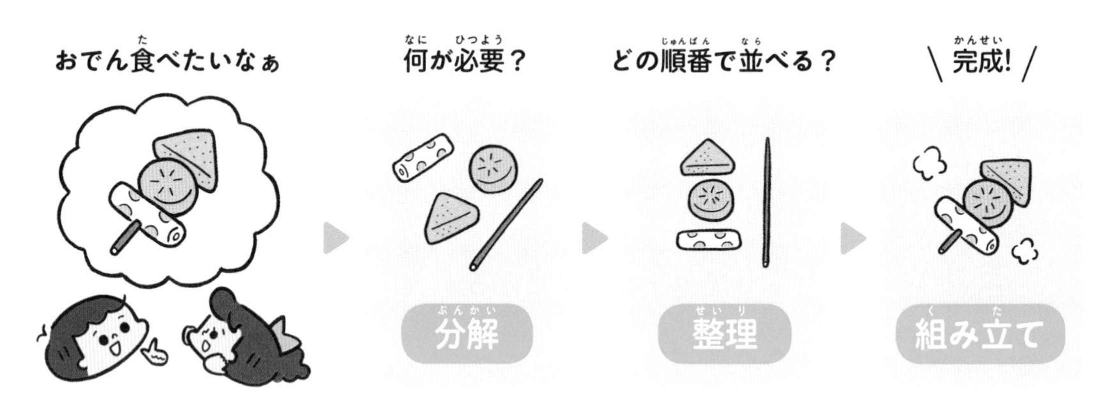

「作りたいもの」を「分解」して順番を「整理」して「組み立て」る。この本で作るゲームや作品は、ぜーんぶそうやってできているんじゃ！

もうひとつ、プログラミングをするときの考え方に**「順次実行」「くり返し」「条件わけ」**というものがあります。
実はプログラムは、このたった3つの考え方の組み合わせでできています。

プログラミングはたった3つの考え方でできる！

上から順番に実行する

同じことをくり返す

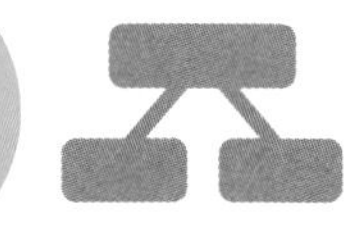

「もし●ならA、そうでなければBをする」というように条件わけをする

えっ、たったこれだけなの？

たとえば、普段の生活も「順次実行」「くり返し」「条件わけ」でできています。ジョウ君の1日を見てみましょう。

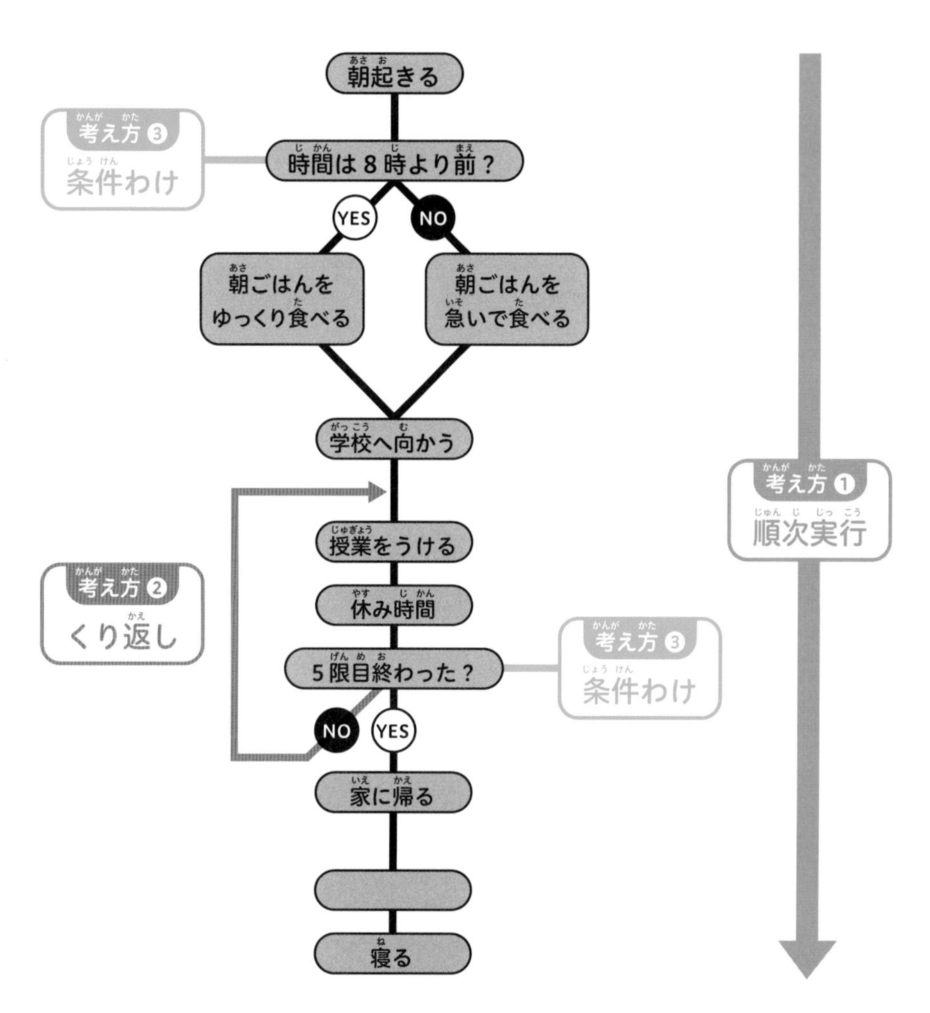

あれっ！　ぼくの1日が「順次実行」「くり返し」「条件わけ」でできてる！

1日の流れが「順次実行」「くり返し」「条件わけ」で表現できたように、カレーの作り方やプラモデルの作り方も、この3つで表現できます。

そして、**スマートフォンでやるゲームや、YouTubeのようなサイトのしくみも、「順次実行」「くり返し」「条件わけ」でできています。**

「プログラミングってかんたん！」そう思えてきたのではないでしょうか？

さあ、さっそくプログラミングを始めていきましょう！

スクラッチにアクセスしてみよう！

スクラッチにはインターネットブラウザで使うものとダウンロードして使うものがありますが、この本ではインターネットブラウザのGoogle Chromeを使って進めていきます。
まずはスクラッチに参加するために、無料のアカウント登録をしましょう。次のＵＲＬまたはＱＲコードでスクラッチのサイトにアクセスしてください。

インターネットブラウザは無料のものがほとんどなので、動かない場合は3ページを見て、対応しているブラウザをインストールするのじゃ！

Scratch URL https://scratch.mit.edu

アカウント登録すると、スクラッチで自分の作品を保存したり、みんなに見せたりすることができるんじゃ。登録にはメールアドレスが必要なので、大人の人といっしょにやってみよう！

スクラッチのトップページが表示されたら、右上の「Scratchに参加しよう」をクリック。あとは、下の画面①から番号順に登録を進めます。

画面①

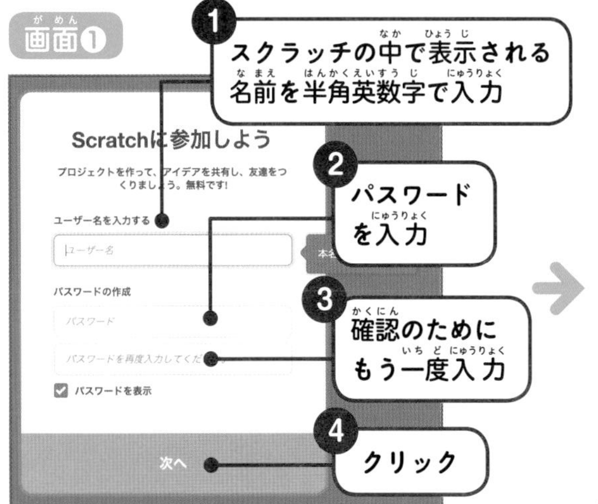

画面②

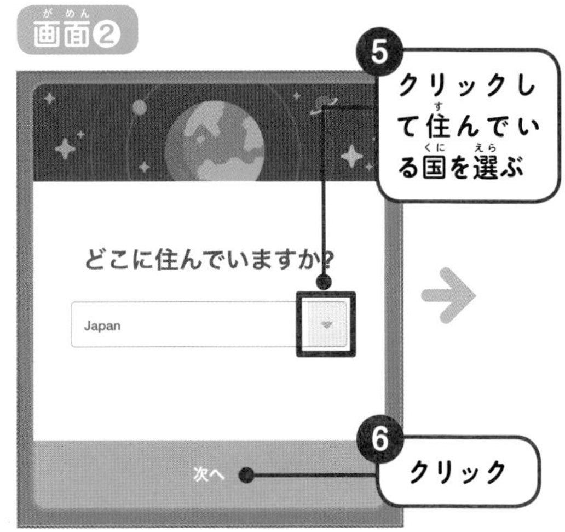

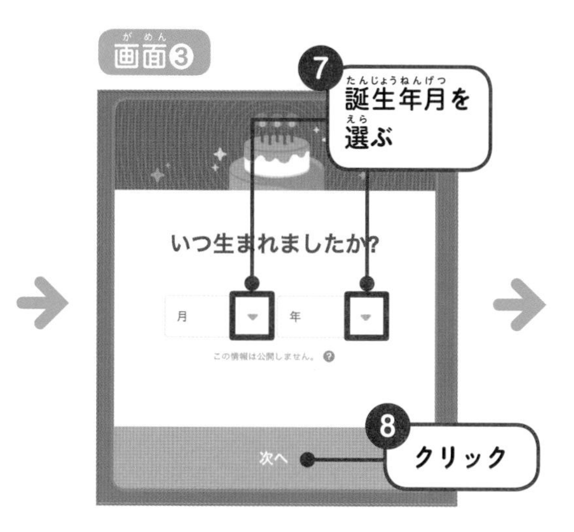

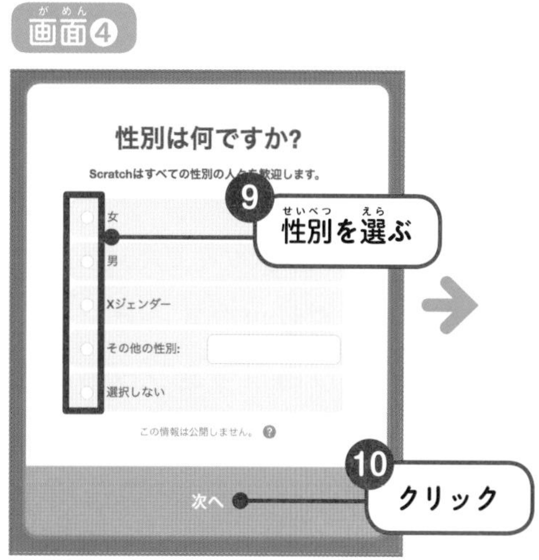

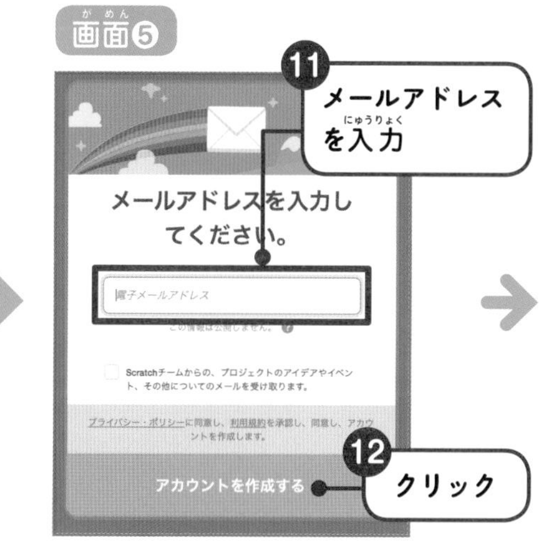

先ほど入力したメールアドレスにこのようなメールが届くので、「Confirm my account」をクリック。これでアカウント登録完了です。

SCRATCH

Confirm your Scratch account

You just signed up for a new Scratch account with the username:
enyeny

To finish creating your account, click on the link below:

Confirm my account

Having trouble? Copy this link into your browser instead:
https://scratch.mit.edu/accounts/email_verify/WzU4MDc0NzQyLCJrdW1hQGVueS5mdW4iLHRydWVd:1jCm1F:9S_VoduqVLFfScUuSJsEe5Z5BaE/?isRegistration=true

Scratch On!
—スクラッチチーム

スクラッチを使うときは、今作ったアカウント情報を入力して始めるので、忘れないようにどこかにメモしておくのじゃ！

スクラッチを使ってみよう！

スクラッチの基本画面

画面左上、スクラッチのロゴのとなりにある「作る」をクリックすると、スクラッチのエディター（プログラミングや絵を描いたりする画面）が表示されます。この画面でいろいろな作品やゲームを作ることができます。

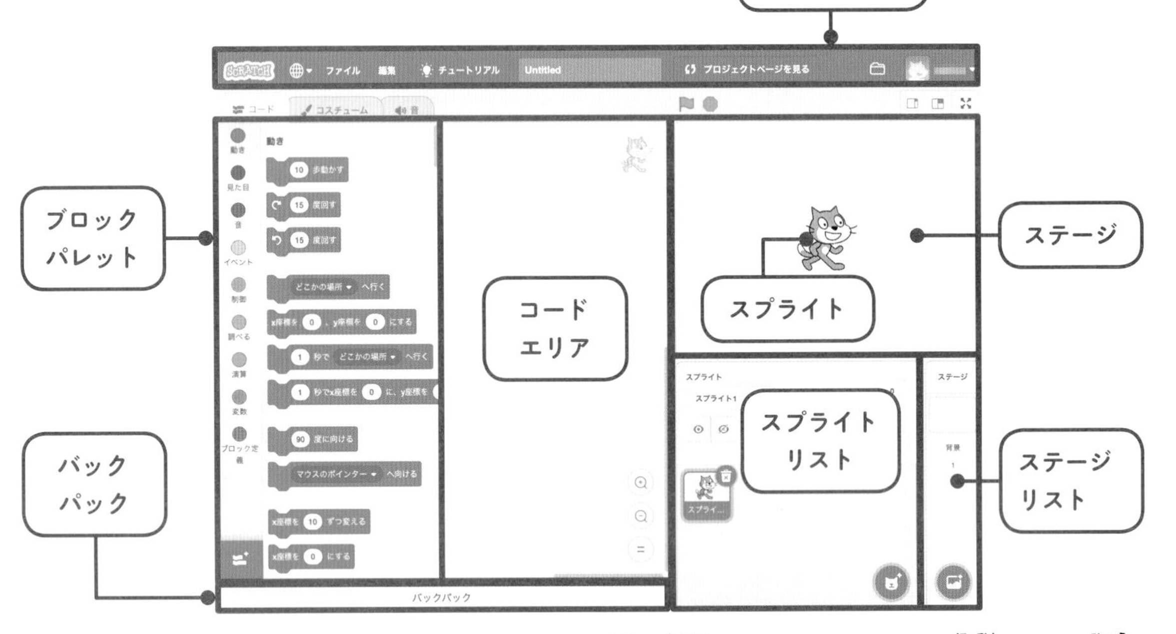

- メニューバー：プロジェクト（スクラッチで作る作品やゲームのこと）を保存したり、表示言語を変えたりできる。
- ブロックパレット：プログラム（命令）のためのブロックがある。
- コードエリア：ブロックパレットからブロックを持ってきて、プログラムを組む場所。
- スプライト：プロジェクトに登場するもの。キャラクターのほか、食べ物や文字などもある。
- スプライトリスト：プロジェクトに使うスプライトが表示される。右下の青いボタンをクリックすると追加できる。
- ステージ：プロジェクトの背景。
- ステージリスト：プロジェクトに使うステージが表示される。下の青いボタンをクリックすると追加できる。
- バックパック：スプライトやプログラムブロックを保存しておける場所。

たとえば右の画面だと、コウモリ、ゴースト、タコスがスプライトで、後ろの背景がステージ。ステージは「舞台背景」で、スプライトはその作品の「登場人物」だと思えばいいんだね！

プロジェクトを保存しよう

プロジェクトを保存しないままスクラッチを終了したりパソコンの電源を切ったりすると、プロジェクトが消えてしまいます。プロジェクトを作ったら、必ず保存するようにしましょう。

保存するときは、まず、メニューバーの「チュートリアル」のとなりのタイトル入力部分にタイトルを入力します。入力完了後、「ファイル」をクリックして表示される「直ちに保存」をクリックしてください。

プロジェクトは、時間がたつと自動的に保存されるようになっていますが、ときどき自分でも保存するようにしておくと安心です。

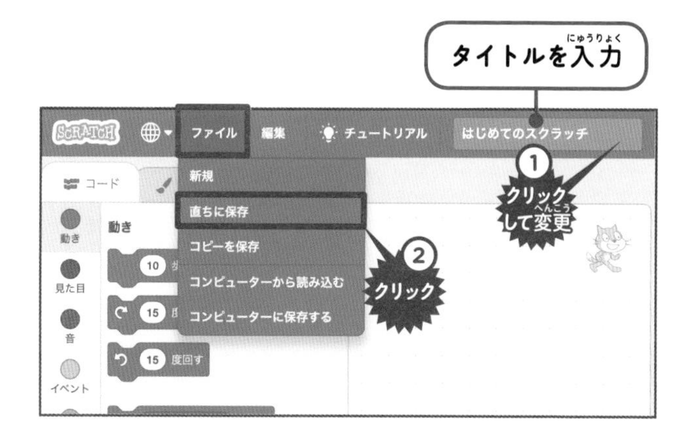

プロジェクトを保存するには、アカウントを作ってサインインしている必要があるんじゃ。まだサインインしていない場合は、メニューバーの一番右にある「サインイン」をクリックしてサインインするべし！

スクラッチでは画面に表示されている言語を変更することができます。日本語にも漢字表記のモードと、ひらがな表記のモードがあるので、もし読めない漢字がたくさんある場合は、ひらがなモードにしてみましょう。言語切り替えはロゴのとなり、地球マークからできます。

ネコを動かそう

「なやみながら歩くネコ」というかんたんなプロジェクトを作ってみましょう。左側のブロックパレットから「⑽歩動かす」を真ん中のコードエリアにドラッグで持っていきます。

これでプログラミング完了！

ためしにどんな動きになるか、「⑽歩動かす」をクリックしてみましょう。ネコが右（前）に少し動きます。

このように、１つのブロックごとに実行されるプログラム（命令）があって、クリックするとプログラムが実行されてネコが動きます。何回もクリックすると、何回もプログラムが実行されて、どんどん前に進みます。

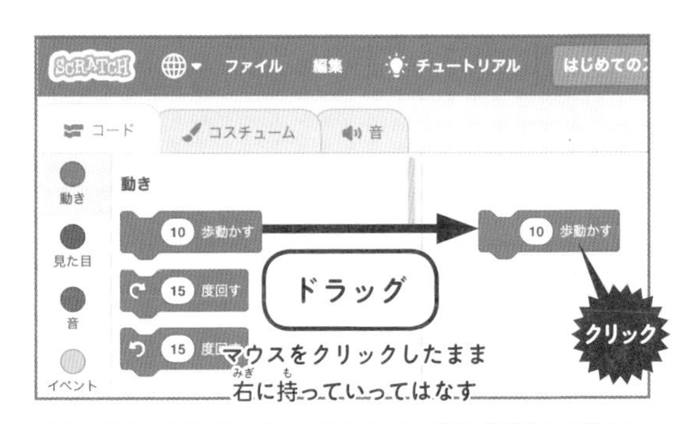

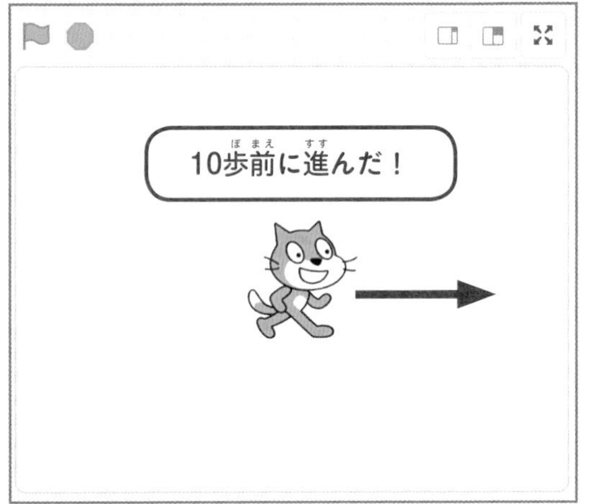

point
- ブロック ＝ プログラム（命令）
- ブロックをクリックするとプログラムが実行される

ブロックをつなげよう

次に、新しいブロックを追加してみましょう。ブロックパレットの「●見た目」をクリックすると、むらさき色のブロックがたくさん表示されます。

この「●動き」「●見た目」などの部分は「カテゴリー」といって、ブロックの種類のこと。スクラッチにはブロックの種類がたくさんあるので、使いたいブロックがすぐ見つかるようにカテゴリー分けしてあります。

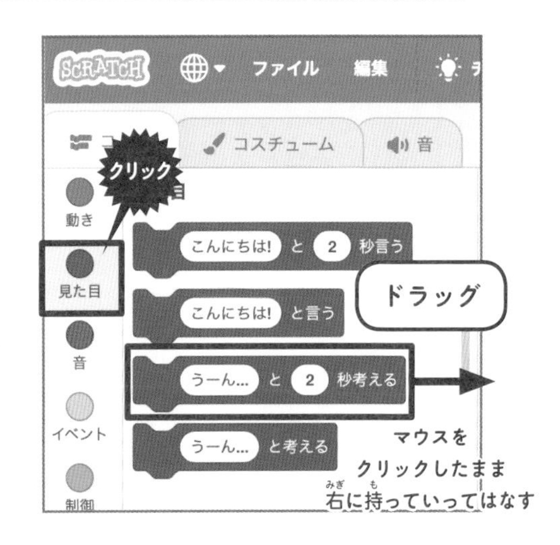

「うーん…と2秒考える」ブロックをまたコードエリアにドラッグして、「10歩動かす」の下に近づけましょう。すると、勝手にくっついて1つのブロックグループができます。

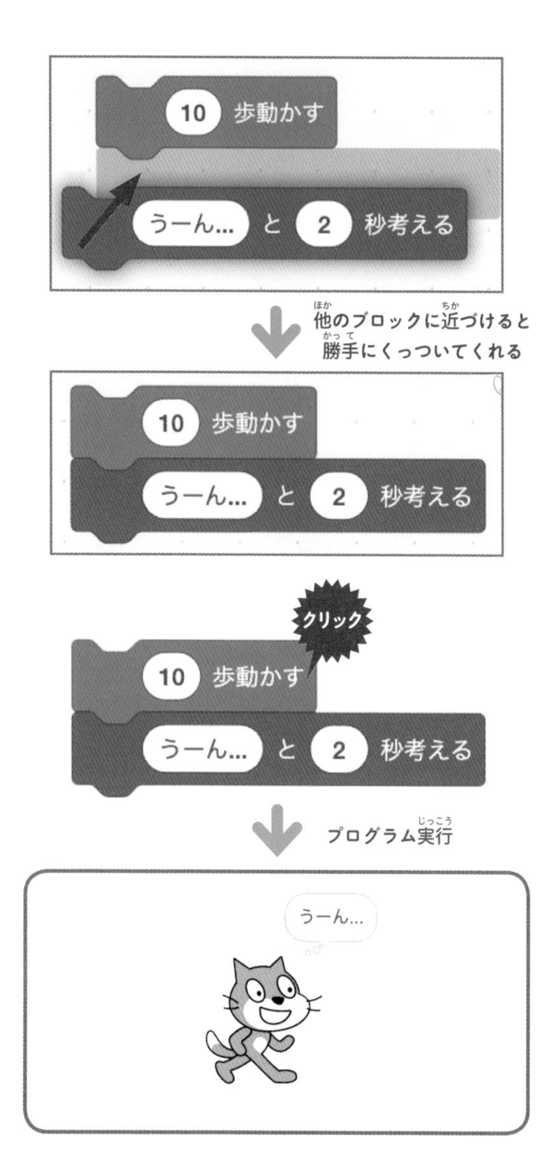

「10歩動かす」と「うーん…と2秒考える」がくっついたブロックをクリックして、プログラムを実行してみましょう。

前に動いたあと、ふきだしで「うーん…」と表示されます。

スクラッチでは、このようにブロックを縦につなげてプログラミングをしていきます。

ということで、もう1つ「10歩動かす」を下にくっつけてみましょう。

これを実行すると、ネコは少し歩いたら、なやんでまた歩くはず。

これで**「なやみながら歩くネコ」**のできあがりです。

いろいろな種類のブロックを下につなげていくことで、どんどん複雑なことができるようになります。

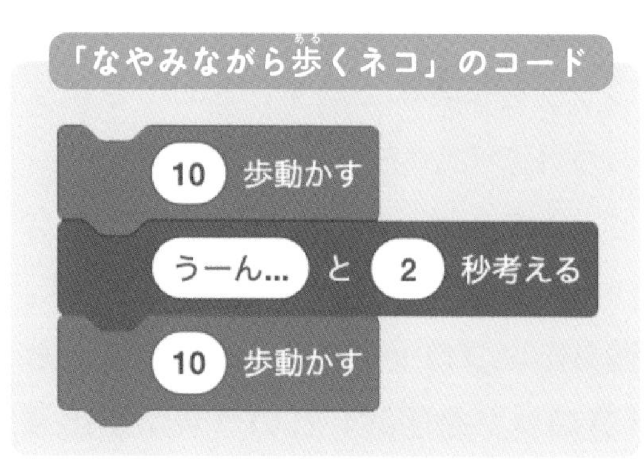

point

- **ブロックは種類別にカテゴリー分けされている**
- **ブロックを組み合わせると、ゲームや作品ができあがる**

ブロックをはなそう

まちがえてブロックをくっつけてしまったときやブロックの順番を変えたいときには、ブロックをはなしましょう。

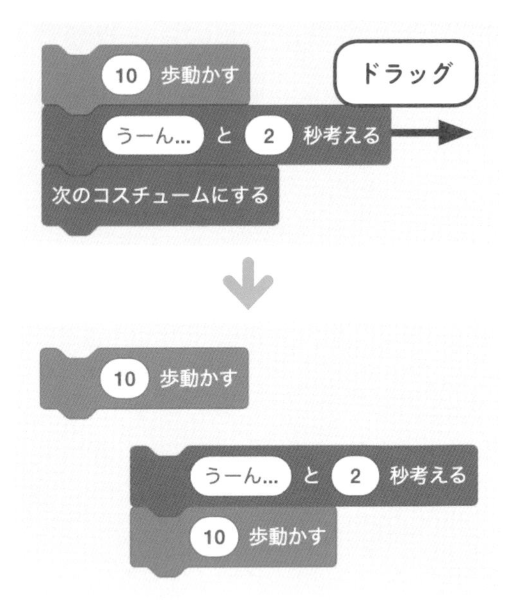

たとえば、先ほどの「（うーん...）と（2）秒考える」ブロックをドラッグして横に移動してみましょう。すると、下のブロックもくっついてきます。**スクラッチのブロックは、上のブロックにくっついていくようになっている**からです。
もし途中のブロックをはなしたいときは、さらに1つ下のブロックもドラッグしてはなしてから、前のブロックとつなげましょう。

ブロックを消そう

ブロックを消す方法は2つあります。
1つめは、**ブロックをコードエリアからブロックエリアにドラッグしてはなす方法**です。いくつものつながったブロックをまとめて消すこともできます。

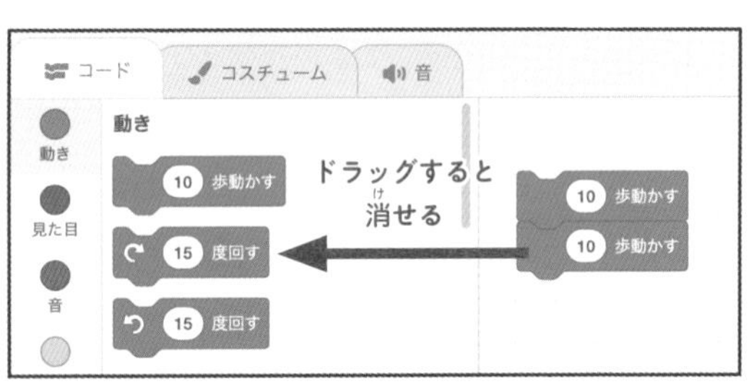

もう1つは、右クリック（Macコンピュータでは、「control」キーを押しながらクリック）を使って消す方法です。**消したいブロックを右クリックすると「ブロックを削除」という表示が出るので、そこをクリックする**と消せます。
たとえば右のように、プログラムの途中のブロックを消したいときは、右クリックで消すといいでしょう。

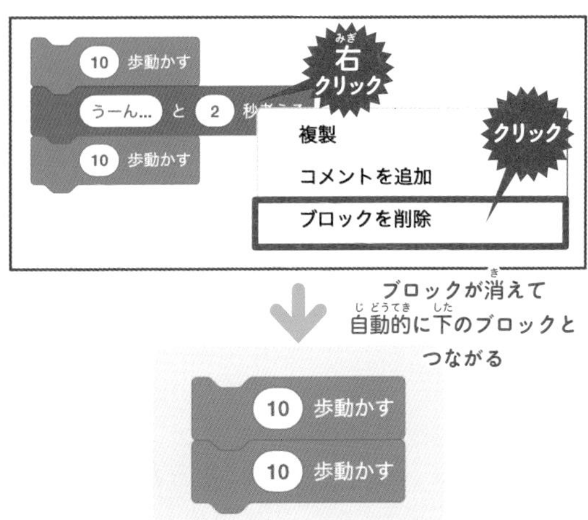

ブロックの右クリックメニューを知ろう

ブロックを右クリックすると、削除以外に**「複製」**と**「コメントを追加」**も出てきます。

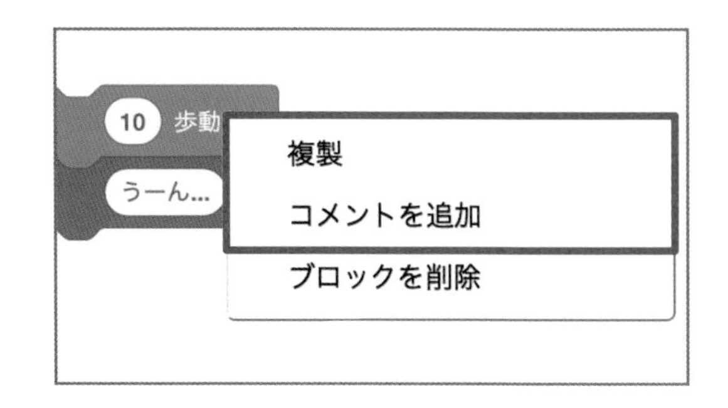

「複製」は同じブロック（ブロックグループ）をもう１つ作ることができる機能です。
長いプログラムで、「ほとんど同じだけど少しだけ違うプログラム」をもう１つ作りたいときなどに便利です。

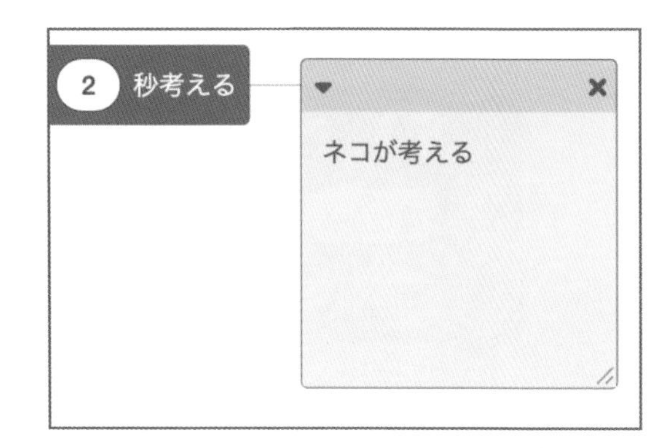

「コメントを追加」は、そのブロックに対してメモを書いておくことができる機能です。なぜこのブロックを使っているのかなどをメモしておくと、複雑なプログラムを作るときに便利です。

まとめ

- **スクラッチで作るゲームや作品のことを「プロジェクト」と呼ぶ**
- **スクラッチのブロックは「プログラム（命令）」で、ブロックを組み合わせるとゲームや作品を作れる**
- **ブロックをクリックするとプログラムが実行される**
- **ブロックはドラッグすると、下にくっついているブロックもいっしょに移動する**
- **ブロックはブロックパレットにドラッグすると消せる**
- **ブロックは右クリックで複製、コメント追加、削除できる**

プログラミングの考え方①
順次実行（上から順番に実行される）

上から順に実行していくというプログラミングの考え方を、「順次実行」といいます。さっき作った「**なやみながら歩くネコ**」プログラム（➡21ページ）をみてみましょう。上から順番に実行されて「❶前に進む→❷2秒考える→❸前に進む」という動きになっています。

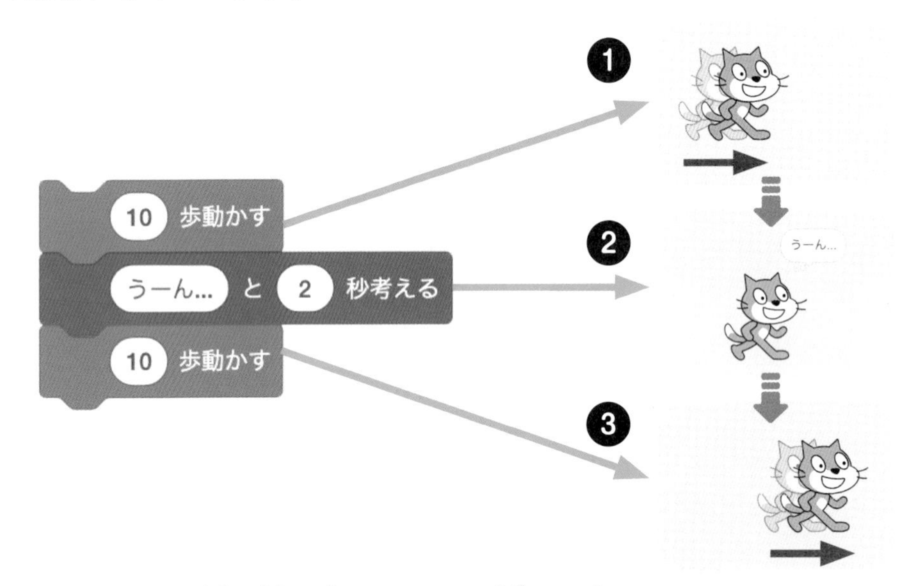

同じブロックでも、並び方を変えるだけで動きが変わるので、プログラミングでは順番がとても大事です。

プロジェクトが思ったように動かないときも、順番を変えるだけでうまくいくことがある。この順番を考えるのも、プログラミングの楽しいところなんじゃ！

ちょっとした順番の違いで結果が大きく変わる

順番が変わると結果がどう変わるか、実験してみましょう。
まず、「(10) 歩動かす」と「(うーん...)と (2) 秒考える」のブロックグループを2つ作ってください（「複製」を使うと便利です）。

ここに、「●見た目」カテゴリーの「次のコスチュームにする」ブロックを追加します。
片方は一番下にくっつけてA、もう片方は一番上にくっつけてBみましょう。

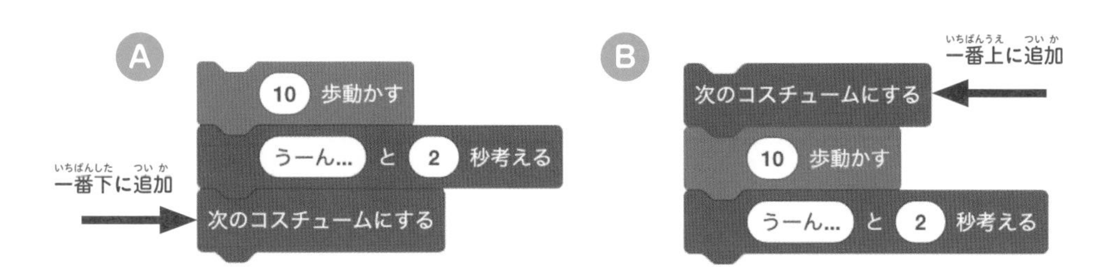

「次のコスチュームにする」ブロックは、このネコのスプライトに登録されている画像（コスチューム）を変更するプログラム。コスチュームについては30ページで説明するぞ。

AとB、それぞれのプログラムを実行して動きをみてみましょう。ネコの動きがAとBで違うはずです。**同じブロックの組み合わせでも、ブロックの並べ方が変わると実行される順番が変わるので、結果も変わります。**

絵が変わるのと「うーん」と考えるのがほとんど同時

point
- プログラムは上から順番に実行されていく
- 並び順を考えてプログラムすることが大事

プログラミングの考え方②
くり返し（同じことを何度もくり返す）

ここまで作ってきたプログラムでは、ネコをどんどん前に進ませるとき、何回もブロックをクリックしなければなりませんでした。でも、もし1回だけクリックして勝手にネコがどんどん前に進んでくれたら、そのほうが楽です。
そこでプログラムでは、**同じことを何度もくり返して実行するとき、「くり返す」命令を使います。**

さっきのプログラムA、Bを使って「くり返し」をやってみましょう。「●制御」カテゴリーの「ずっと」ブロックを右のようにプログラムA、Bにそれぞれドラッグしてください。

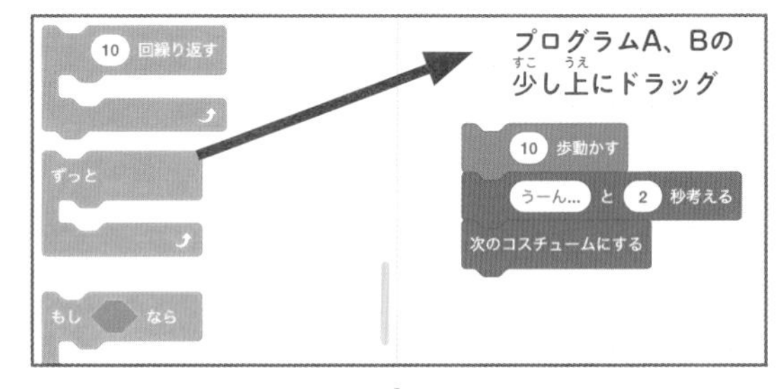

「ずっと」ブロックがついたプログラムAをクリックすると、ネコが勝手に動きながら、前にどんどん進みます。これは「ずっと」ブロックが、このブロックの間に入ったブロックを上から順番にずーっとくり返してくれているからです。

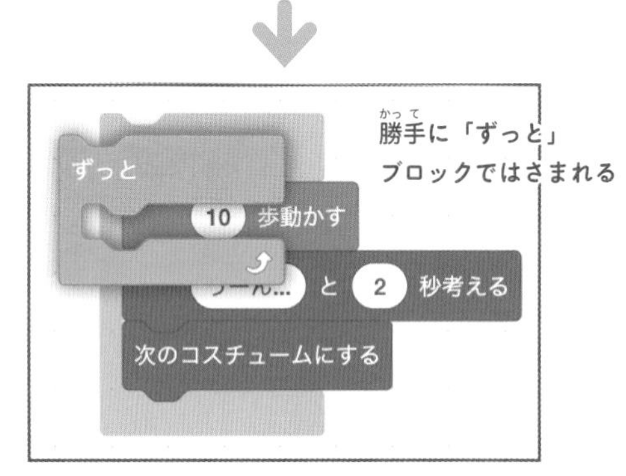

A

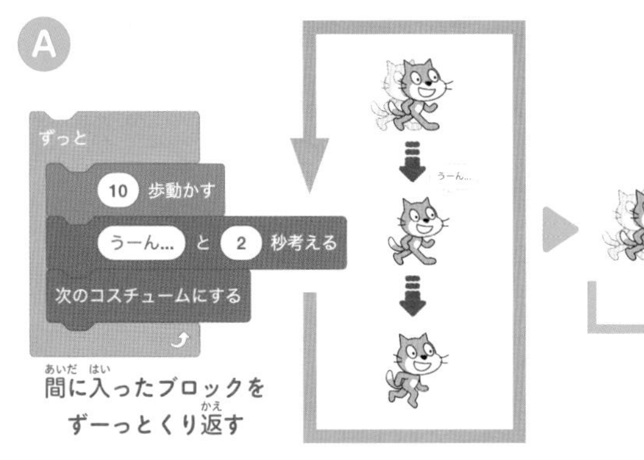

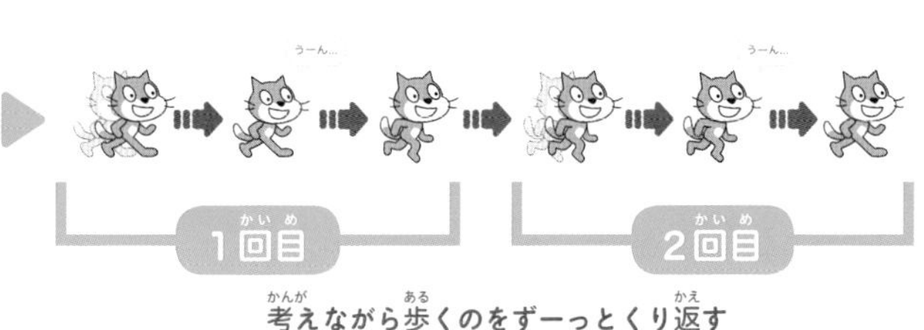

自分が作りたいものを言葉にしたとき、「ずーっと」というキーワードが出てきたら「くり返し」ブロックを使えばいいんだね！

ステップアップ！

「くり返し」ブロックにはこれ以外にも、くり返す回数を指定するものや、たとえば「キャラクターが誰かにぶつかったらくり返すのをストップする」というような条件を決めてくり返すブロックがあります。

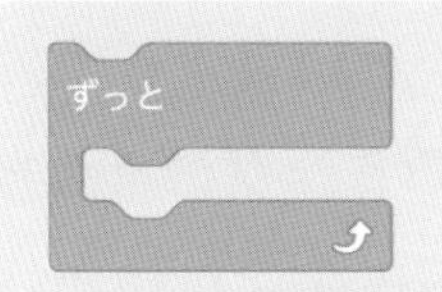

ずーっとくり返す

決めた回数だけくり返す

条件を決めてくり返す

プログラムⒶは、止めないとネコが右端まで行ってしまうので、上の赤いボタンを押してプログラムを終了しよう！　右端にいるネコは、ドラッグすると画面の真ん中に戻せるぞ。

「くり返し」でも順番に気をつけよう

次は「ずっと」ブロックではさんだプログラムⒷを実行してみましょう。

ⒶとⒷ、ネコが自然に動いて見えるのはどちらでしょうか？

Ⓐは同じ絵のまま右に動いて「うーん...」と考えますが、Ⓑは動いてから「うーん...」と考えるので、Ⓑのほうが歩いているように見えます。

もっとわかりやすくするために、「②秒考える」の②をクリックして①に変えてそれぞれ実行してみましょう。どちらが自然な動きか、よりわかりやすくなります。**ブロックを並べる順番によって、「くり返し」をしたときの動きも変わります。**

Ⓐ

ずっと
10 歩動かす
うーん... と 2 秒考える
次のコスチュームにする
クリックして変更

Ⓑ

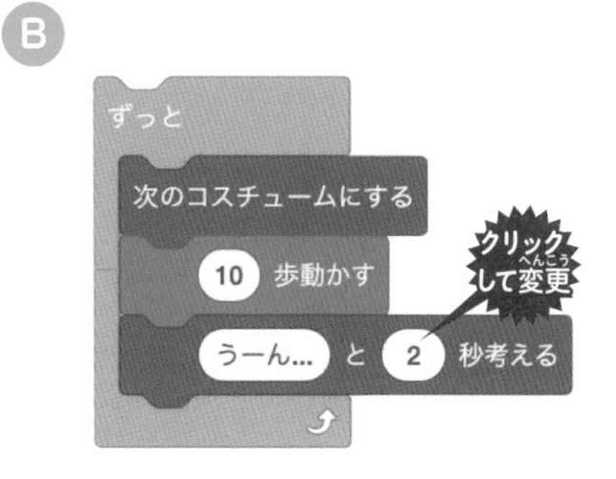

point

●何度も同じことをくり返したいときは「くり返し」ブロックを使う

プログラミングの考え方③
条件わけ（条件によってやることを変える）

「条件わけ」は、「もし●●ならA、もし▲▲ならB」というように、条件によって実行するプログラムを変えるときに必要なプログラミングの考え方です。
たとえばキャラクターを動かすゲームであれば、「Aボタンが押されたらジャンプする」「Bボタンが押されたらしゃがむ」という動きは、「条件わけ」を使っています。

「Aボタンが押されたらジャンプする」を、もう少しプログラムらしい言い方にすると**「もしAボタンが押されたらジャンプ。そうでなければ、そのまま」**となります。

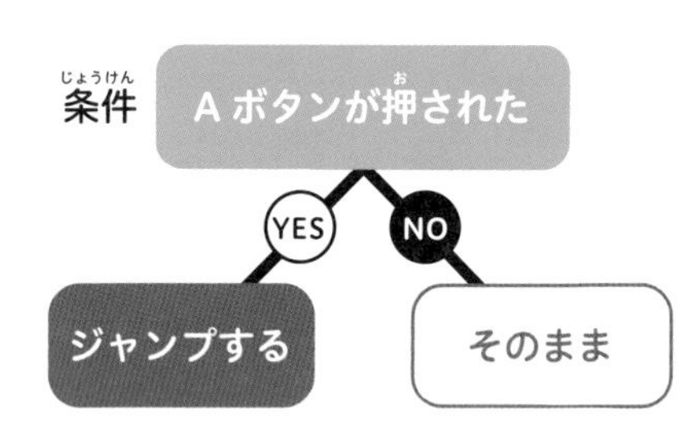

それでは、スクラッチで実際にプログラミングしてみましょう。
今回は**「もしスペースキーを押したら、うーん…と考える」**というプログラムを作ります。「●制御」カテゴリーに「もし　　なら」というブロックがあるので、それを使いましょう（「●イベント」カテゴリーに「スペースキーが押されたとき」というブロックがあり、同じことができますが、今回は「条件わけ」ブロックを使います）。

「条件わけ」ブロックには、「もし」と「なら」の間に条件を入れるスペースがあります。この条件がYESのとき、その下にはさまれたブロックが動きます。
「もしスペースキーを押したら、うーん…と考える」プログラムは、右のようなブロックの組み合わせになります。水色の条件のブロックは「●調べる」カテゴリーにあります。

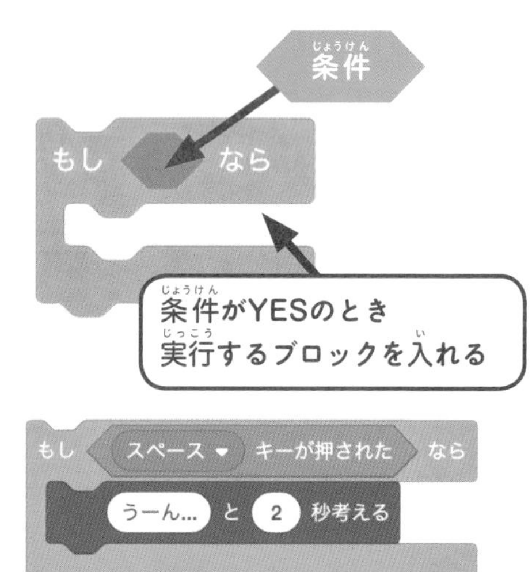

自分が作りたいものを言葉にしたとき、「もし……なら……」という文章になったら「条件わけ」ブロックを使えばいいんだね！

チェックは一瞬？　ずっと？

さてこのブロックを実行してみましょう。……でも、ブロックをクリックしてからスペースキーを押しても、何も変化が起きないはずです。

これは、**クリックしたらその瞬間に「スペースキーが押されたかどうか？」を確認するプログラムが実行されて終わってしまうからです。**スペースキーを押したときにはもう、このブロックのプログラムは動いていません。

つまり、「条件わけ」ブロックを使ってキー入力に反応するプログラムを作るときは、**プログラム実行中は「何か押されたか？」というのを「ずーっと」確認し続ける必要がある**のです。

そこで、先ほど作ったブロックを「●制御」カテゴリーの「ずっと」ブロックではさみましょう。

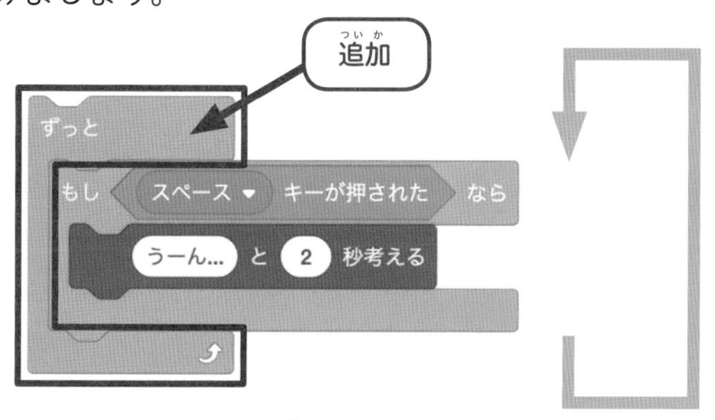

ずーっと
スペースキーが
押されたかチェック

押されたときだけ、
むらさき色のブロックを
実行

これで、スペースキーが押されたときに「うーん…」と表示されるはずです。

ステップアップ！

「条件わけ」ブロックには今回のブロック以外に、条件が合わないときに動かすプログラムを指定できるものもあります。
また、「条件わけ」ブロックをいくつも組み合わせて、複雑なプログラムを作ることもできます。

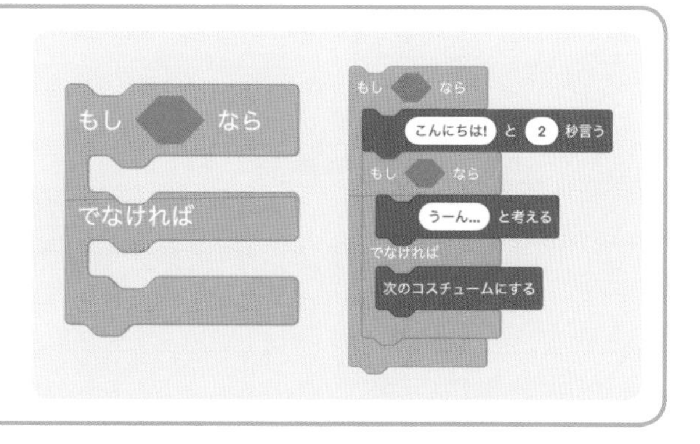

- 「もし……なら……」をプログラムするときや、何か「条件」がプログラムに必要なときは「条件わけ」ブロックを使う

はじめての作品を作ってみよう！

「順次実行」「くり返し」「条件わけ」の３つの考え方を組み合わせた、**「なやみながら歩くネコ、なやみすぎてボールにつまずく」**というアニメーションを作ってみましょう！

ネコがなやみながら歩いていたら、ボールにつまずき、「イテ！」と言って、ネコのコスチューム（絵）が変わるアニメーションです。実際の動きを確認したい人は、次のＵＲＬにアクセスしてみてください。

見本URL　https://scratch.mit.edu/projects/370710094/

STEP 1 ▶ 準備しよう

まずは、ここで使うスプライトやコスチュームを準備しましょう。

新しいスプライト、「ボール」を画面に出します。スプライトリストの右下に、スプライト追加ボタンがあるのでクリックします。

すると、スクラッチに登録されているスプライトが表示されるので、「Basketball」を選びましょう。

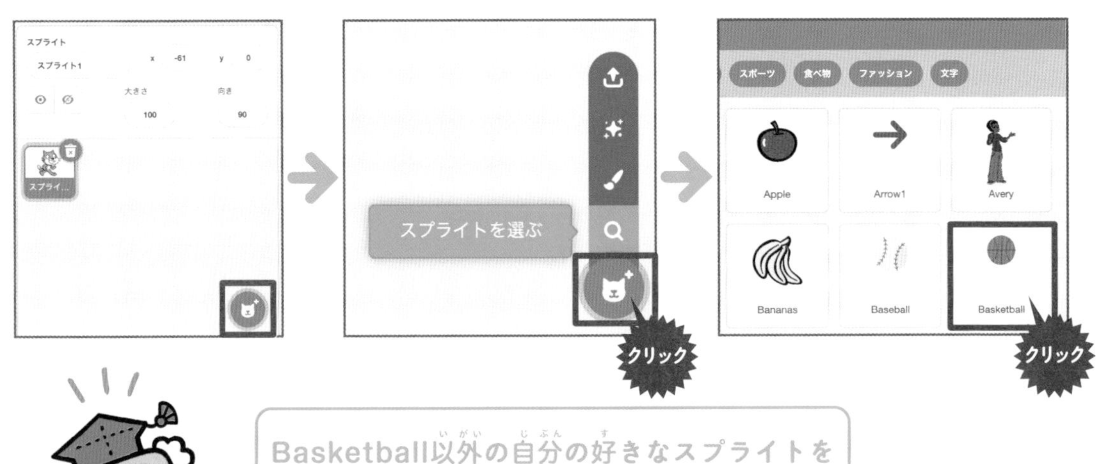

Basketball以外の自分の好きなスプライトを選んでもOKじゃ！

ボールが追加されたら、ドラッグして右側に移動しておきましょう。

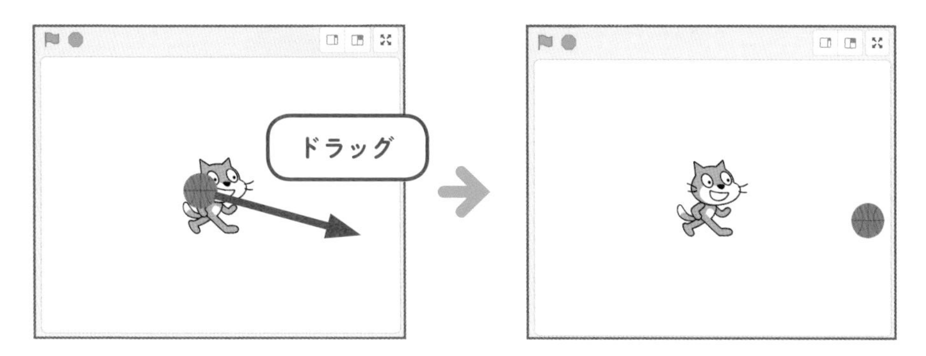

次は、ネコがボールにぶつかったときのコスチュームを作ります。今回は、もともとあるネコのコスチュームを少し変えます。
スプライトリストのネコのスプライトを選んでから、画面左上にある「コスチューム」タブをクリックすると、ネコのコスチューム編集画面に変わります。
「コスチューム2」を変えたいので、「コスチューム2」をクリックします。

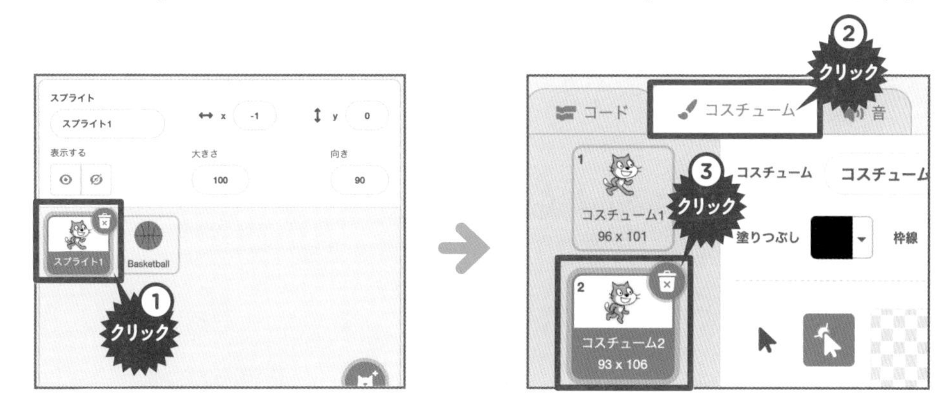

ネコがボールにぶつかったときにネコを白目にしたいので、今ある黒目を消しましょう。
「形を変える」ツールをクリックしたあと、1つずつ黒目の部分を選んでキーボードの「Delete」キーを押すと、黒目が消えます。

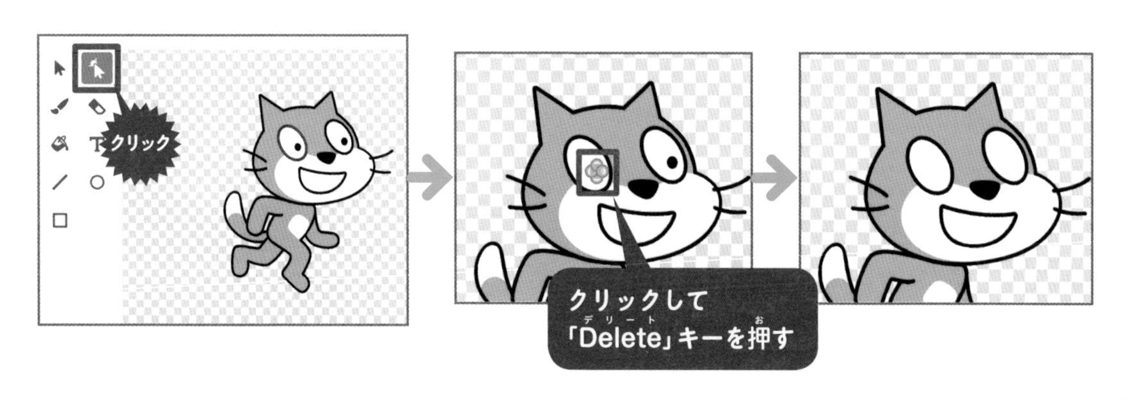

おどろいたときのマークも描いてみましょう。「筆」ツールをクリックすると自由に絵が描けるようになるので、マウスをドラッグしてマークを描きます。
線の太さは上の筆マークの横の数字で変えられます。もしまちがってしまったら「やりなおし」ボタンを押せばもとにもどせます。

完成したら、左上にある「コスチューム1」をクリックして、見た目をもとのコスチュームにもどしておきましょう。

STEP 2 ▶ プログラミングしよう

左上の「コード」タブをクリックして、プログラムを作る画面にします。この作品に必要なプログラムは大きく分けて次の2つ。

Ⓐ ネコがずーっと「うーん…」と考えながら前に進む

Ⓑ もしネコがボールにぶつかったら「イテ！」と言う

まずはプログラムⒶから。「ずーっと」という言葉が出てくるので、**「くり返し」**ブロックを使います。ずーっと歩きながら「うーん…」と考えさせるので、ブロックは右の通りです。

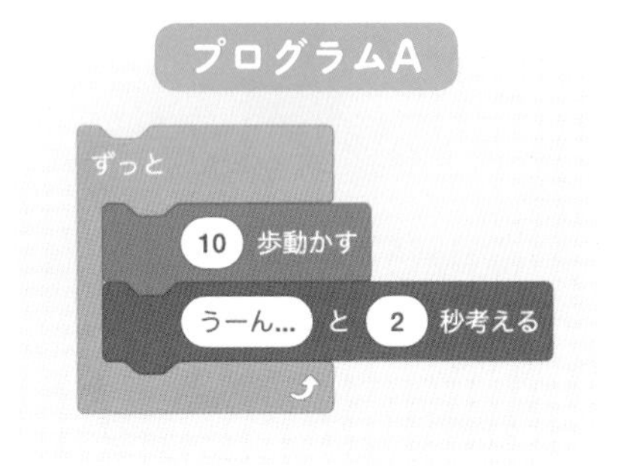

次はプログラムⒷ。「もし……なら……」なので、**「条件わけ」**ブロックを使います。プログラムⒷをブロックで作れるように分解すると、「条件：ボールにぶつかった」がYESなら、「**ネコのコスチュームを変える**」「**イテ！と言う**」が実行される、ということになります。

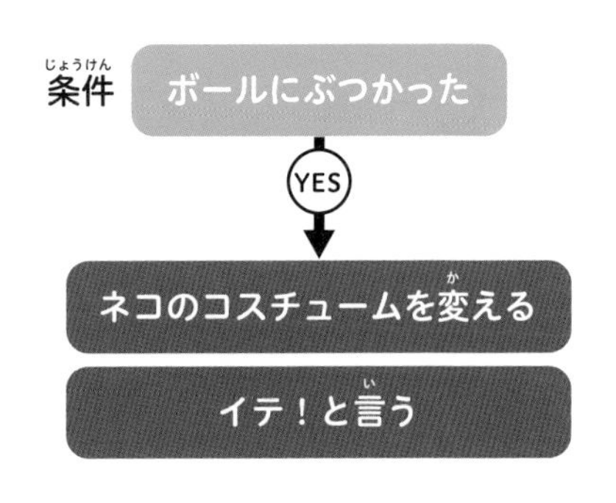

ネコが何に触れたかを確認するには、条件の水色ブロック「◯に触れた」を使います。▼をクリックして「Basketball」を選びます。コスチュームを変えるのとボールに当たったら「イテ！」と言わせるのは、「●見た目」カテゴリーのブロックです（さっき作ったコスチューム2を選びましょう）。

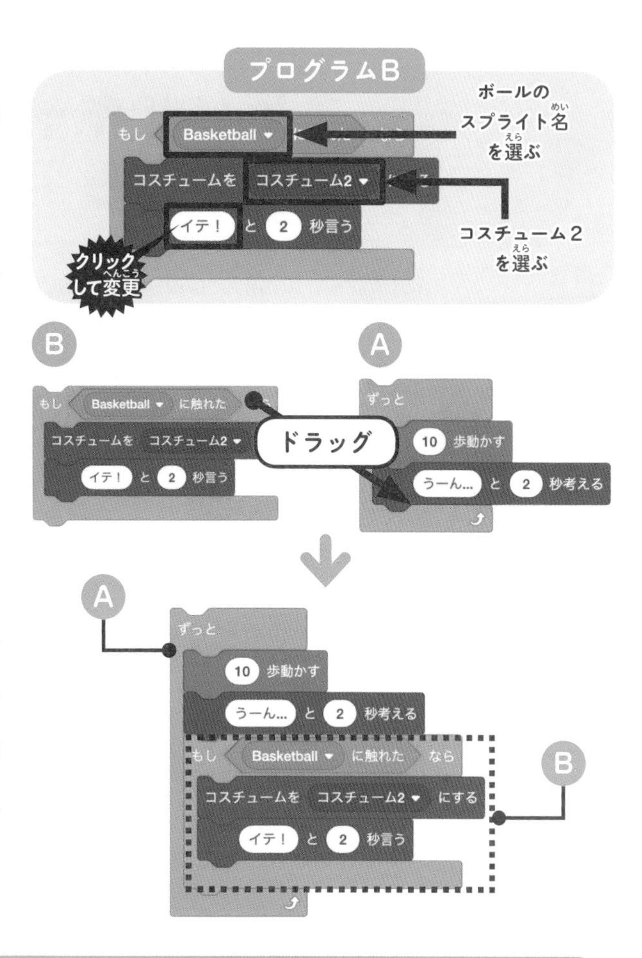

また、ずーっと歩いている中で、今ボールに当たっているかどうかいつも確認している必要があるので、このブロックはプログラムⒶの「ずっと」ブロックの中に入れます。

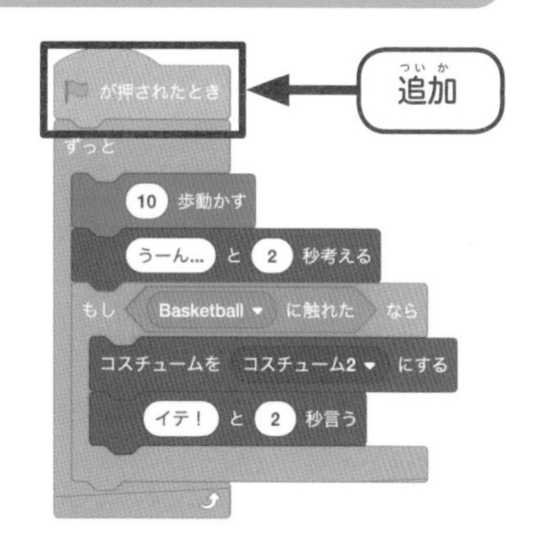

STEP 3 ▶ 実行してみよう

スクラッチでは、ゲームや作品をスタートさせるときは、旗マークを押して始めます。そこで、今回の作品も旗マークを押したらプログラムが実行されるようにします。

「●イベント」カテゴリーの「旗が押されたとき」ブロックを一番上に追加してください。これでプログラムの完成です！

どんなに複雑なものでも、「順次実行」「くり返し」「条件わけ」の3つの考え方さえ覚えておけば、プログラムできるんじゃ！　さあ、どんどん作品を作っていこう！

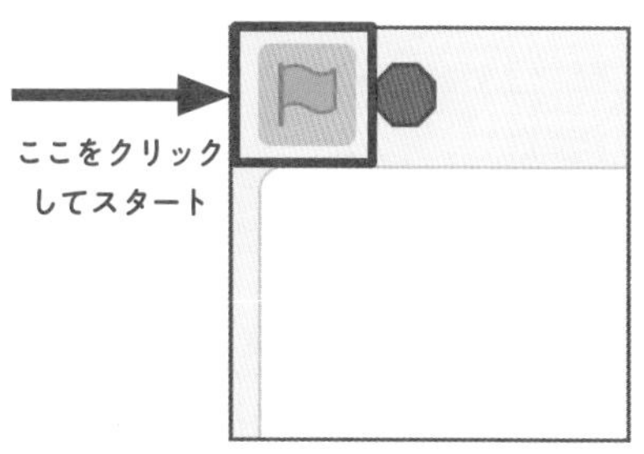

レベル ☆☆☆　目標時間 10分

PROJECT 01 スピードキャットをつかまえろ！

見本URL https://scratch.mit.edu/projects/367396653/

まずは見本で遊んでみよう！

めまぐるしく部屋を走り回るネコをクリックして、にゃーと言わせるゲームです。制限時間をきめて友だちと何回にゃーと言わせられるか競い合おう！

point
今回はプログラムの基本パターン、「**くり返し**」を使います。
ネコ（スプライト）を**クリックするときのブロック**もよく使うのであわせてしっかり覚えましょう。

STEP 1 ▶ 準備しよう

まずは、ゲーム画面を作るところから始めましょう！
プロジェクトを作る画面では、最初、ネコが表示されています。ネコはこのまま使うので、背景を変えてみましょう。

見本とは別の背景でもOK。自分の好きな背景を選んでみなはれ!

ステージリストの下のアイコンをクリック。そうすると背景を選ぶ画面が表示されるので、自分の好きな背景を選んでクリックしてください。

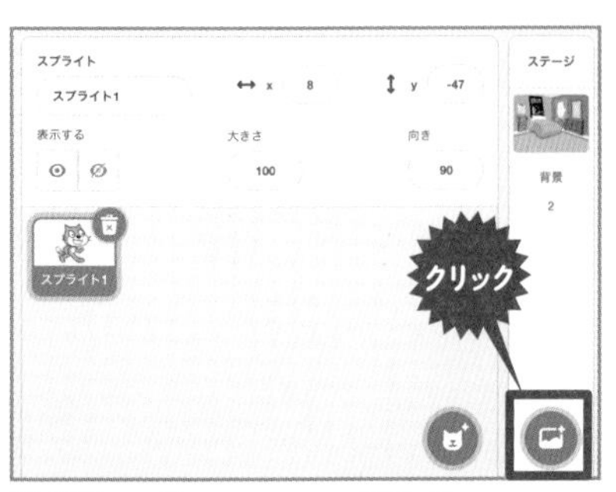

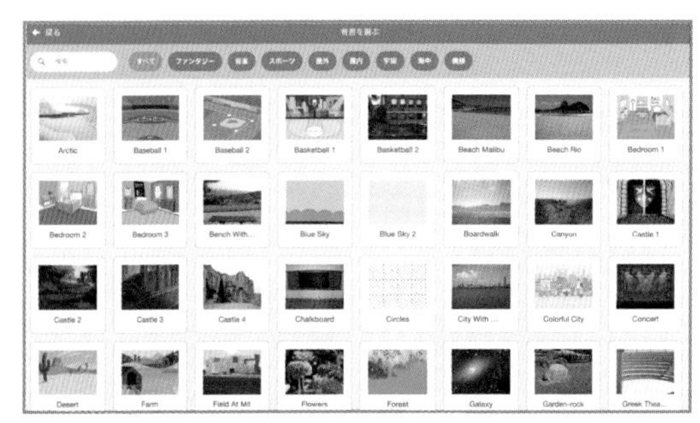

背景が変わったら準備はおわり。次はいよいよプログラミングです。

STEP 2 ▶ アルゴリズムを考えてプログラムしよう

プログラムをする前に考えるのがアルゴリズム。このゲームには何が必要なんだろう……、どうやったら作れるのか……考えてみましょう。

このゲームはどんなことができるゲームかな？　このゲームのルールは？動くものはある？　クリックしたときに何が起こるか、考えてみるのじゃ！

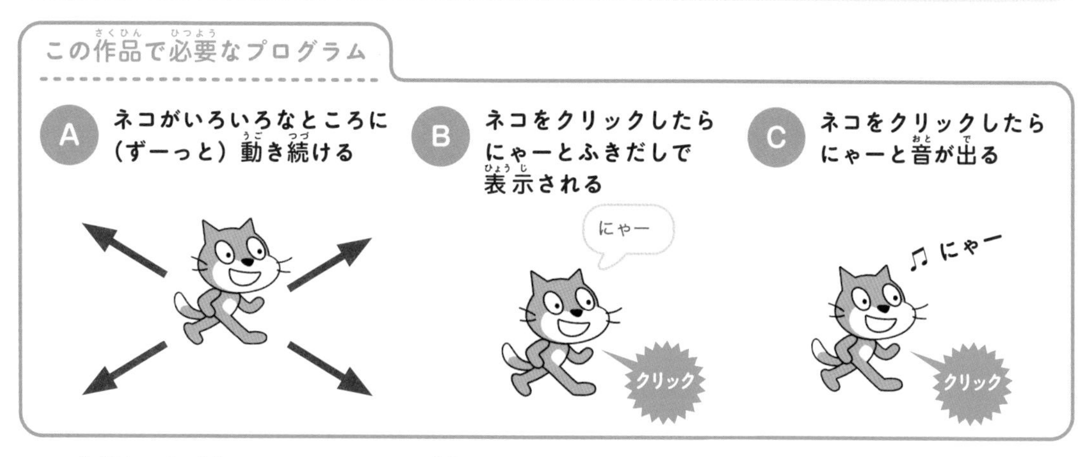

この作品に必要なプログラムは上の３つ。これをどういう順番でどのプログラムブロックを並べればいいかを考えるのが、**「アルゴリズムを考える」**ということです。**作りたいものを細かく分けて（分解）、並べる（整理）**のがプログラミングの基本です。

プログラムAを作ろう：ネコ

さっそく「Ⓐネコがいろいろなところに（ずーっと）動き続ける」をプログラミングしましょう。このネコの動きを完成させるのに使うのは次の２つのブロック。

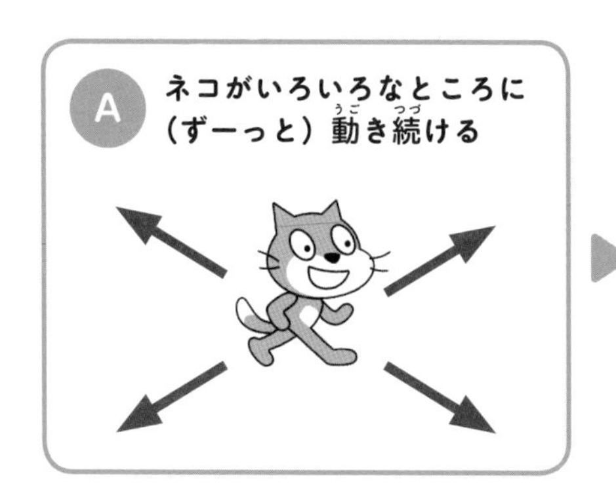

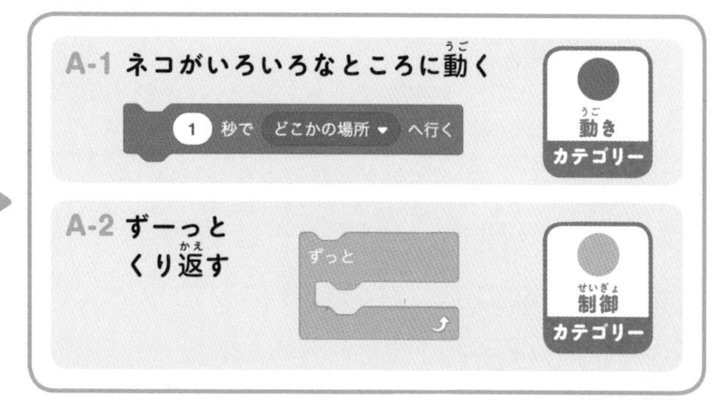

ずーっと同じことをするので、前に出てきた「ずっと」ブロックを使います。

まだ最初だからどんなブロックを使ったらいいか思いつかないかもしれんが、やっていくうちに、どんどんブロックも覚えてわかるようになるぞ！

「◯秒でどこかの場所へ行く」ブロックは、◯内の時間で、予想もしないところにネコが動くブロックです。これをずっとくり返すと、ネコがいろいろなところへ移動するので、このブロックを「ずっと」ブロックではさんでみましょう。

〔プログラムA〕

ずーっと「ネコがどこかの場所へ行く」のをくり返す

「ずっと」ブロックをクリックして、ネコの動きを確認しましょう。
これでネコの動きが見本と同じになったはずです。

プログラムBを作ろう：ネコ

次は「Ⓑネコをクリックしたらにゃーとふきだしで表示される」を作ります。これをスクラッチのブロックでできるように分解すると……。

「クリック（押す）→にゃーと言う」という順番なので、右のようにブロックをくっつけましょう。

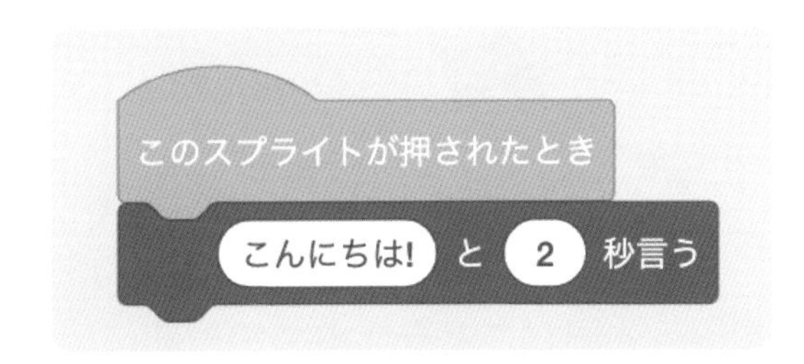

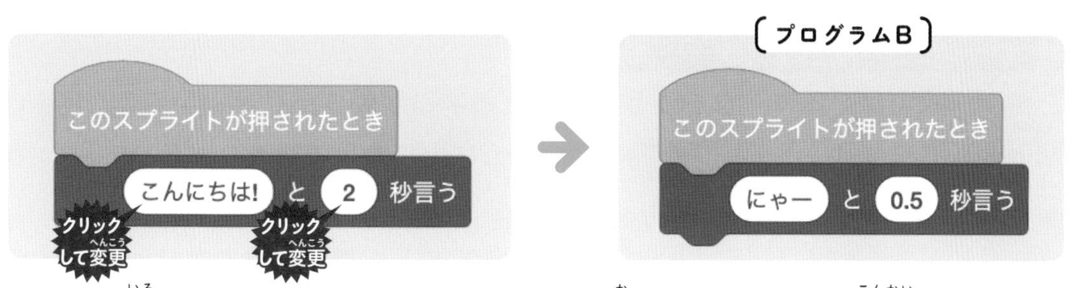

むらさき色のブロックには「こんにちは！」と書かれていますが、今回は「にゃー」と言わせたいので、「こんにちは！」の部分をクリックして文字を変えましょう。また、表示する時間も0.5秒に変えます**（数字は半角で入力してください）**。

プログラムCを作ろう：ネコ

最後に「Ⓒネコをクリックしたらにゃーと音が出る」を作ります。さっきと同じように分解してみると……。

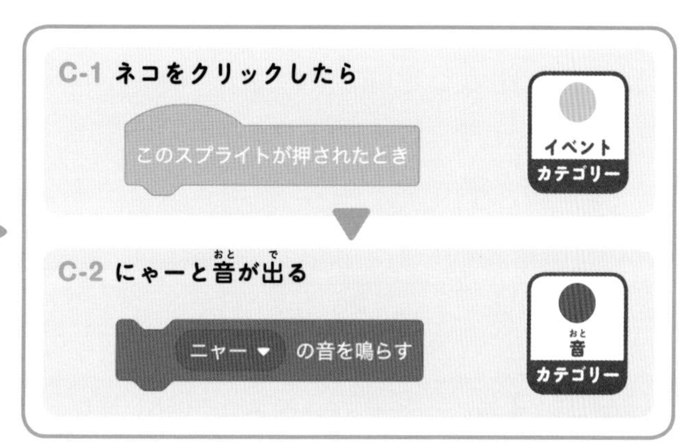

プログラムⒷと同じように「クリック（押す）→音が出る」という順番なので、ブロックの並び順は、右のようになります。これで「Ⓒネコをクリックしたらにゃーと音が出る」の完成です。

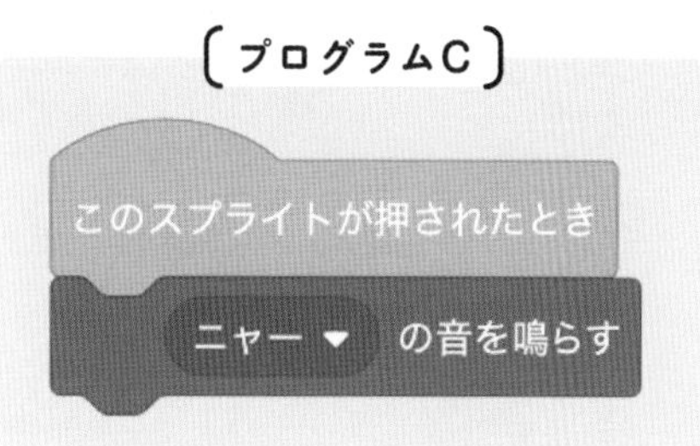

ステップアップ！

今作ったブロックグループは、「このスプライトが押されたとき」ブロックが両方に使われているので、１つにまとめることができます。
ただ、１つにまとめると、上から順番にプログラムが実行されるので、この場合だと、ふきだしが表示されてから音が出ます。

ゲームはどうやってスタートする？

このゲームでは、旗マークをクリックしたらネコが動き出せばいいので、「●イベント」カテゴリーの［が押されたとき］を図のように上につけてみましょう。

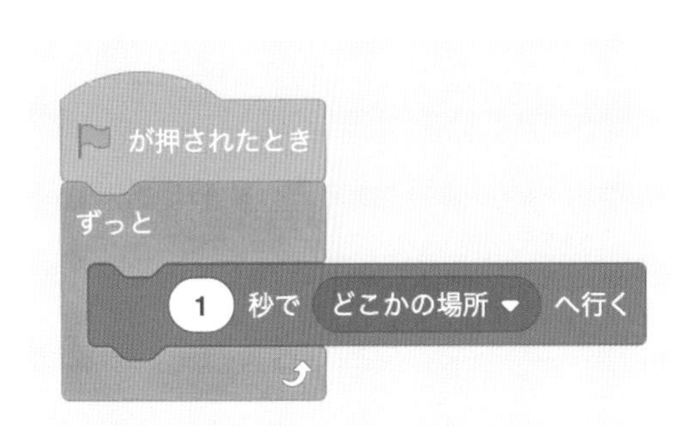

こうすると、旗マークをクリックしたときにネコがいろいろなところに動き出して、ゲームがスタートします。ネコをクリックしたらにゃーと表示されて、音も出ます。これで完成です！

まとめ

スクラッチ最初のゲームプログラミング、どうでしたか？
何かを作るときは、STEP1.まずは何が必要か考える➡STEP2.必要なことを分解する➡STEP3.プログラミングするという順番でやっていくことが大事です。

STEP 1 何が必要？ ▶ STEP 2 もっと細かく分解してみよう ▶ STEP 3 プログラミングブロックで整理して組み立てよう

A ▶ A-1 ネコがいろいろなところに動く / A-2 ずーっとくり返す → ずっと ［1 秒で どこかの場所 へ行く］

B （にゃー／クリック） ▶ B-1 ネコをクリックしたら / B-2 ネコがにゃーと言う（ふきだしで表示する） → このスプライトが押されたとき ［にゃー と 0.5 秒言う］

C （♫ にゃー／クリック） ▶ C-1 ネコをクリックしたら / C-2 にゃーと音が出る → このスプライトが押されたとき ［ニャー の音を鳴らす］

最初は慣れないかもしれないが、この考え方ややり方がわかれば、どんなゲームや作品でも作れるようになるんじゃ。お楽しみに！

チャレンジ問題

01 ネコをクリックしたら「イテっ」と表示するようにしよう

02 ネコをクリックしたら「イテっ」と2回表示するようにしよう

03 ネコをクリックしたら「うーん…」と考えるようにしよう
（ヒント 見た目のブロックを使う）

04 クリックするたびに大きくなるようにしよう
（ヒント 見た目のブロックを使う）

05 クリックするたびに色を変えてみよう
（ヒント 見た目のブロックを使う）

06 クリックしたらかくれるようにしよう
（ヒント 見た目のブロックを使う）

07 旗マークがクリックされたとき、ネコが表示されて、大きさが100%、画像効果をなくすようにしよう
（ヒント 見た目のブロックを使う）

08 ネコをクリックしたとき、ゲームが始まるようにしよう

09 旗マークがクリックされたらネコが「ゲームスタート」と言うようにしよう

10 旗マークがクリックされたらネコが15度ずつ回転するようにしよう（ヒント 動きのブロックを使う）

解答・解説はウェブサイトで
https://kanki-pub.co.jp/pages/programmingissatsu/

レベル ☆☆☆　目標時間 15分

PROJECT 02 めくるたびに動く絵本

見本URL https://scratch.mit.edu/projects/373299541/

右矢印をクリックすると背景が変わり、ネコがランダムに動いてセリフを言う動く絵本です。オリジナルの背景を作ったり、写真を取り込んだりして、自分なりのストーリーが作れます。家マークをクリックすると最初にもどります。

point **スプライトをクリックしたときのプログラム、背景の切りかえ方法を学びます。また、自分でとった写真を背景にしたり絵を描いたりして、オリジナルの背景を作れるようになります。**

STEP 1 ▶ 準備しよう

使う素材は次の通りです。矢印は画面の右下、家マークは左下に配置しておきましょう。背景は自分の好きなものをいくつか選んでみましょう。

スプライト

背景

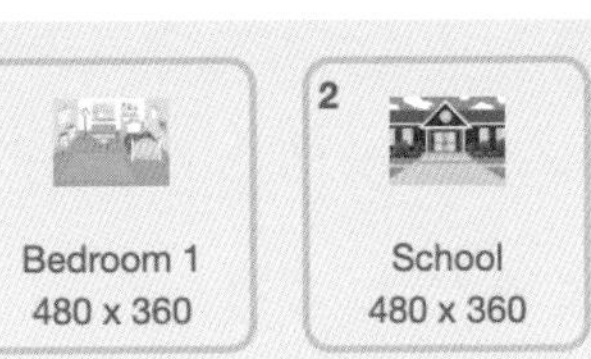

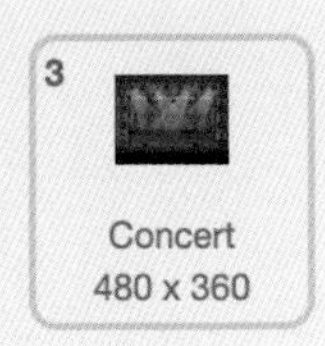

背景は、ステージリストでステージをクリックしてから、ブロックパレットの上にある「背景」タブをクリックすると、そのステージに登録されている背景一覧が画面左側に表示されるぞ！
まっ白の「背景1」は、右クリックして「削除」しておくんじゃ。

STEP 2 ▶ アルゴリズムを考えてプログラムしよう

まずは、何をプログラムする必要があるか考えましょう。

今回クリックするのは「矢印」と「家」の2つのボタンじゃ。
それぞれクリックしたら何が起きるかな？

この作品で必要なプログラム

A 矢印をクリックしたら次の背景になる

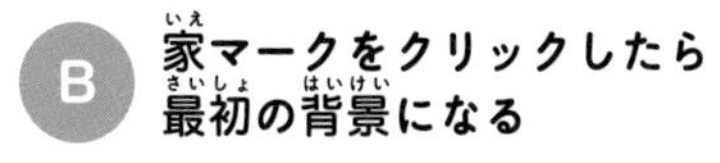

C 背景が変わるとネコがランダムな場所に移動して、セリフを言う

プログラムAを作ろう：矢印

矢印、つまり「スプライト」をクリックするブロックと、背景を変えるブロックがあるので、そのまま使いましょう。

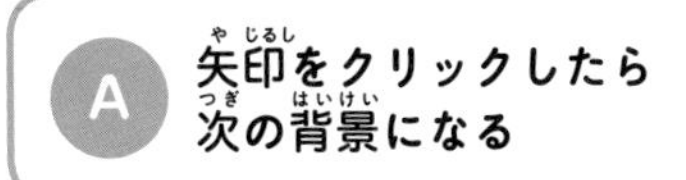

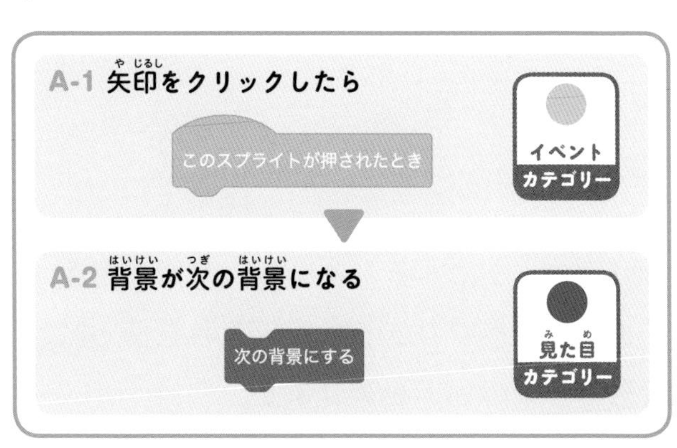

プログラムAは矢印マークについてのプログラムなので、まずはスプライトリストで矢印のスプライトを選びます。

「クリック→背景を変える」という順番にプログラムが実行されればいいので、右のようにブロックをつなげるだけで完成です。

〔プログラムA〕

このスプライトが押されたとき
次の背景にする

コードエリアの右上に注目！
うすくスプライトや背景が表示されているぞ。
ここに表示されているものについて、
今プログラミングしている
ということなんじゃ。

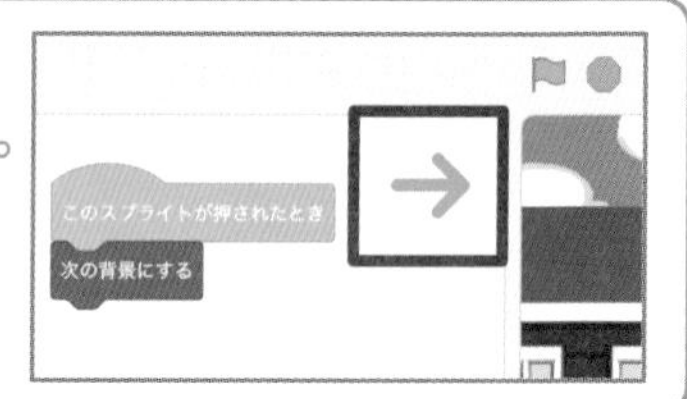

プログラムBを作ろう：家マーク

家マークのプログラムです。プログラムBも考え方は同じですが、Aと違って背景を「最初の背景」に変わるようにしないといけません。

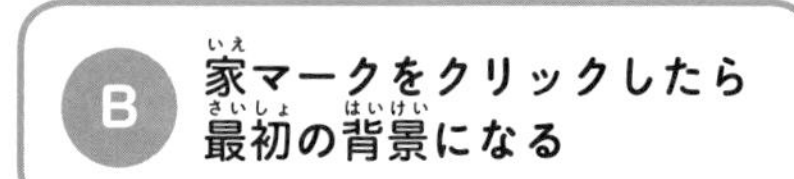

「背景を ◯ にする」という、背景を指定できるブロックがあるので、これを使って、最初の背景の名前を選びます。
これでプログラムBは完成です。

プログラムCを作ろう：ネコ

ネコのプログラムです。「背景が変わるとネコがランダムな場所に移動して、セリフを言う」をスクラッチのブロックに分解していくと、次のようになります。プログラムは「順次実行」なので、上から下に順番につなげていきましょう。

C 背景が変わるとネコがランダムな場所に移動して、セリフを言う

背景ごとにセリフや動きを変えたいので、このブロックグループを背景の数ぶん作り、それぞれセリフや動きを設定します。「複製」機能（ブロックを右クリックし、複製を選ぶ）を使えば、かんたんに同じブロックが作れます。

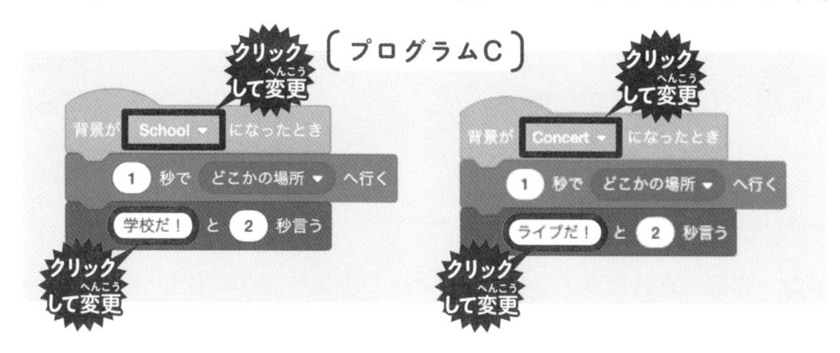

プログラムは上から順番に実行していく（順次実行）ので、今作ったプログラムだと「移動したあとにセリフを言う」という流れになります。
もしセリフを言いながら移動させたい場合（複数同時に実行したい場合）は、プログラムを2つに分ける方法があります。

同じブロックで始めれば、それぞれのプログラムが同時に実行される

STEP 3 ▶ オリジナルの背景を作ろう！

見本は、もともとスクラッチに登録されている背景を使いましたが、オリジナルの背景を使うことでいろいろなことができるようになります。たとえば……。

- **自分でとった写真を背景にした「写真集」・「スライドショー」**
- **自分でストーリーを考えて絵を描いた「絵本」**
- **自分で描いた絵やイラストを展示する「ギャラリー」**
- **フィギュアなどを少しずつ動かして作る「コマ送りアニメーション」**

画像や写真を取り込もう

自分のパソコンの中にある写真やイラストなどの画像を背景にする方法を紹介します。
ステージリストなら下部のボタン、背景タブなら画面左下のボタンにマウスをのせると、「背景をアップロード」を選べます。
パソコン内の画像ファイルを選べるようになるので、スクラッチに取り込みたい画像を選べば背景に追加されます。

（ステージリストの場合）（背景タブ内の場合）

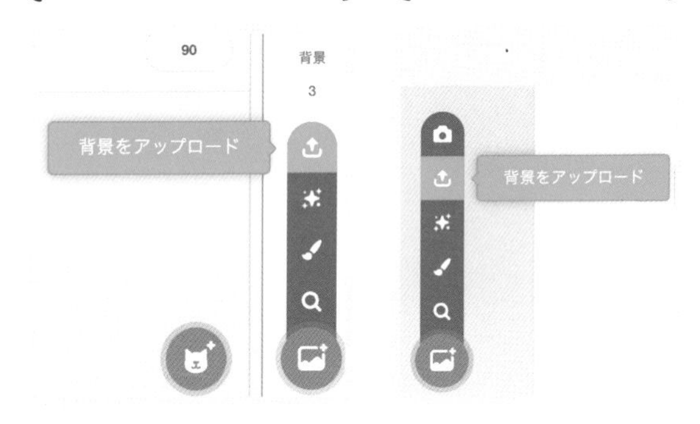

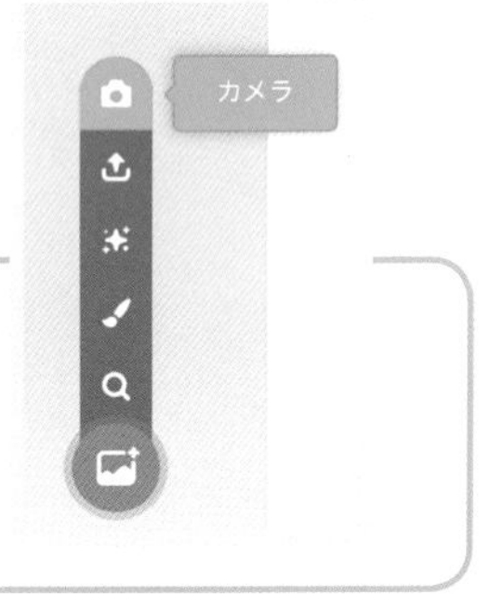

ステップアップ！
パソコンに接続されたカメラを使ってとった画像を使うこともできます。背景タブ内の左下メニューから一番上の「カメラ」をクリックするとカメラが起動します。

背景を自分で描こう

スクラッチの中で背景やスプライトを描くこともできます。
背景追加ボタンから「描く」を選ぶと、ステージに背景が追加され編集画面が表示されます。
ここではかんたんに各ボタンの機能を紹介します。いろいろ試しながら自分なりの作品を作ってみてください！

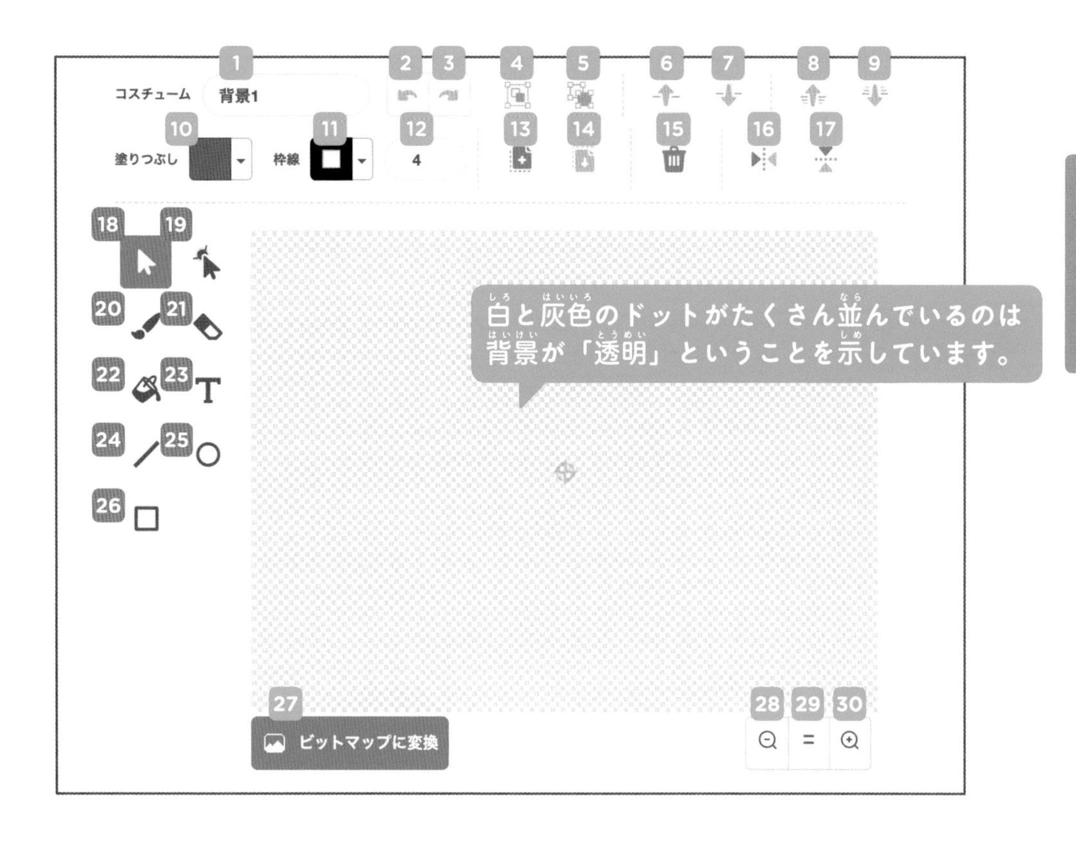

1 コスチューム（背景）の名前をつける
2 １つ前の状態にもどす
3 やり直す
4 複数の図形をグループ化する（まとめる）
5 図形のグループ化を解除する
6 図形の重なり順を１つ上にする
7 図形の重なり順を１つ下にする
8 図形の重なり順を一番上にする
9 図形の重なり順を一番下にする
10 図形で塗りつぶす色を決める
11 図形の枠線の色を決める
12 図形の枠線の幅を決める
13 選択した図形をコピーする（パソコンに記憶する）
14 コピーした図形を貼り付ける
15 選択したものを削除する
16 選択したものを左右反転する
17 選択したものを上下反転する
18 選択ツール／図形や線を選択する
19 形を変えるツール／ベクターデータを選択、変形する
20 筆ツール／自由に描く
21 消しゴムツール／データを消す
22 塗りつぶしツール／選択したものを塗りつぶす
23 テキストツール／文字を入力する
24 直線ツール／線を書く
25 円ツール／円形を作る
26 四角形ツール／四角形を作る
27 ベクターモードとビットマップモードを切りかえる
28 画面表示を縮小する
29 画面表示を元の表示(100%)にする
30 画面表示を拡大する

※ベクターモードの編集画面（選択ツール利用時）の操作説明です。使うツールによって表示は少し変わります。

スクラッチはプログラムだけでなく、絵や写真などのメディアを組み合わせて作品を作ることもできるんじゃ。
自分の表現したいものをどんどん作って、
友だちやお父さんお母さんに自慢するのじゃ～！

ステップアップ！

画像データ、スクラッチでいえばスプライトや背景のデータ形式（種類）には、「ベクター」と「ビットマップ」の２種類があります。
ベクターデータは拡大縮小してもきれいに見えて、あとからも編集がしやすいデータ。
ビットマップデータは写真など、小さな点の集まりでできたデータ。拡大するとギザギザに見えます。
スクラッチの編集モードもこの２種類の切りかえができます。
基本的には扱いやすい「ベクターデータ」を使うのがおすすめです。

〔ベクター〕

〔ビットマップ〕

まとめ

- プログラムはスプライト、背景ごとに作ることができる
- スプライトのプログラム画面は、スプライトリストのスプライトをクリックすることで切りかえられる
- スプライトをクリックしたときに何かしたい場合は「このスプライトが押されたとき」ブロックを使う

チャレンジ問題

01 最初の画面にもどったとき、「にゃー」と表示するようにしよう

02 最初の画面にもどったとき、「にゃー」と音が鳴るようにしよう

03 矢印をクリックするたびに、「にゃー」と音が鳴ってから移動するようにしよう

04 ネコの移動スピードを速くしてみよう

05 背景を1つ追加して絵本のページを増やして、ネコも動くようにしよう

06 もう1つスプライトを増やしてみよう

07 追加したスプライトに、背景が変わるごとにセリフを言わせよう

08 追加したスプライトを、背景が変わるたびに回転するようにしよう

09 スプライトを追加して、2ページ目、3ページ目にもどるボタンを追加しよう

10 自分でオリジナルのストーリーを作って絵本を作ってみよう（作ったらみんなに見せよう）

解答・解説はウェブサイトで
https://kanki-pub.co.jp/pages/programmingissatsu/

レベル ☆☆☆　目標時間 20分

PROJECT 03 タコス好きのゴーストを動かせ

見本URL https://scratch.mit.edu/projects/306938721/

タコス好きのゴーストを←↑→↓キーで動かして右下のタコスのところまで動かすゲームです。ゴーストなのにコウモリがこわいので、コウモリに当たらないように気をつけましょう！

point

キー入力によってスプライトを移動する方法、スプライトのコスチューム（見た目）を変える方法を学びましょう。
今回新しく出てくるキーワードは「座標」。学校で習っていない人は「？」だと思いますが、スクラッチではよく使うとても大事なことなのでしっかり覚えてください！

STEP 1 ▶ 準備しよう

使う素材は次の通りです。タコスは右下に、ゴーストは左上にドラッグして配置しておきましょう。スプライトはこのままだと大きいので、大きさを変えます。

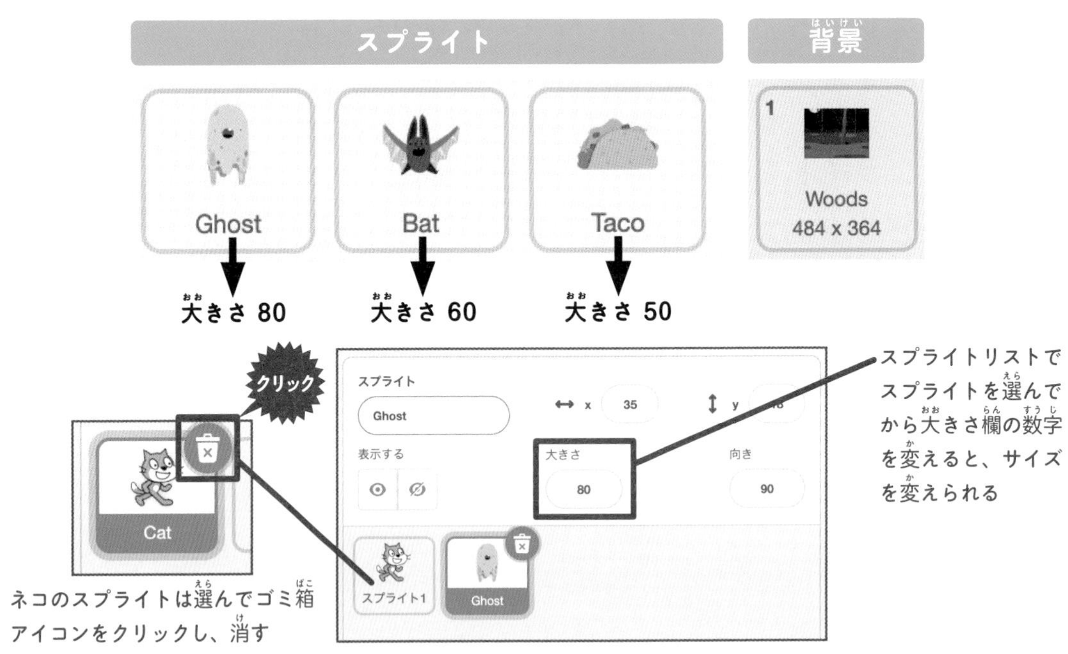

STEP 2 ▶ アルゴリズムを考えてプログラムしよう

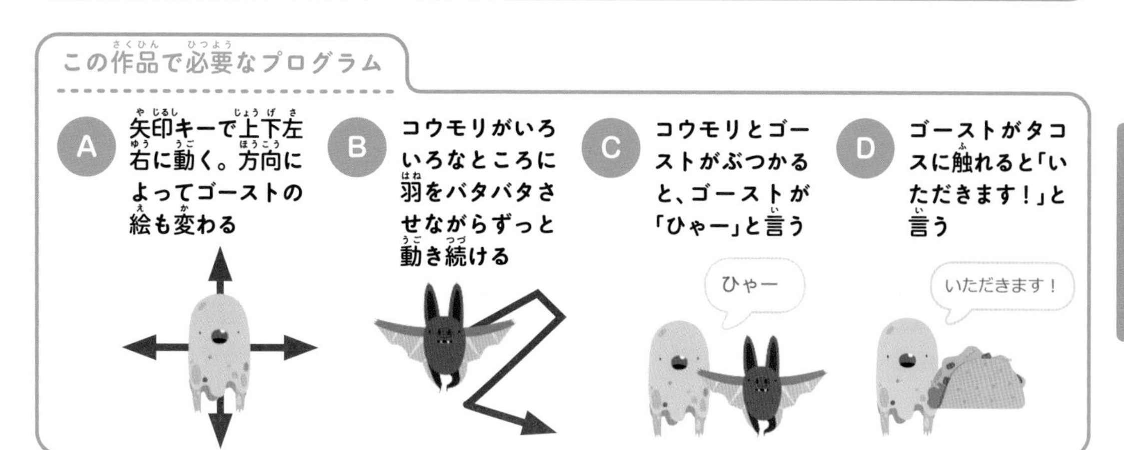

プログラムAを作ろう：ゴースト

プログラムAは、次のように分解できます。

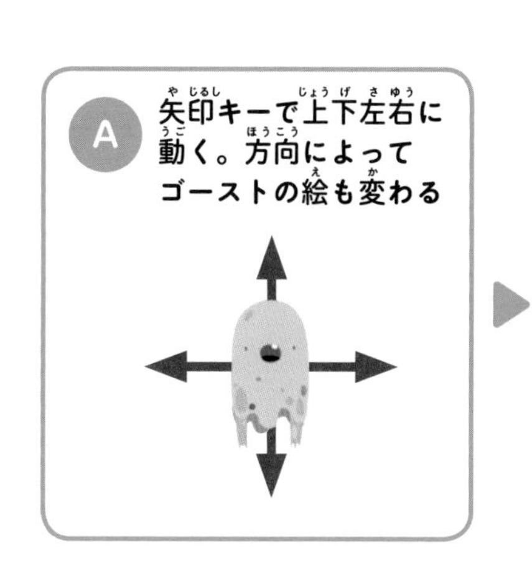

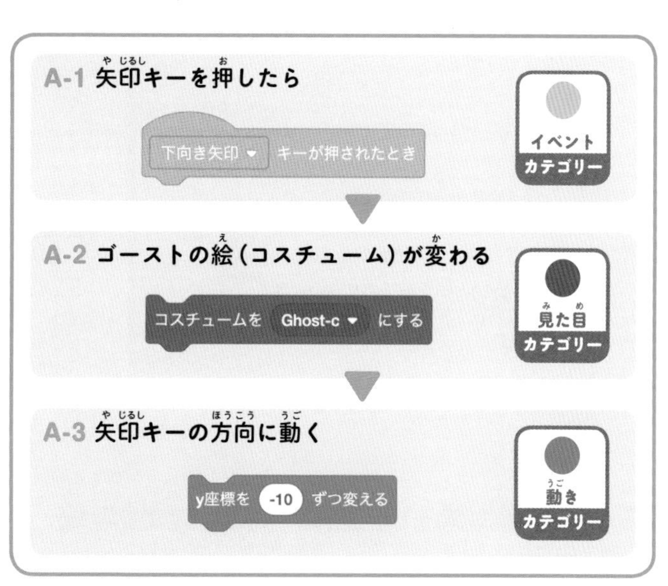

使うキーは「←」「↑」「→」「↓」の4種類ありますが、まずは「↓」キーを押したときのプログラムを作りましょう。

今回も上から順番に実行すればいいので、ブロックを順番にくっつけます。

上から順番にみていきましょう。**A-1**はプロジェクト02（➡40ページ）で作ったプログラムと同じです。今回は下向きなので「下向き矢印」を選びます。

A-2のコスチュームの変更は、「●見た目」カテゴリーの「コスチュームを◯にする」ブロックを選びましょう（登録されているコスチュームは、「コスチューム」タブで確認できます）。

最後のA-3ははじめて出てくるブロックです。このブロックの動きを知るには、まず**「座標」**という考え方を知っておく必要があります。

座標を理解しよう

スクラッチには、「座標」というスプライトの位置を決めるための考え方があります。座標には、下図のように、横の位置を示すx座標と、縦の位置を示すy座標があります。

このx（横）とy（縦）を数字で指定することで、スプライトの位置を自由に変えることができます。たとえば、下図のゴーストの位置は、xが120、yが50です。

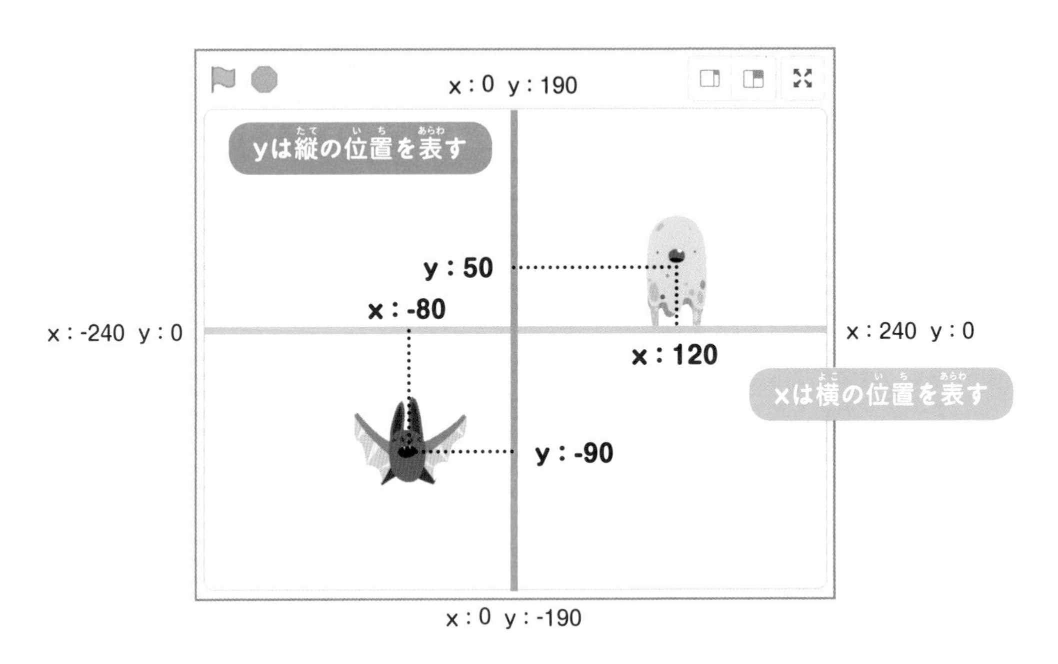

中心に移動したいときは、xが0、yが0の位置になります。ゴーストを中心に移動したいとき、ブロックを使うと右のようになります。

ー（マイナス）といって、0より小さい数字を表すときはこの記号を数字につけます。

座標でいうと中心より左のとき、中心より下のときは、それぞれ数字にマイナスがつきます。コウモリはxもyもマイナスなので左下にいますね。

図を見ると、スプライトが動ける場所は横は-240から240の間くらい、縦は-190から190の間くらいなんだね。

キーを押した方向に移動させよう

A-3プログラムにもどりましょう。今作っているのは、下向きの矢印を押したときのプログラムなので、ゴーストを下へ移動させます。

つまりy座標を変えればいいということです。

スプライトの移動にも、それぞれ向きによってプラスマイナスがあります。スプライトを中心（0）にして、左に行くときと下へ行くときはマイナスになります。

今回は下に移動するので、マイナスにします。

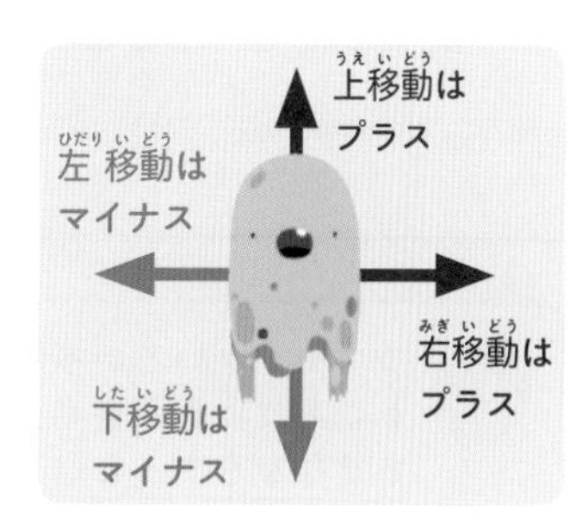

縦移動だから
y座標を変える

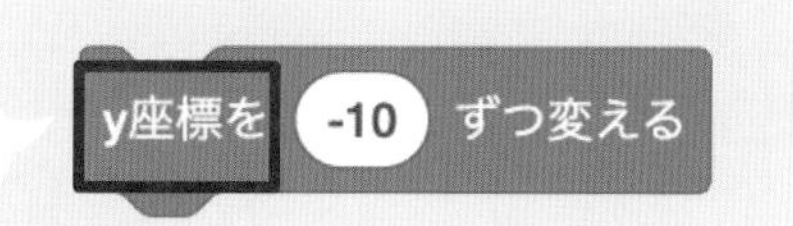

y方向へマイナス
の数字だから
下へ移動する

他の矢印キーをクリックしたときのプログラムも作ってみましょう。

ほとんど同じブロックなので複製して作りましょう。

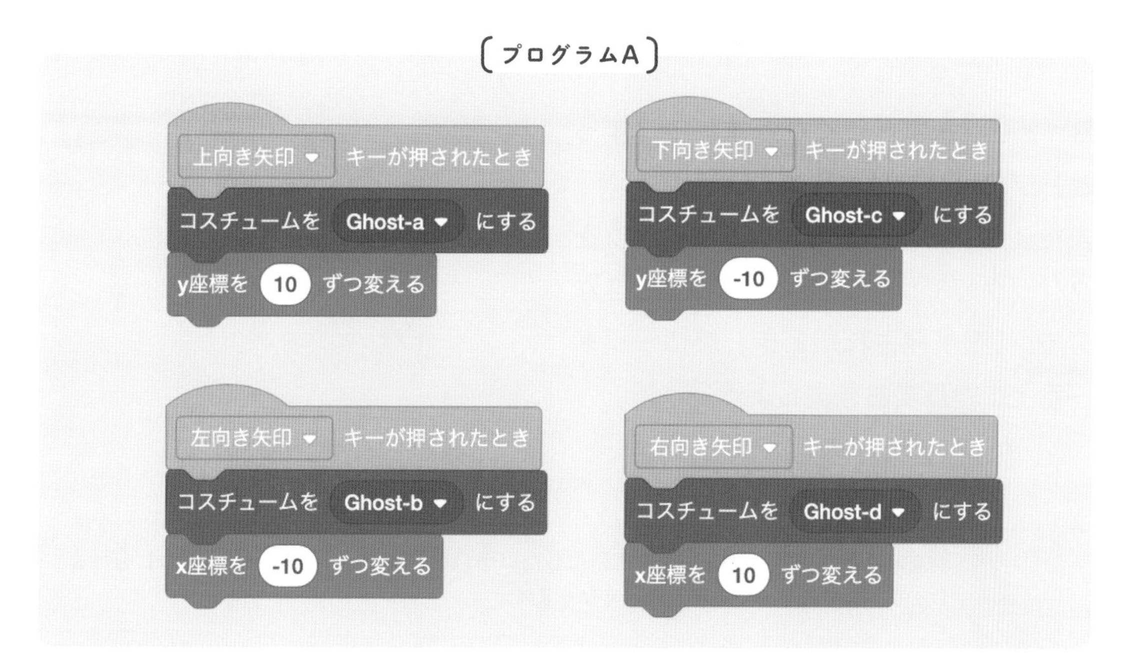

ステップアップ！

座標を指定するブロックには似ている2種類のブロックがあります。

「◯ずつ変える」は、今の位置からその数値だけ移動します。

「◯にする」は、その位置へ瞬間移動します。

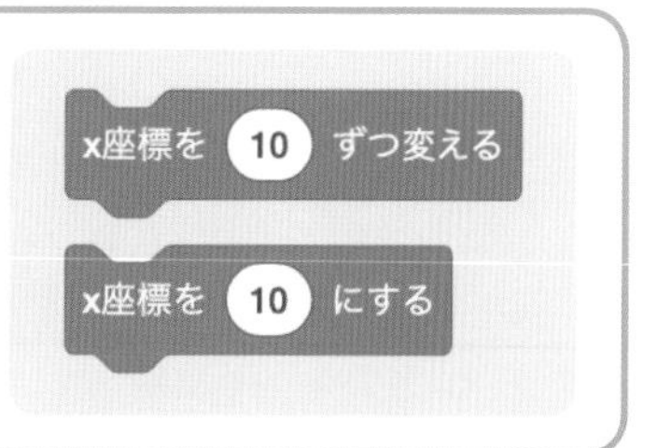

プログラムBを作ろう：コウモリ

コウモリの動きは、ずーっと移動と羽のバタバタをくり返すので、「ずっと」ブロックを使います。あとは今まで使ったブロックの組み合わせです。

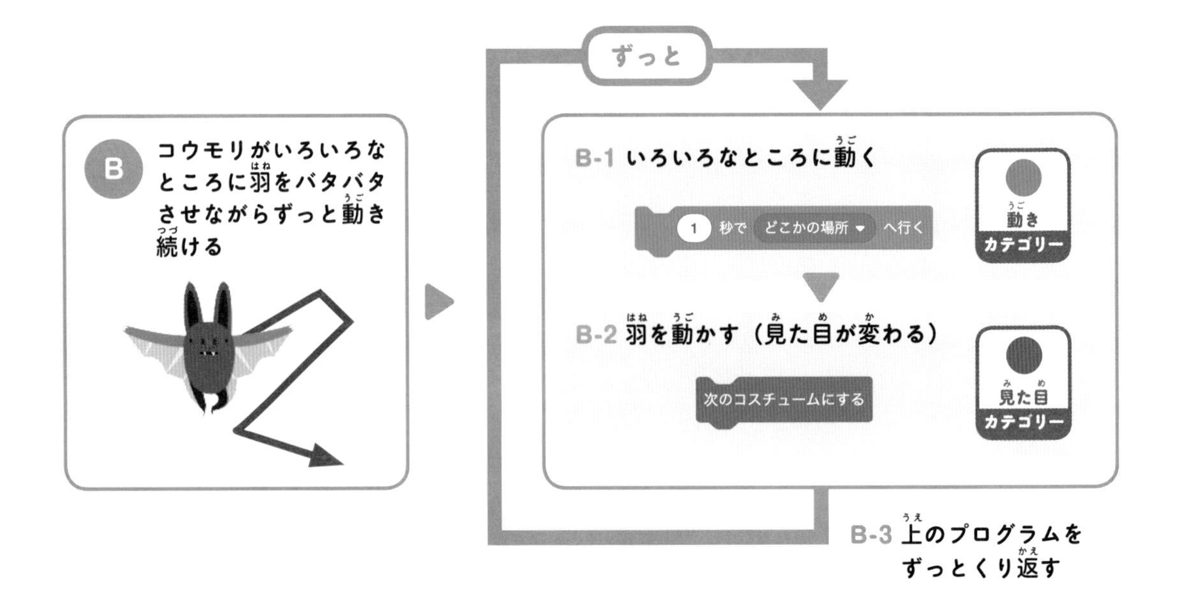

B-1とB-2をずっとくり返すので「ずっと」ブロックではさみましょう。
また、コウモリが動くのは、旗マークをクリックしてゲームスタートしたときなので、「旗が押されたとき」ブロックも一番上につけておきましょう。

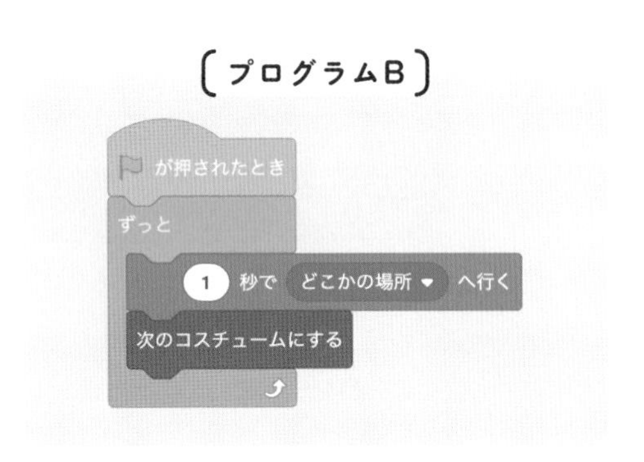

ステップアップ！

羽をバタバタさせるのと移動を同時にしたい場合は、ブロックグループを2つに分けましょう。コウモリの羽の動きが速くなります。

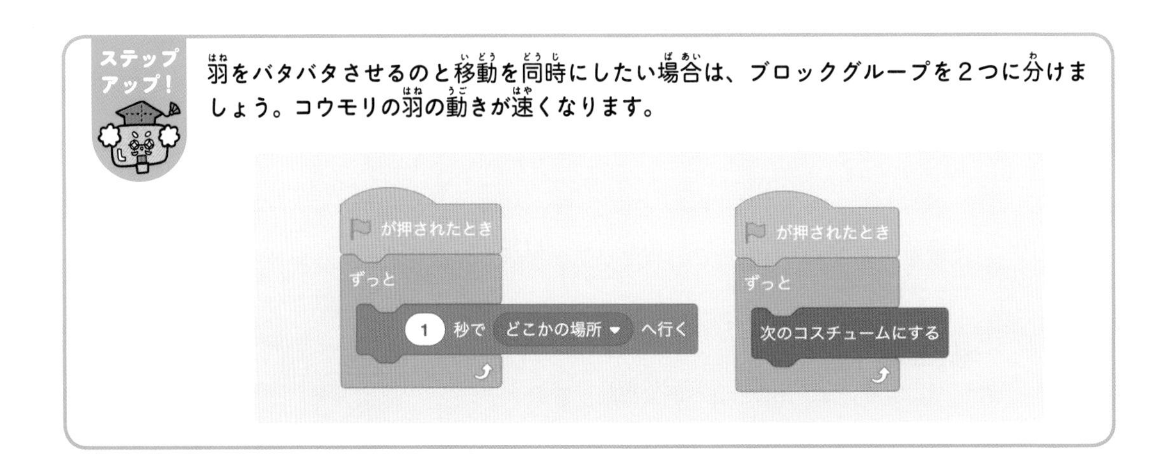

プログラムCを作ろう：ゴースト

「ゴーストがコウモリにぶつかったらセリフを言う」というのは「もし……なら……」のパターンなので、「条件わけ」ブロックを使います。

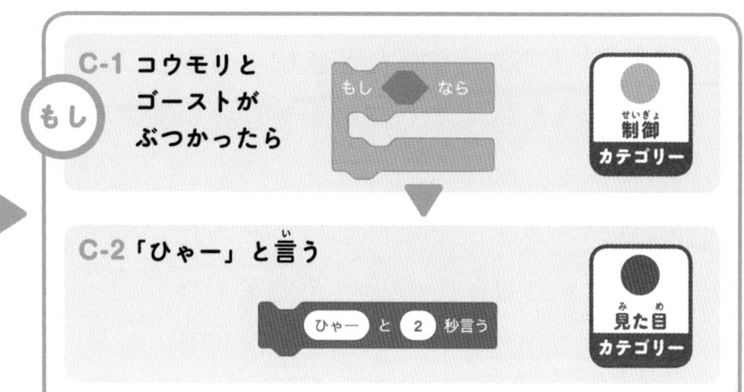

「条件」にあたる部分は、「●調べる」カテゴリーの「（　　　）に触れた」ブロックを使います。コウモリのスプライト「Bat」を選びましょう。3つのブロックを組み合わせると右のようになります。

また、当たったかどうかの判定は、ゲームをスタートしたらずーっと確認していなければいけませんでしたね。
そこで、「ずっと」ブロックではさみます。
旗ブロックを合わせると右のようになります。

【プログラムC】

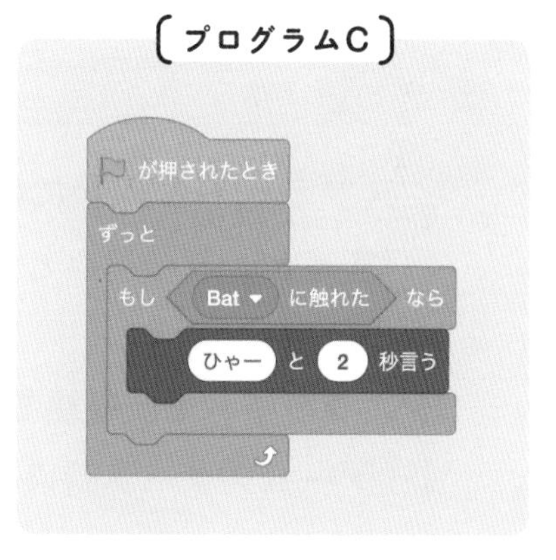

プログラムDを作ろう：ゴースト

プログラムⒹは、プログラムⒸと同じブロックを組み合わせて、条件のブロックとセリフを変えればいいだけです。
これもずっと触れたかどうかチェックする必要があるので、プログラムⒸの「ずっと」の中に入れましょう。

【プログラムD】

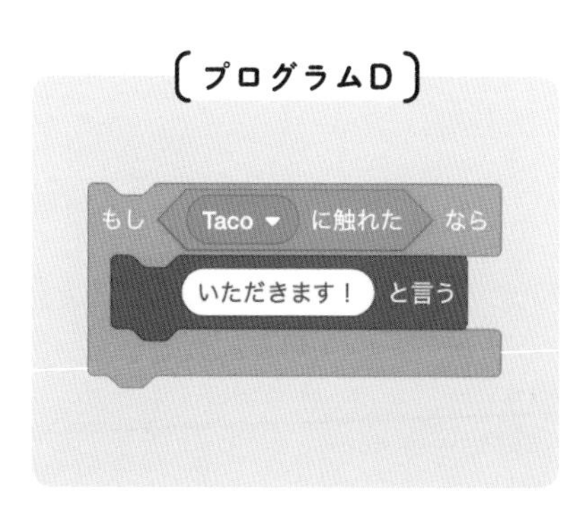

ゲームがスタートしたときのことを考えよう

このゲームは、スタートのとき、ゴーストは必ず左上にいるようにします。そうしないと、ゴーストの位置によってはむずかしさが変わってくるからです（スタートしたときにもうタコスのすぐ近くだったら、すぐ終わってしまいます）。

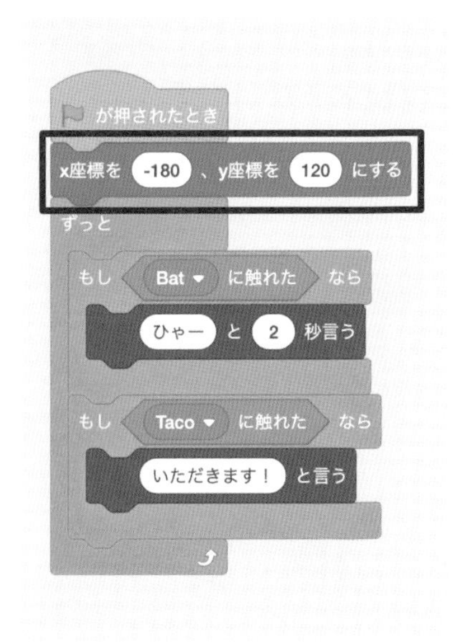

今回はゴーストを左上に移動しておきたいので、「●動き」カテゴリー内の座標を指定するブロックで、左上の位置（xが-180、yが120）を指定しておきます。

今回のゲームで、キー入力でスプライトを
動かせるようになったじゃろう！
ちょっと工夫して、プロジェクト02の
動く絵本プログラムと組み合わせて、
絵本の中でスプライトを動かすのも楽しいかもしれないぞ。
自分なりのアイデアをいろいろ出してみるのじゃ～！

まとめ

- スプライトが何かに触れたときにプログラムを実行したい場合は、「ずっと」ブロックと「もし……に触れたなら」の条件ブロックを組み合わせる
- スプライトは、座標で位置を指定できる
- 「ゲームスタート時点にどうなっているといいか」を考えてプログラムを作る

チャレンジ問題

01 コウモリのスプライトをもう１つ追加して同じ動きになるようにしよう

02 追加したコウモリは移動するたびに色が変わるようにしよう

03 ゴーストが追加したコウモリに触れたら、「うわ！」とセリフを言うようにしよう

04 ゴーストが追加したコウモリに触れたら、ゴーストの色が変わるようにしよう

05 ゴーストがコウモリ（2匹）に触れたら、最初のスタート位置（左上）に移動するようにしよう

06 ゴーストがコウモリ（2匹）に触れたら、タコスが10ずつ小さくなるようにしよう
（ヒント 小さくするにはー（マイナス）記号をつけた数字にする）

07 コウモリ（2匹）がゴーストに触れたら、コウモリが10ずつ小さくなるようにしよう

08 ゲームをスタートしたらゴースト、タコス、コウモリの大きさを元の状態から始めるようにしよう

09 タコスの位置がいつもランダムな位置からゲームが始まるようにしよう

10 スプライト「はりねずみ（Hedgehog）」を追加して、ずっと回転しながらランダムな場所へ行くようにしよう

解答・解説はウェブサイトで
https://kanki-pub.co.jp/pages/programmingissatsu/

レベル ☆☆☆　目標時間 20分

PROJECT 04 ぼうしで虫をとれるかな？

見本URL https://scratch.mit.edu/projects/373306117/

ぼうしがマウスの矢印の位置といっしょに移動します。うまくぼうしでちょうちょをつかまえられるかな？　ちょうちょがどんな動きをしているかもチェックしてみてください。

point マウスの動きにスプライトがついてくる方法を学びます。アニメーションにするためのスプライトの作り方や、動きをゆっくり見せるためのテクニックも覚えましょう。

STEP 1 ▶ 準備しよう

使う素材は次の通りです。今回、ちょうちょのスプライトは自分で作ります。

スプライト	背景

オリジナルのスプライトを作ろう

ちょうちょのスプライトを作りましょう。
まず、スプライト追加ボタンから「描く」を選びます。
スプライト編集画面になるので、ちょうちょを描いていきます。

① まず、円ツールをクリックして、左上から右下に向けてドラッグし、大小2つの円を描きます。
塗りつぶし色を変えたい場合は塗りつぶしの色をクリックして変更。
線の色はつけてもつけなくてもいいですが、今回は透明（／）を選んでおきましょう。

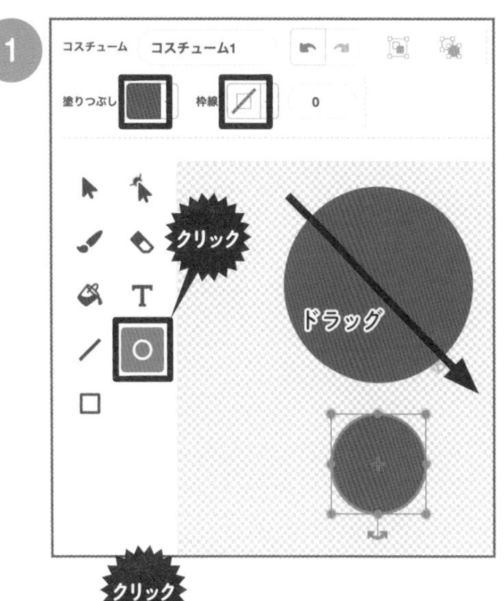

② 次に選択ツールをクリックして、図形の変形をしていきます。
変形したい図形をクリックして選ぶと、小さい青い丸が表示されます。今回は縦長にしたいので、右にある青丸を左（内側）へドラッグして、縦長にします。

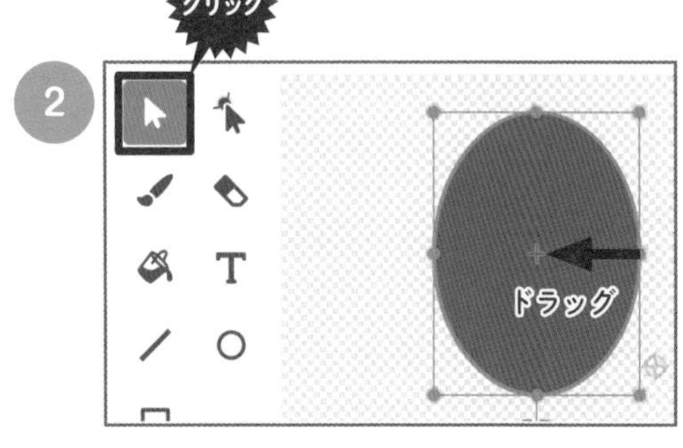

③ 次は少し左に傾けたいので、図形の下に表示されている矢印を回転したい方向にドラッグします。

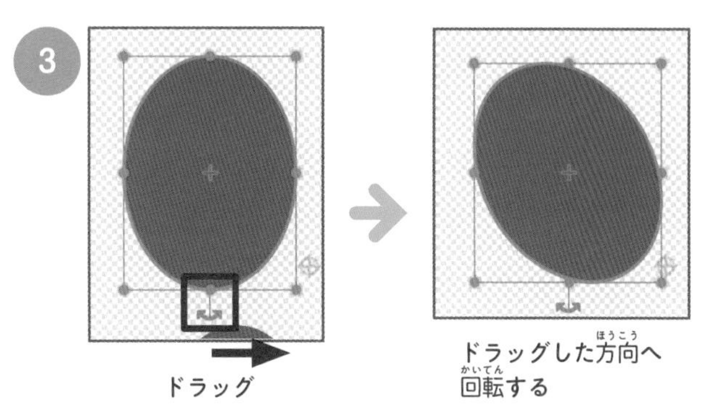

④ 小さな円も同じように縦長にして傾けたら、2つをくっつけます。これで左側の羽ができました。

❺できた左側の羽をコピーして左右反転し、右側の羽を作ります。
選択ツールをクリックしたら、羽を囲むように左上から右下へドラッグしてください。
変形させた2つの円が選ばれるので、これをコピーします。

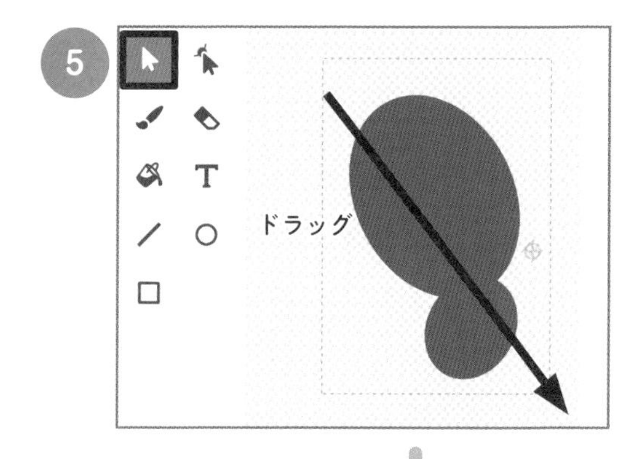

スクラッチには「コピー」と「貼り付け」のボタンがあるので、まず左のコピーボタンをクリックします。するとデータがパソコンに記憶されます。
次にとなりの「貼り付け」ボタンをクリックすると、同じ図形が貼り付けられます。

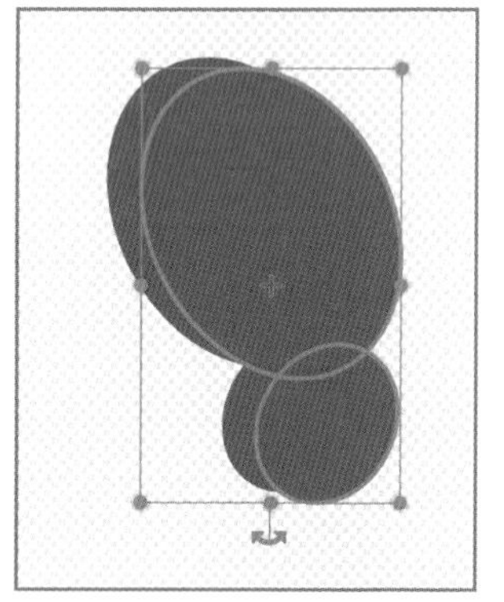

❻今、貼り付けた羽が選択されている状態なので、そのまま、左右反転ボタンをクリックします。
反転した右の羽を右側にドラッグして位置調整すれば、完成です。

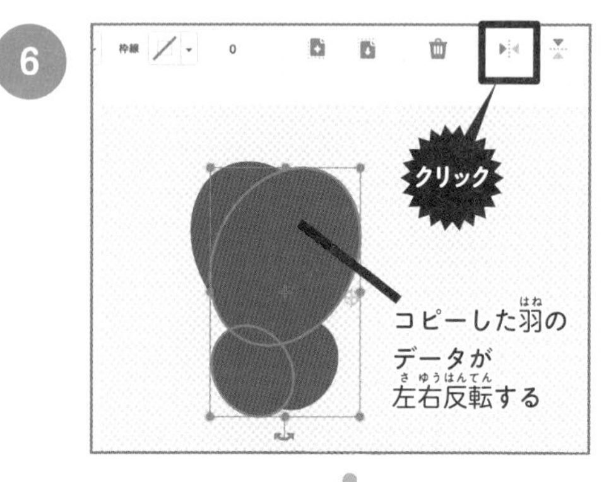

すごい、ちょうちょになった！図形や線を組み合わせてもようをつけて、オリジナルのちょうちょを作ってみようかな～！

いくつもの図形を選ぶときは、ドラッグして囲むほかに、「Shift」キーを押しながら、図形をクリックする方法もあります。

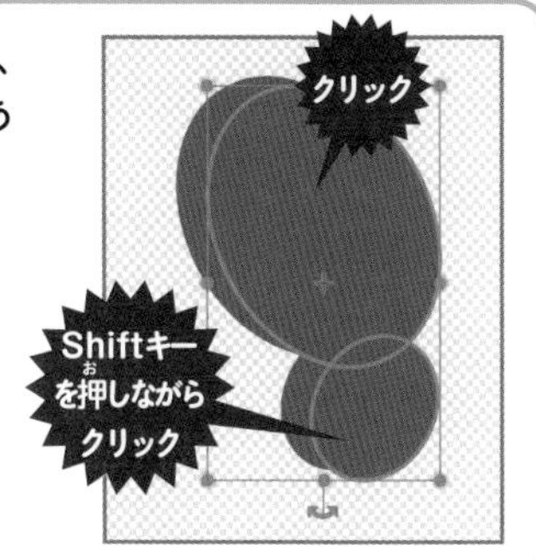

コスチュームも作ろう

ちょうちょが羽をパタパタさせながら飛んでいるように見せるため、羽をちぢめたコスチューム（コスチューム2）も作りましょう。

まず、画面左端のコスチュームリストのところで、今のコスチュームを右クリックして複製します。
複製したちょうちょの図形全体を矢印ツールで選んだあと、左か右の青丸を横にドラッグして全体を少し縦長にします。
これで羽をちぢめたコスチュームができました。コスチューム1をクリックしておきましょう。

見本とくらべてちょうちょのサイズが大きければ、スプライトリストの「大きさ」欄でサイズを小さくしておきます（右の例では30にしていますが、見本を参考にちょうどいいサイズになるように調整してください）。

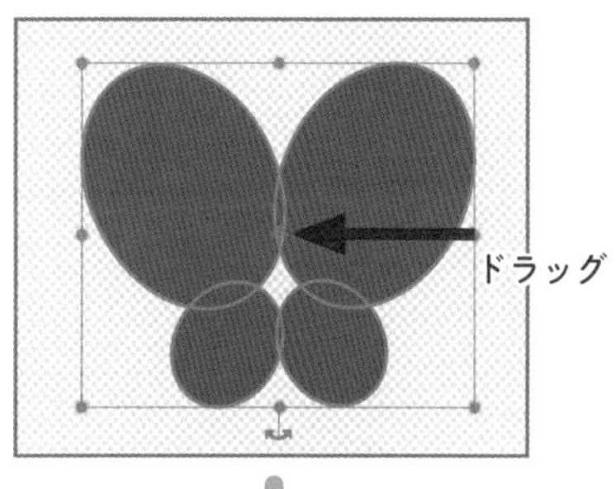

STEP 2 ▶ アルゴリズムを考えてプログラムしよう

この作品で必要なプログラム

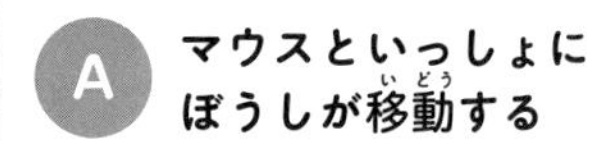

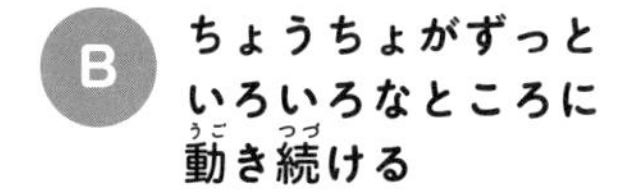

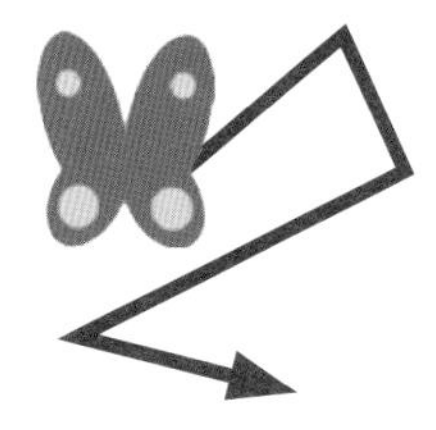

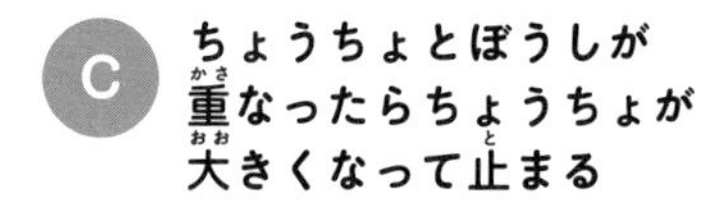

プログラムAを作ろう：ぼうし

「●動き」カテゴリーにスプライトがマウスに合わせて移動するブロックがあるので、そのブロックをそのまま使います。また、ぼうしがマウスにくっついて移動するのは、ゲームスタートしたら「ずーっと」なので、くり返しの「ずっと」ブロックを使います。

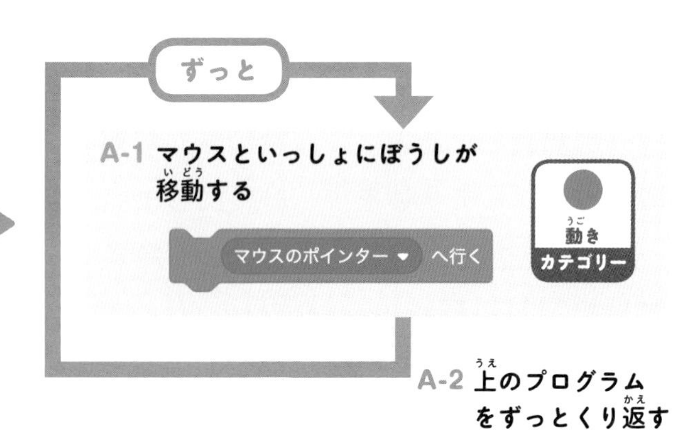

ゲームスタートしたときにこのプログラムは動き始めるので、旗マークブロックもつけましょう。

（プログラムA）

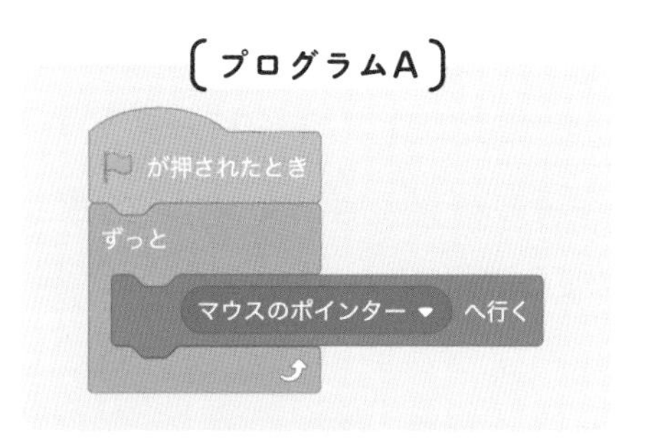

旗マークブロックを押したらずーっとプログラム実行。
このブロックの並べ方はよく使うから、慣れてきたかな？

 プログラムBを作ろう：ちょうちょ

次はちょうちょのプログラムです。プロジェクト03（➡48ページ）のコウモリと同じ動きで、どこかの場所へ行くブロックとコスチュームを変えるブロックの組み合わせです。
ただ今回は羽の動きをもう少し速くしたいので、ブロックを分けて実行させます。

×

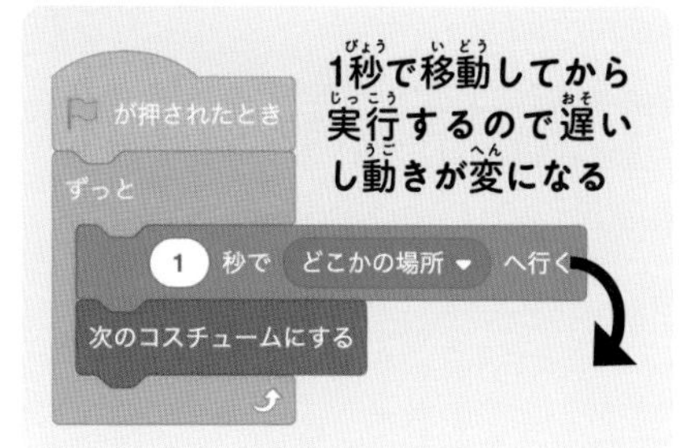

○

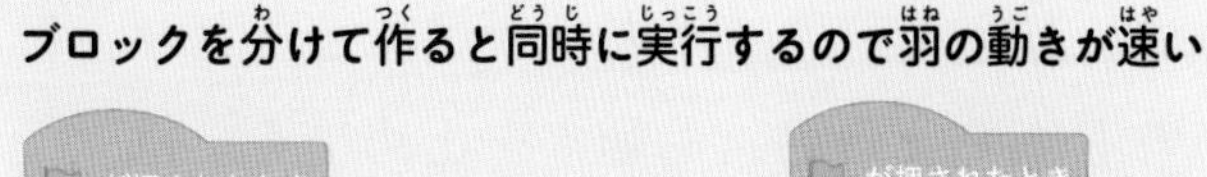

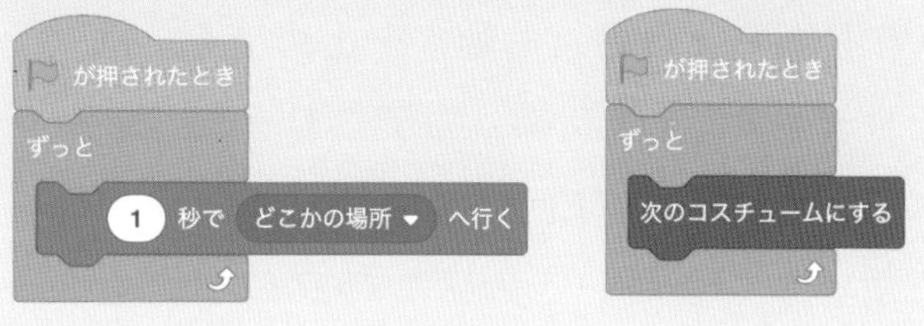

「羽の動きが速すぎる！」（プログラムの実行が速い）と感じたら、プログラムの実行を少し遅くするブロックを使ってみましょう。
「●制御」カテゴリーの「◯秒待つ」ブロックを使うと、プログラムの実行が指定した秒数だけ遅くなります。

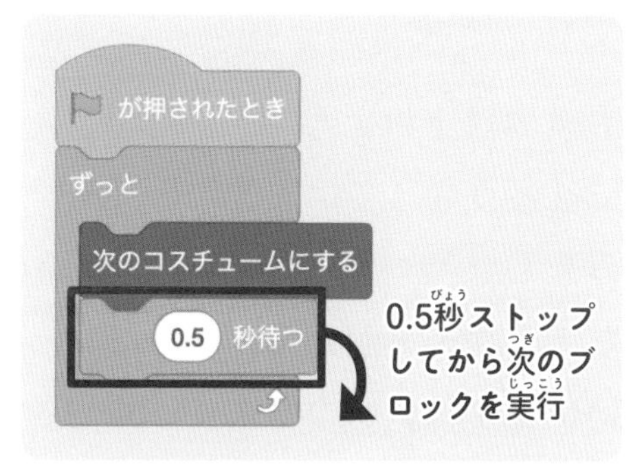

ステップアップ！
上のブロックで指定した「0.5」のように、点がついた数字、「小数」を使うことができます。0.5というのは、0と1の間の数字で、1秒の半分のスピードになります。他にも2.3や5.7など、数字をちょっと増やしたり減らしたりしたいときは小数を使います。

プログラムCを作ろう：ちょうちょ

スプライトに触れたかどうかを判定するプログラムもプロジェクト03のプログラムと同じです。
「触れたら」というのは「もし……なら……」という「条件わけ」を使います。
ゲームスタートしたら触れているかどうか、ずっとチェックしないといけないので、さっき作った「ずっと」ブロックの中に入れましょう。

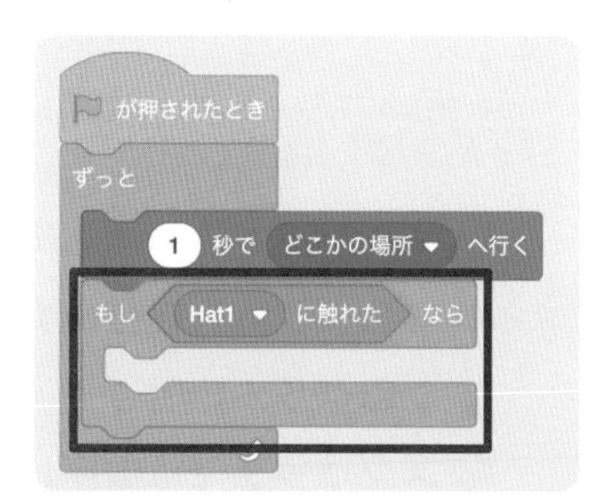

スプライトの大きさを変えるのは、「●見た目」カテゴリーにある「大きさを◯%にする」ブロックを使います。ちょうちょを作ったときに、スプライトの大きさを変ました（➡59ページ）が、その数字より少し大きい数字にしておきます。

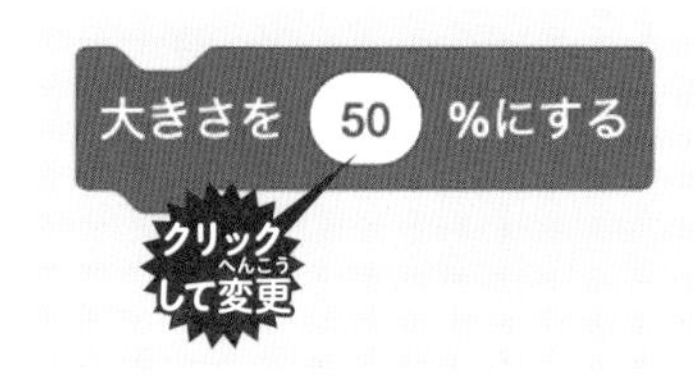

また、ぼうしとちょうちょが重なったとき、ぼうしもちょうちょも動きを止めなくてはなりません。「●制御」カテゴリーに「すべてを止める」ブロックがあるので、それを使いましょう。この2つのブロックを「条件わけ」ブロックの中に入れます。

すべてを止める ▾

最後の仕上げとして、「ゲームスタート時にはどうなっているといいか？」を考えてみましょう。ゲームスタート時はちょうちょのサイズが元の大きさになっているといいですね。いつも決まった位置（ランダムな位置でもいいですが）から飛び始めるのがいいかもしれません。旗マークブロックを追加して完成です！

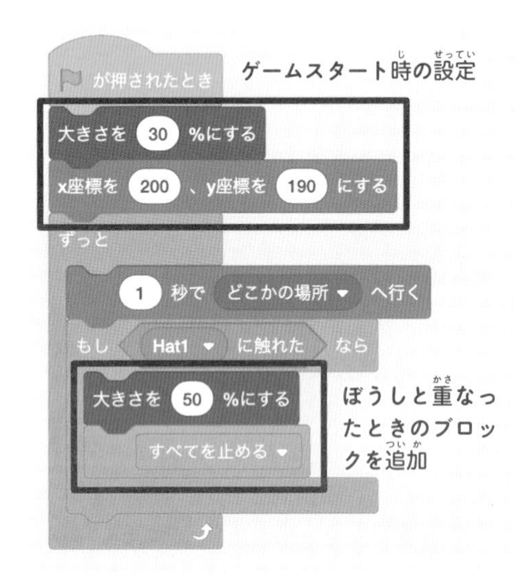

「すべてを止める」ブロックは、
ゲームオーバーのときに使えるかも!?

まとめ

- スプライトを複製して、少しずつ変えればアニメーションが作れる
- プログラムを複数作れば同時に実行できる
- プログラムの動きを遅くするブロックを使えばスピード調整できる
- スクラッチでは数字に小数を指定することができる

チャレンジ問題

01 もう1つちょうちょを作ってみよう（色やもようを変えてみよう）

02 追加で作ったちょうちょをランダムに動かそう

03 追加で作ったちょうちょを
最初のちょうちょよりゆっくり動かそう

04 ネコのスプライトを使って、ちょうちょと同じ動きにしてみよう（歩いているようなアニメーションをつけよう）

05 ぼうしがちょうちょに触れたら、
ちょうちょの色が変わるようにしよう
（プログラムは止めないで、ちょうちょは動き続けるようにする）

06 ネコがぼうしに触れたらネコが「にゃー」と言うようにしよう

07 ぼうしがちょうちょに触れたらぼうしが
「やった！」と言うようにしよう
（プログラムは止めないで、ちょうちょは動き続けるようにする）

08 ぼうしがちょうちょに触れたら、
ぼうしの色が変わるようにしよう

09 上矢印キーを押したら、
ちょうちょが少し大きくなるようにしよう

10 下矢印キーを押したら、ちょうちょが少し小さくなるようにしよう

解答・解説はウェブサイトで
https://kanki-pub.co.jp/pages/programmingissatsu/

レベル ☆☆☆　目標時間 20分

PROJECT 05 瞬間移動するフグをふくらませろ！

見本URL　https://scratch.mit.edu/projects/374538290/

まずは見本で遊んでみよう！

タイマーが5になるまでに、フグをどれだけクリックできるかというゲームです。フグをクリックするたびにフグの色や大きさが変わって、左上のスコアがどんどん追加されます。他の人とスコアを競ってみてください。

point

今回はプログラムでとてもよく使われる「変数」について学びます。このゲームでの変数はスコアとタイマーです。この2つはゲームでよく使われるものなので、しっかりマスターしましょう。

STEP 1 ▶ 準備しよう

使う素材は次の通りです。

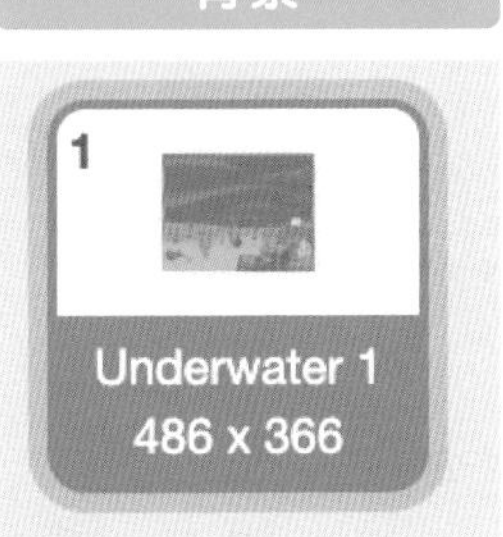

さらに今回はスコア、タイマーという「変数」ブロックも使います。「●変数」カテゴリーを選ぶと、「変数を作る」というボタンがあるのでクリックします。

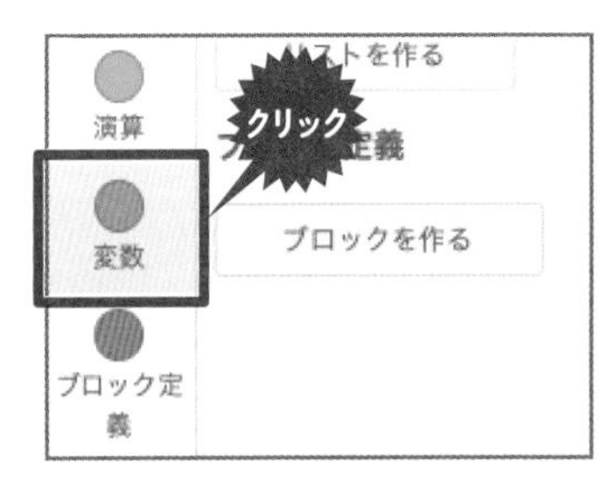

「新しい変数」という画面が出てくるので、変数名のところに「スコア」と入れて「OK」をクリックしてください。同じように、「タイマー」という変数も作ります。

すると、「変数を作る」ボタンの下に今名前をつけた変数ブロックができます。変数ブロックは左側にチェックマークがつくと、ステージ左上に表示されます。

変数を作るとブロックが追加される

チェックをクリックしてチェックが外れると、ステージに表示されなくなります。

変数を作るとステージに表示される

ステップアップ!

今回は変数でタイマーを作りますが、「●調べる」カテゴリーには、時間をはかる「タイマー」というブロックがもともとあります。そちらだと、より細かい数字でタイマー表示ができます。

変数を理解しよう

変数とは、文字や数字を入れておく「箱」だと思ってください。

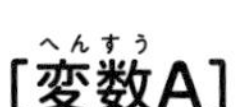

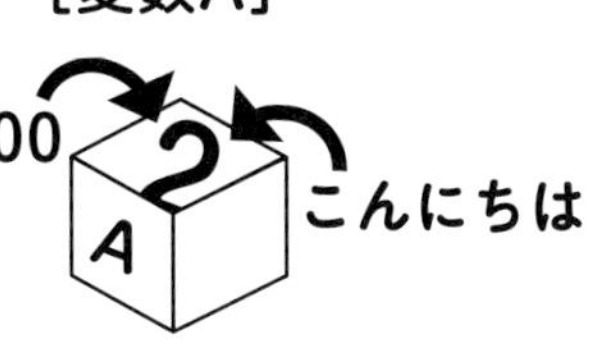

「変数」と書くだけあって、箱の中身を変えることができます。今回のスコアでいえば、「フグ」をクリックするたびに１つずつ増えていきます。つまり「スコア」という名前のついた箱の中身が0から1へ、1から2へと、１つずつ増えていきます。タイマーは1秒たつごとに１追加しています。

ゲームでいえば、ダメージの値やレベル値、主人公の職業など、数字や文字が変わるものは「変数」を使うってことなんだ！

PROJECT 05

STEP 2 ▶ アルゴリズムを考えてプログラムしよう

細かく分解するともっと分けられますが、大きく分けると次の4つです。

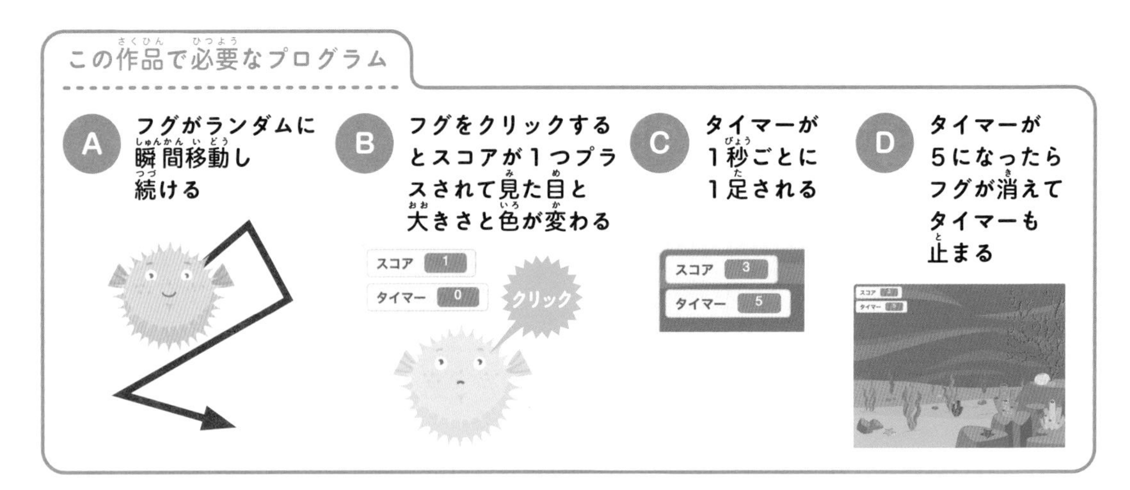

プログラムAを作ろう：フグ

プログラムⒶは今まで作ってきたものとほとんど同じですが、違うところが1つ。

今までコウモリやちょうちょはゆっくりといろいろな場所へ移動していましたが、**今回のフグは「瞬間移動」しています。**

これには、**時間が指定されていない「どこかの場所へ行く」ブロックを使います。**

○

ただ、この状態でプログラムを実行するとフグが速すぎて、ゲームになりません。

そこで、プロジェクト04（➡56ページ）で使った「◯秒待つ」ブロックを入れて、動くスピードを調整しましょう。

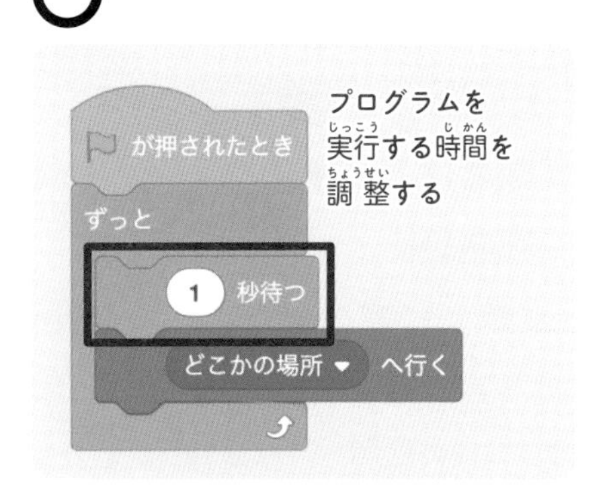

時間が指定できるブロックはアニメーションで少しずつ移動するけど、時間指定がないブロックは瞬間移動するってことなんだね。

プログラムBを作ろう：フグ

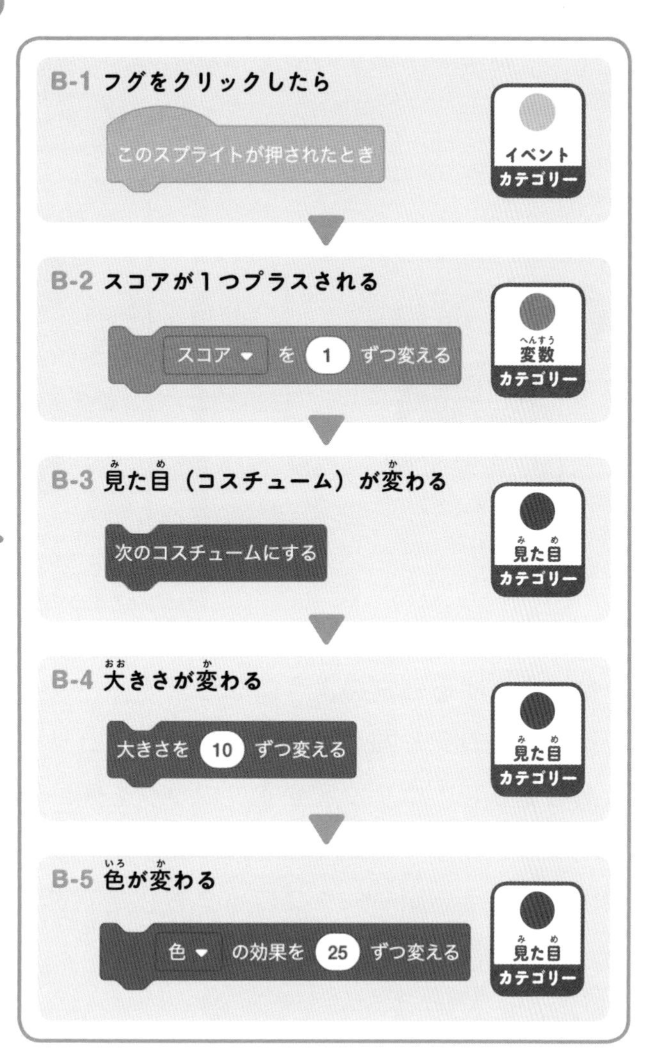

変数（スコア）を変えるには、「●変数」カテゴリーにある「スコアを ◯ ずつ変える」ブロックを使います。これを実行すると ◯ に入れた数だけ増えていきます。マイナスの数字を入れれば逆に減っていきます。
見本では大きさは少しずつ変わっているので、前に使った「◯ %にする」ブロックではなく、「◯ ずつ変える」ブロックを使います。また、「▭ の効果を ◯ ずつ変える」というブロックがあって、これで色を変えることができます。

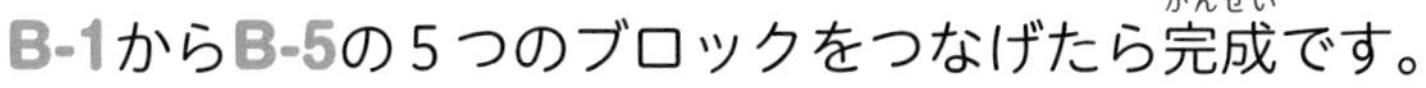

B-1からB-5の5つのブロックをつなげたら完成です。

座標や色、大きさを変えるブロックには、
「ずつ変える」 → 今の状態から少しずつ変える
「にする」 → 指定した状態にすぐ変わる
の2種類があると覚えておくのじゃ！

プログラムCを作ろう：フグ

タイマーは毎秒1足すのをくり返すので「ずっと」ブロックを使います。

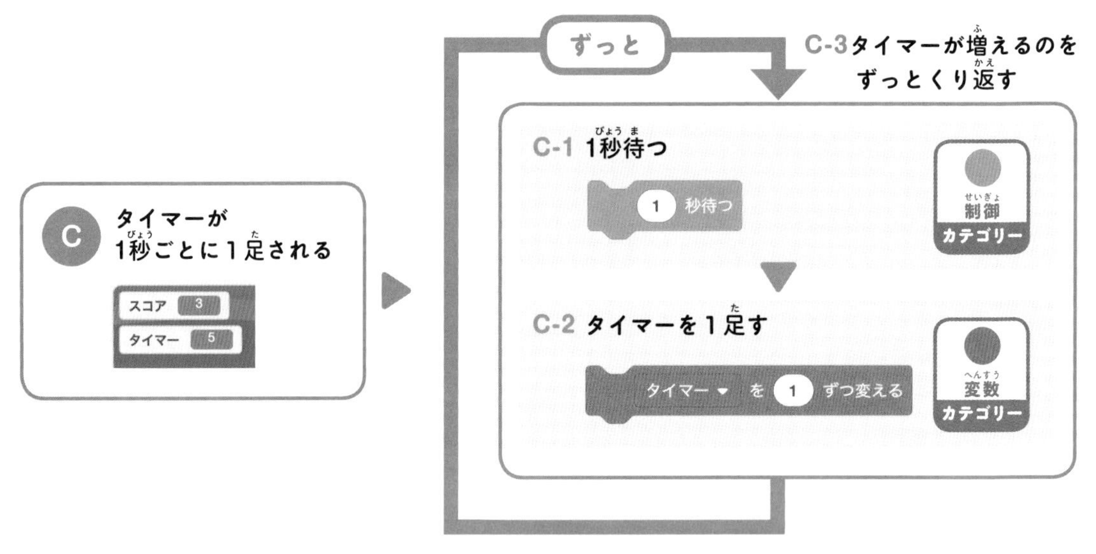

ブロックにすると右のようになります。先ほどのスコアと同じで、「●変数」カテゴリーにある変数を1つずつ増やすブロックを使います。変数名は▼で変更できるのでクリックして変えましょう。旗マークブロックも必要です。

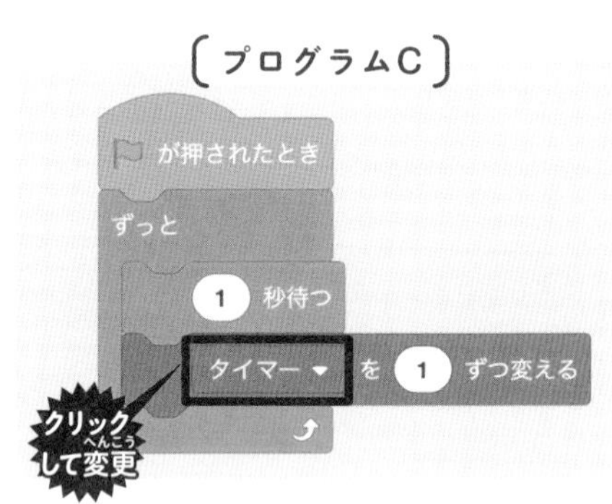

プログラムDを作ろう：フグ

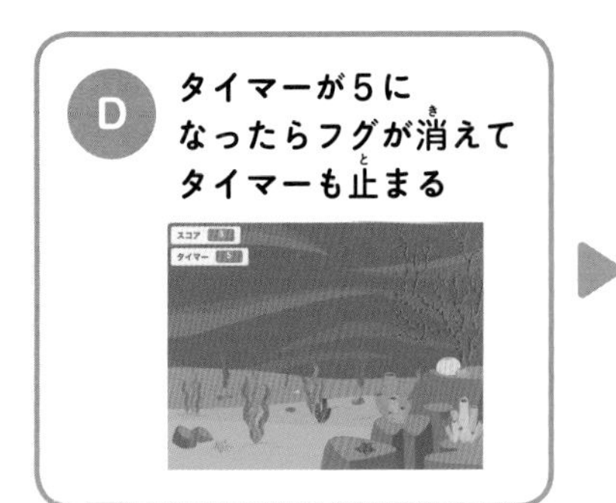

「もしタイマーが5になったら……」というプログラムなので「条件わけ」ブロックを使います。また、ゲームがスタートしたら、タイマーが5になっているかずっとチェックしていないといけないので、「ずっと」ブロックの中に入れます。

まず、「タイマーが5になったら」という「条件わけ」ブロックを作りましょう。「●演算」カテゴリーにある「◯=◯」ブロックを使います。これは「左に入っているものと右に入っているものが同じとき」という条件を作るブロックです。「タイマー = 5になったら」という条件なので、変数ブロックの「タイマー」を左側に入れて、数字を5に変えます。
また、フグを消すのは「●見た目」カテゴリーの「隠す」ブロックを使います。

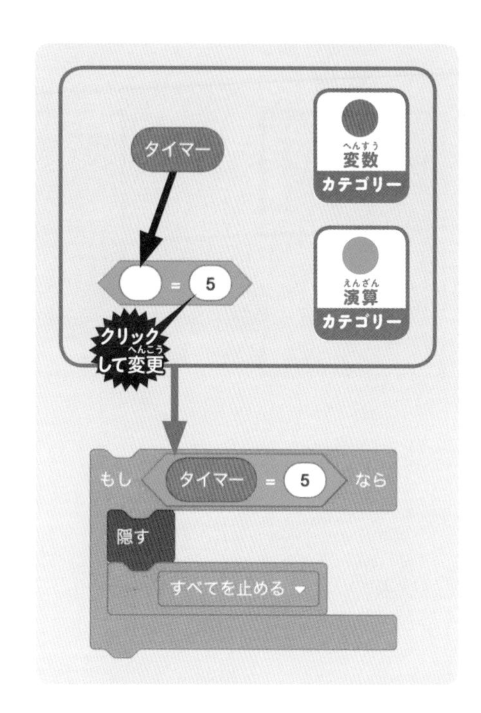

タイマーを止める方法はいくつかありますが、今回はプログラムを止めることで「タイマー」を止めます。プロジェクト04（➡56ページ）にも出てきた「●制御」カテゴリーの「すべてを止める」ブロックを使いましょう。

プログラムD

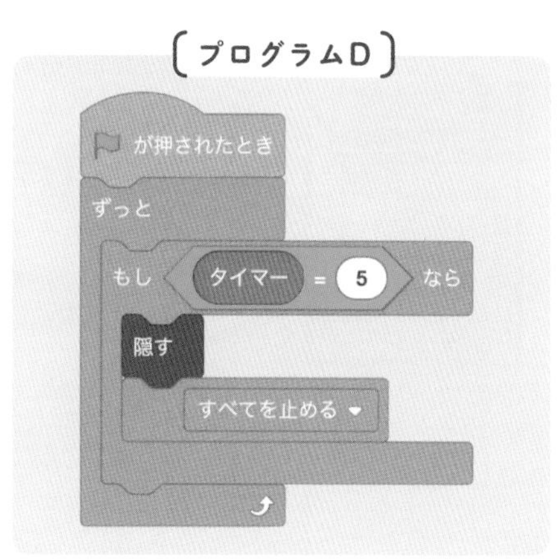

最後に、「ずっと」ブロックの中に今作ったブロックを入れます。旗マークブロックをつけて完成です。

ステップアップ!

数字を使った条件ブロックには、ある数字より大きいか小さいかを調べるブロックもあります。
複雑なプロジェクトを作り始めると条件も複雑になってきて、いろいろな条件を組み合わせて使います。
たとえば、スコアが10より大きくなったら背景を変えるというプログラムも作れるようになります。

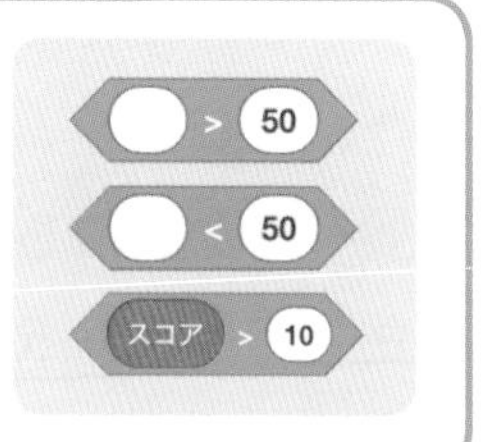

ブロックグループをまとめてみよう

ここまでで作ったプログラムA、C、Dをよく見てみると、**すべて、ゲームがスタートしたら「ずっと」ブロックを使ってずっとプログラムを動かしています。**

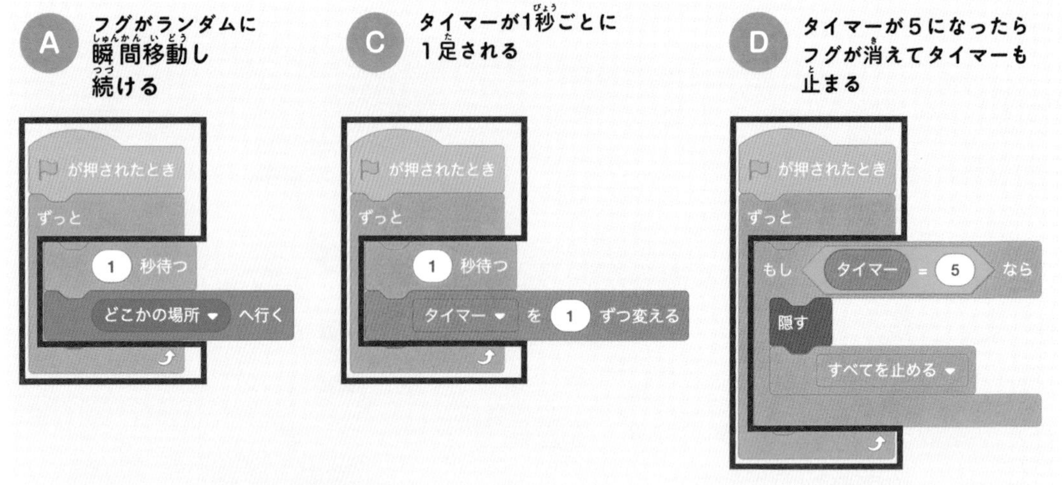

→3つとも「旗が押されたとき」ブロックと「ずっと」ブロックを使っている

このようなときは、次のようにプログラムを1つにまとめることができます。

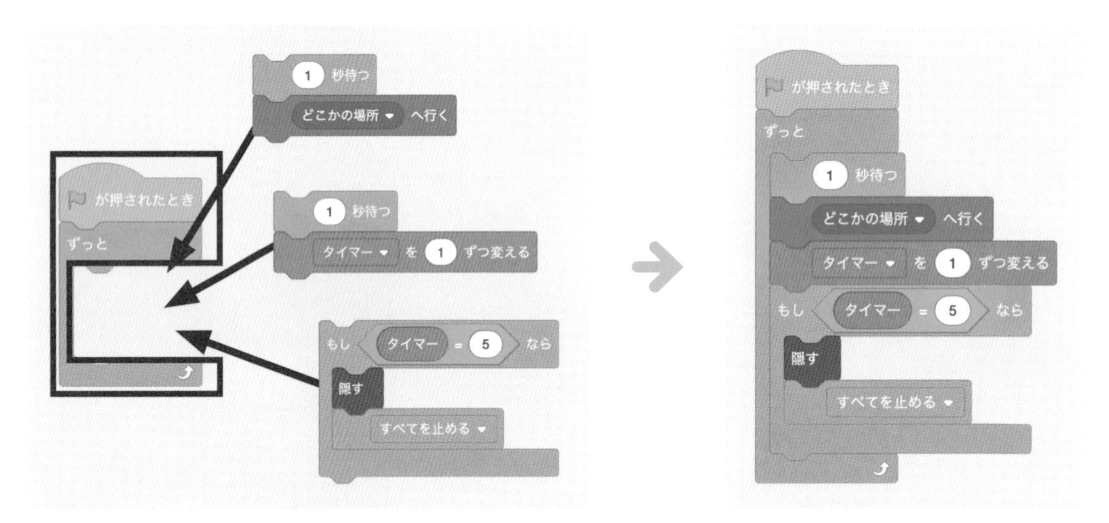

まとめるときに気をつけることがあります。たとえば**「◯秒待つ」ブロックは、プログラムAにもCにもあるので1つにしておくこと**。そのまま2つ追加してしまうと、2秒待つことになってしまいます。

また、プログラムは上から順番に実行されていく（順次実行）ので、**「どの順番で並べるか」にも気をつけてください**。今回は、タイマーが1足されてから（1秒たってから）5になったかどうかチェックするので、C→Dの順番にブロックを並べます。

今は1つずつブロックグループを作っているが、慣れてくるとはじめからムダのないプログラムを作れるようになるのじゃ。プログラミングはできるだけ「わかりやすく」「ムダなく」作るというのが基本的な考え方。もし同じことをしているブロックがいくつかあって、1つにまとめられそうなときは、まとめてみなはれ！

ゲームがスタートしたときのことを考えよう

今回のゲームは、ゲームをスタートすると、スコア、タイマー、フグが変化します。ということは、**ゲームスタート時には、最初の状態にそれぞれリセットしておく必要があります。**

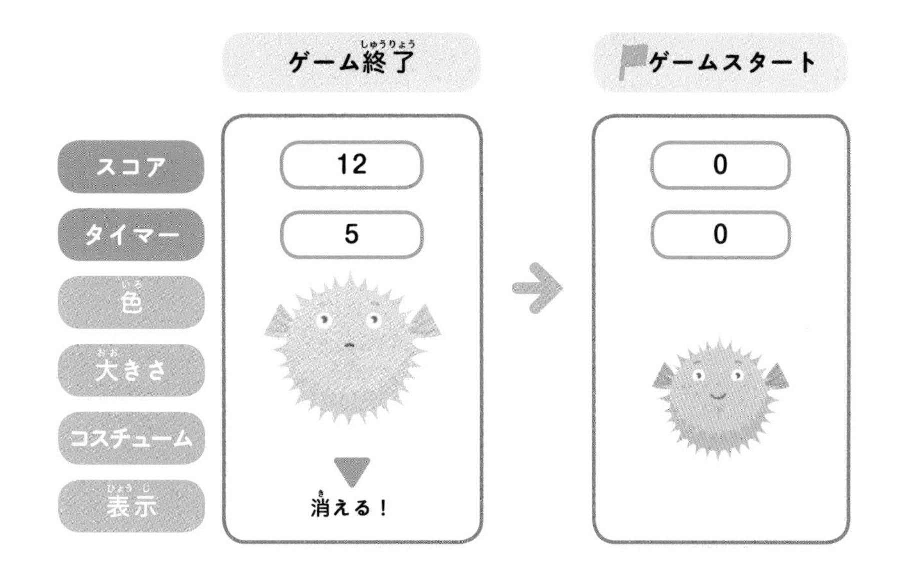

ゲームがスタートしたらそれぞれの値・状態をリセットするプログラムを追加しましょう。まずフグのスプライトが消えているので、「表示する」ブロックで登場させせます。元の大きさにするのは「大きさを100%」、元の色に戻すのは「色の効果を0」にします。変数はそれぞれ指定した数字に変えるブロックが「●変数」カテゴリーにあるのでそれを使います。
これでプログラムの完成です！

プログラムは分解してパーツを作っていき、
似たようなことをしているブロックグループがあったらまとめるんじゃ。
「分解」と「整理」をくり返すのが、
わかりやすくてムダのないコードを作るときのコツじゃ。

今回覚えた「変数」を使って、今まで作ったプロジェクトに
スコアやタイマーをつけてゲーム性をもたせてみるべし！
絵本なら、ページ数を表示させるのもいいかもしれんぞ。
どんどん自分のアイデアで今あるプログラムを
アレンジしていくのも、プログラミングの楽しいところなんじゃ。

まとめ

- 「変数」は数字や文字を入れておく箱で、プログラムで中身を変えることができる
- スプライトは色や大きさを変えることができる
- スプライトは消したり表示したりすることができる
- プログラムはまとめるとよい

チャレンジ問題

01 ゲーム時間を10秒にしてみよう

02 フグをクリックしたらスコアが10ずつ増えるようにしよう

03 フグを瞬間移動ではなく、
アニメーションでランダムに動くようにしよう

04 クリックするたびにフグが少しずつ回転するようにしよう

05 新しく「スピード」という変数を作ろう

06 スピードを2にして、2秒（変数スピードで指定した時間）
ごとにフグが動くようにしよう

07 もう1匹、フグと同じ動きをするスプライトを作ろう

08 新しく作ったスプライトはクリックするたびに
音が鳴るようにしよう

09 新しく作ったスプライトはクリックすると
100点入るようにしよう

10 新しく作ったスプライトをクリックすると、
スピードが少しずつ遅くなるようにしよう

解答・解説はウェブサイトで
https://kanki-pub.co.jp/pages/programmingissatsu/

レベル ☆☆☆ 目標時間 15分

PROJECT 06 ケンタウロスの勝手な占い

見本URL https://scratch.mit.edu/projects/374375752/

占い好きのおさげ髪ケンタウロスが、勝手に今日の運勢を占ってくれます。
スペースキーを押してみましょう。今日のあなたはどんな日になるでしょうか？

point このプロジェクトでは、前回やった「変数」に似た「リスト」を使います。
この「リスト」の考え方も一般的なプログラミングではよく使われるので、しっかり覚えましょう。

STEP 1 ▶ 準備しよう

今回の登場人物はケンタウロスのみ。
背景は自分の好きなものを選んでください。

スプライト

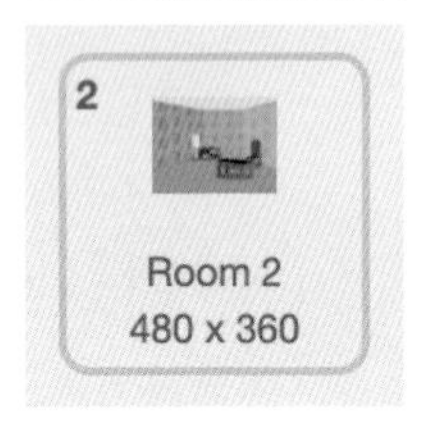

リストについて知ろう

この占いは、作文ゲームと同じで、「だれが」「何をして」「どんな日」という3つのカテゴリーごとにキーワードをいくつも用意しておき、それぞれをランダムに表示するようになっています。
たとえば、「だれが」には「ともだち」「お父さん」「お母さん」というように、いくつかのキーワードを用意。「何をして」「どんな日」も同じようにいくつも作っておいて、それらをランダムに組み合わせて占いとして表示します。

たとえば、サイコロを3回ふって「1→4→1」という数字が出たら、上の図のように「ともだち（が）→YouTuberになって→ラッキー」となります。
このしくみで、少し変わった占いを作っていきます。

この「だれが」「何をして」「どんな日」のように、**種類を分けていくつも数字や文字を準備しておくための「箱」を、スクラッチでは「リスト」といいます。**
プロジェクト05（➡64ページ）で使った「変数」をたくさん集めたもの、というイメージです。リストは変数と違って、それぞれの箱に番号がつきます。

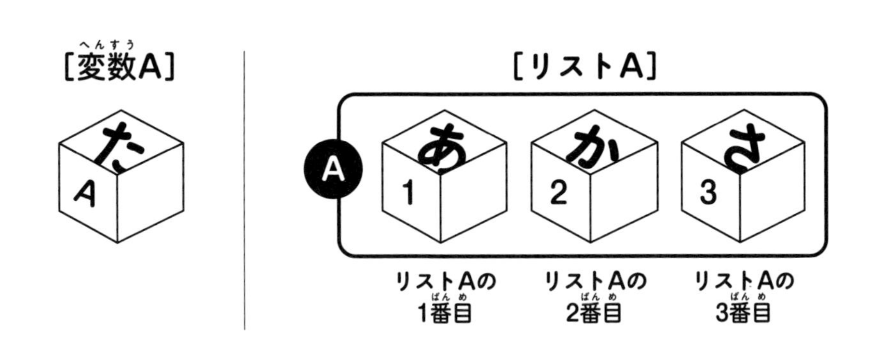

リストの中身を知りたいときは「リストAの１番目」や「リストAの3番目」といったかんじで、番号を指定します。

リストは種類に分けてたくさんの情報をまとめておくのに便利だね。クイズの「問題」と「答え」、クラスみんなの「国語」の点数、「算数」の点数なんかもリストに入れられそう！

リストを作ろう

リストの作り方はほとんど変数と同じです。

「●変数」カテゴリーの中に「リストを作る」ボタンがあります。クリックすると「新しいリスト」という画面が出てくるので、「新しいリスト名」に「だれが」と入力して「OK」をクリックします。

ブロックパレットに「だれが」というリストができていると思います。

変数と同じように、左側にチェックが入っていると、ステージにもリストの中身が表示されます。ここの左下の「＋」をクリックしてリストを作っていきます。

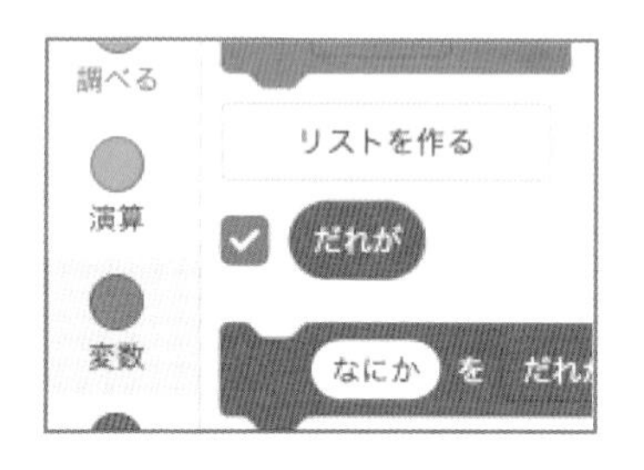

リストには「ともだち」「お父さん」「お母さん」など、キーワードをいくつか登録しておいてください。

同じように「何をして」「どんな日」というリストも作成していきましょう。

すべて登録したら、リストのチェックを外してリスト表示を消しておきましょう。

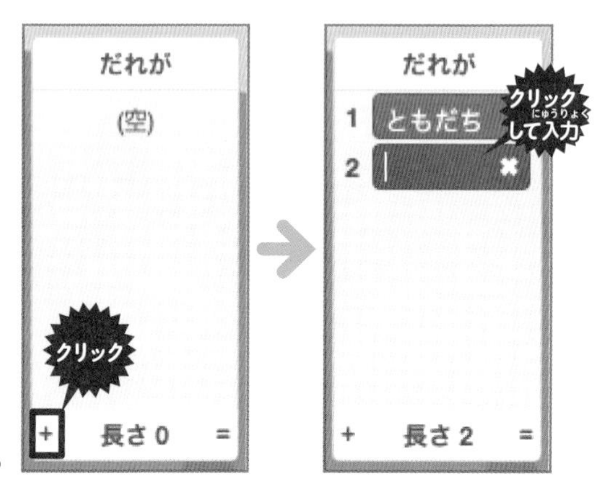

ステップアップ！

× ：キーワードの削除ボタン
長さ：リストの中にいくつデータが入っているかがわかる
＝ ：ドラッグすると、リストウィンドウの大きさを変えられる

リストは、右クリックでリストデータをファイルに保存（書き出し）したり、パソコンにあるデータを読み込んでリストにしたりもできます。

STEP 2 ▶ アルゴリズムを考えてプログラムしよう

この作品で必要なプログラム

A スペースキーを押したら占いが表示される

B 「だれが」リストの中のどれか１つがランダムに表示される

C 「何をして」リストの中のどれか１つがランダムに表示される

D 「どんな日」リストの中のどれか１つがランダムに表示されて見た目も変わる

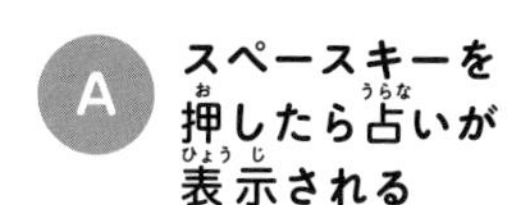
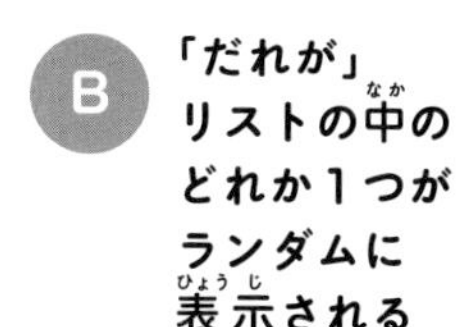
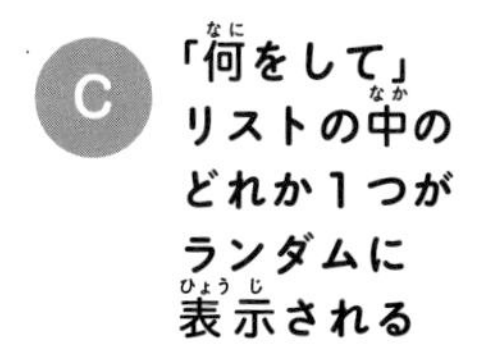

プログラムA、Bを作ろう：ケンタウロス

プログラムA、Bと分けましたが、スペースキーが押されたら（A）、Bが実行されればいいだけなので、今回はAとBをいっしょに作ってしまいます。

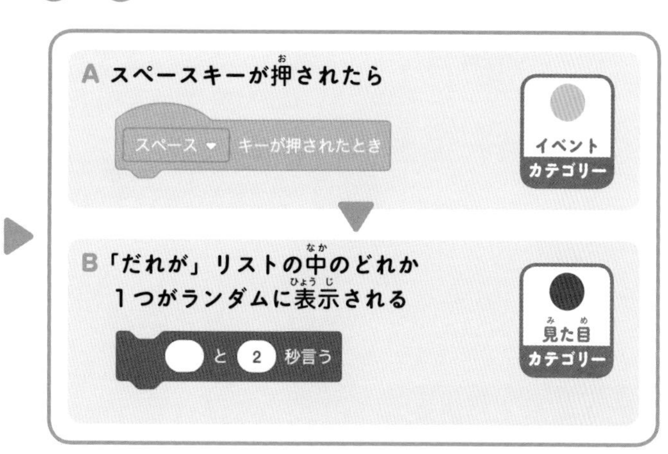

「　　　キーが押されたとき」ブロックと「　と　秒言う」ブロックをつなげます。リストカテゴリーのブロックにはリスト名と何番目かを指定することができるブロック（「　　　の　番目」）があるので、「　と2秒言う」ブロックの　に入れます。

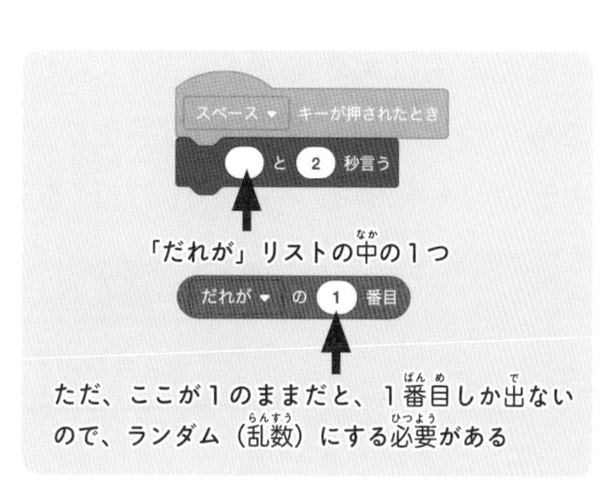

ただ、そのまま入れると、常に1番目のキーワードしか出ないので、ここをランダムにする必要があります。
今回のサンプルだと、4つのキーワードを入れているので、1、2、3、4のどれかの数字がランダムに◯番目のところに入ればいいですね。そこで、「●演算」カテゴリーの「◯から◯までの乱数」ブロックに1と4を入力して追加します**（ランダムな数字のことを「乱数」といいます）**。

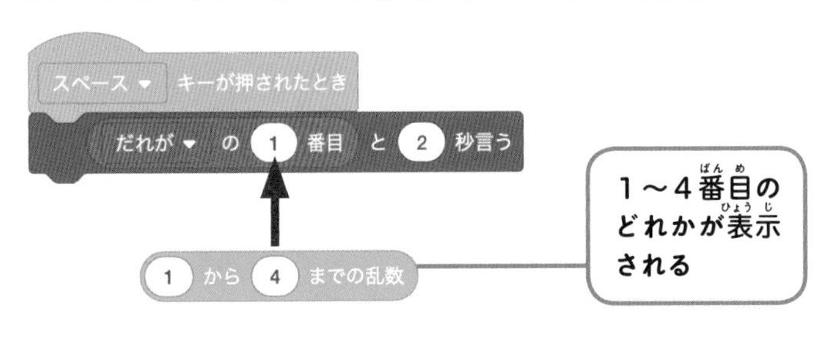

「だれが」リスト

1　ともだち

2　お父さん

3　お母さん

4　初めて会った人

プログラムを実行してみましょう。
上のリストには、セリフの最後につく「が」が入っていないので、自然な文章にするには、リストのキーワードすべてに「が」をつける必要があります。

文字をつなげよう

「が」という文字をリストの最後につけ直せばいいですが、リストの中を1つずつ変えるのは大変です。
こういうときは、文字と文字をつなげるブロックを使うと便利です。「●演算」カテゴリーにある、文字をつなげるブロックを使いましょう。

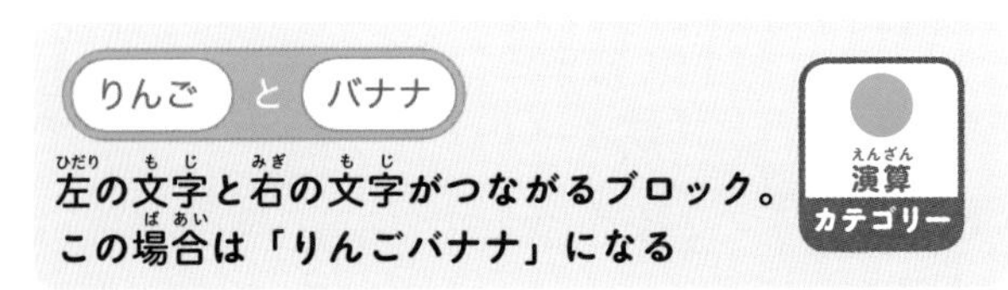

左の文字と右の文字がつながるブロック。この場合は「りんごバナナ」になる

リストのブロックを一度ドラッグして外してから、他のブロックを組み合わせて、また元にもどすほうがかんたんです。一度ブロックを外に出しましょう。

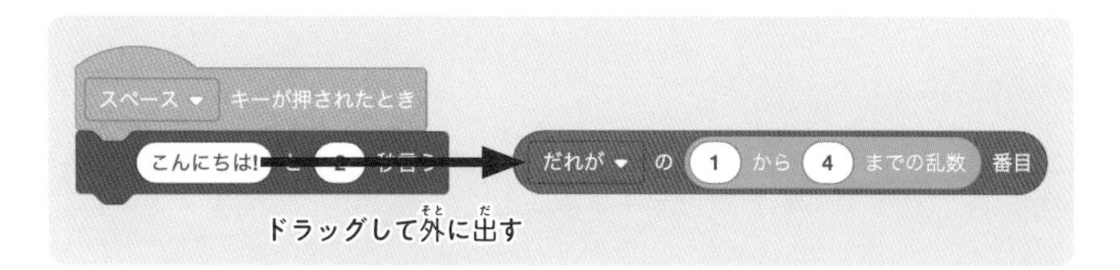

文字をつなげるブロックと組み合わせます。「(　　) と (　　)」ブロックの前のほうにリストのブロックを入れて、後ろのほうには「が」と入力します。

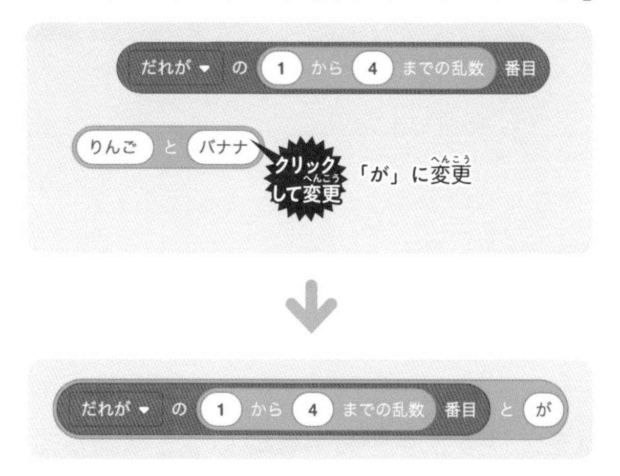

ブロックを元にもどしましょう。これで完成です。

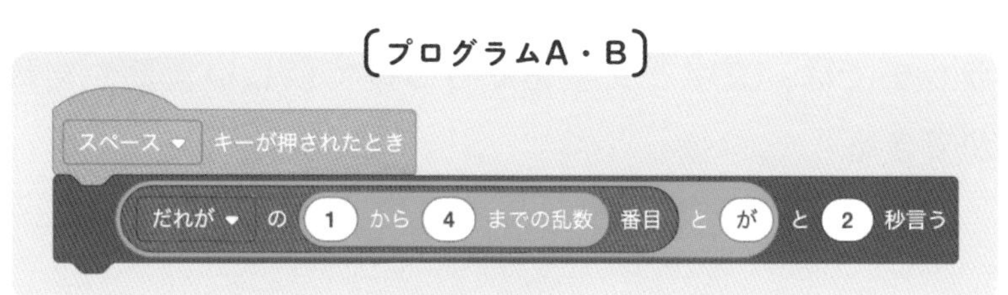

プログラムC、Dを作ろう：ケンタウロス

プログラムⒸとⒹも、リスト表示の部分はプログラムⒷと同じです。違うのは、リストと「が」という文字を最後につける必要がないことです。同じように作ってみましょう。

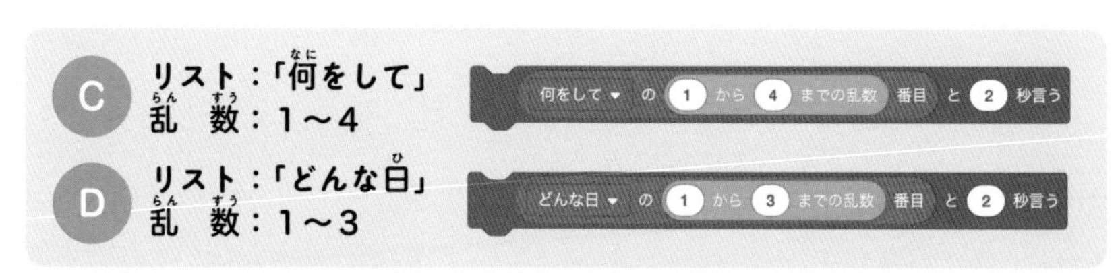

プログラムDについては、最後のセリフを言うときにコスチュームを変えているので、「次のコスチュームにする」ブロックを１つ入れて完成です。

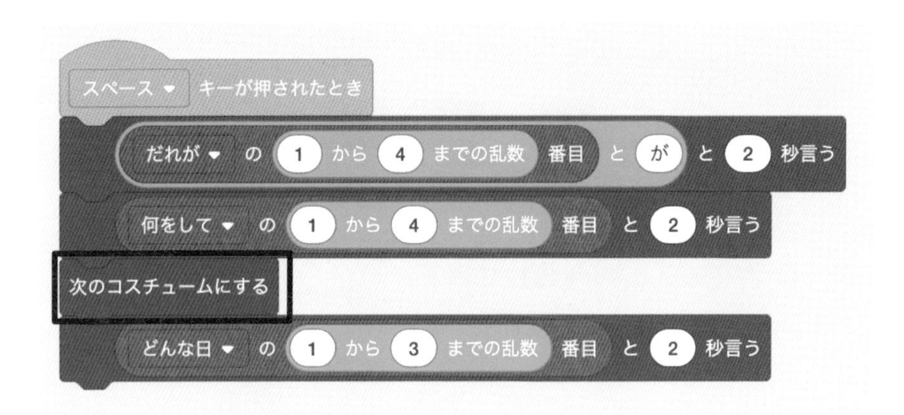

「次のコスチュームにする」ブロックを一番下に入れてみたら、
ケンタウロスの動きはどう変わるんだろう？
いろいろ試してみようっと！

まとめ

- リストは種類を分けて数字や文字をいくつも準備しておくための箱
- リストは変数と違ってそれぞれの箱に番号がつく（リストAの１番目、２番目……）
- スクラッチでは、文字と文字をくっつけて新しい言葉や文章を作ることができる

「リスト」はプログラムではよく使われる機能で、
「配列」と呼ばれることもあるんじゃ。
変数やリストが使えるようになると、作品のはばがぐっと広がるぞ！
今まで作った作品にリストを使うとしたらどうやったら使えるか、
考えてみなはれ！

チャレンジ問題

01 ケンタウロスがセリフを言うたびにコスチュームが変わるようにしよう

02 最初に「はじめます」と2秒セリフを言うようにしよう

03 「あいさつ」というリストを作って、あいさつを5つ入れよう

04 「a」キーを押したらあいさつをランダムに表示するようにしよう

05 「クイズ」というリストを作って、クイズを3つ入れよう

06 ステージの右側にスプライトを追加して、「q」キーを押すと追加したスプライトがクイズをランダムに出すようにしよう

07 「だれ」という変数を作って、スペースキーを押したあと、変数「だれ」に1～3の乱数を入れるようにしよう
（ヒント ケンタウロスにプログラムする）

08 「だれと」というリスト（名前だけ入れる）を作って、変数に入った番号のセリフを、「だれが」リストを表示したあとに出すようにしよう

09 「だれと」リストの中身と、文字「と」をプログラムでくっつけて、「(名前) と」と表示されるようにしよう

10 リストを使った新しい作品・ゲームを作ろう

解答・解説はウェブサイトで
https://kanki-pub.co.jp/pages/programmingissatsu/

レベル ☆☆☆ 目標時間 25分

PROJECT 07 楽器を演奏！「カエルのうた」ライブ

見本URL https://scratch.mit.edu/projects/373315072/

まずは見本で遊んでみよう！

ネコのソロライブです。ただし、「カエルのうた」しか演奏されません。ドラムやキーボード、ギターをクリックするとそれぞれの音がずっと鳴り続けます。ネコもクリックしてみて！

point スクラッチの**拡張機能「音楽」**の使い方を覚えましょう。
また、同じプログラムを他のスプライトにコピーするときに使える**プログラムブロックの複製方法**も学びます。

STEP 1 ▶ 準備しよう

使う素材は次の通りです。楽器やネコをそれぞれクリックするので、あまり重ならないように配置してください。

スプライト

背景

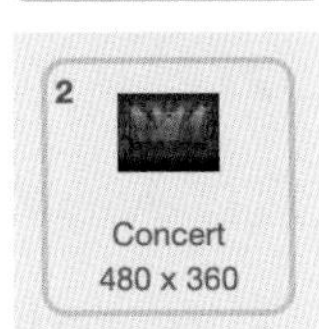

※見本ではネコがバンドマン風にペイントされていますが今回はそのまま使います。絵が得意な人は変えてみてください。

STEP 2 ▶ スクラッチの拡張機能を使おう

スクラッチには、ペンやモーションカメラ、翻訳などさまざまな機能を追加することができます。こういった機能を**「拡張機能」**と呼びます。
今回は拡張機能の**「音楽」**を使います。まずはブロックパレットのコードカテゴリーの下にある「拡張機能を追加」ボタンをクリックしてください。拡張機能を選ぶ画面が表示されます。

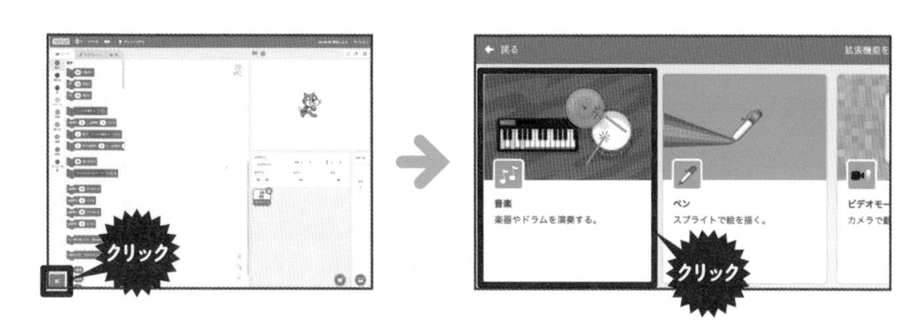

「音楽」を選ぶと、ブロックパレットのカテゴリーの一番下に「音楽」カテゴリーが追加されます。これで音楽のブロックが使えるようになりました。

STEP 3 ▶ アルゴリズムを考えてプログラムしよう

今回は、アルゴリズム自体はかんたんで、単純にスプライトをそれぞれクリックすると、音が鳴ったりテンポが速くなったりするだけです。

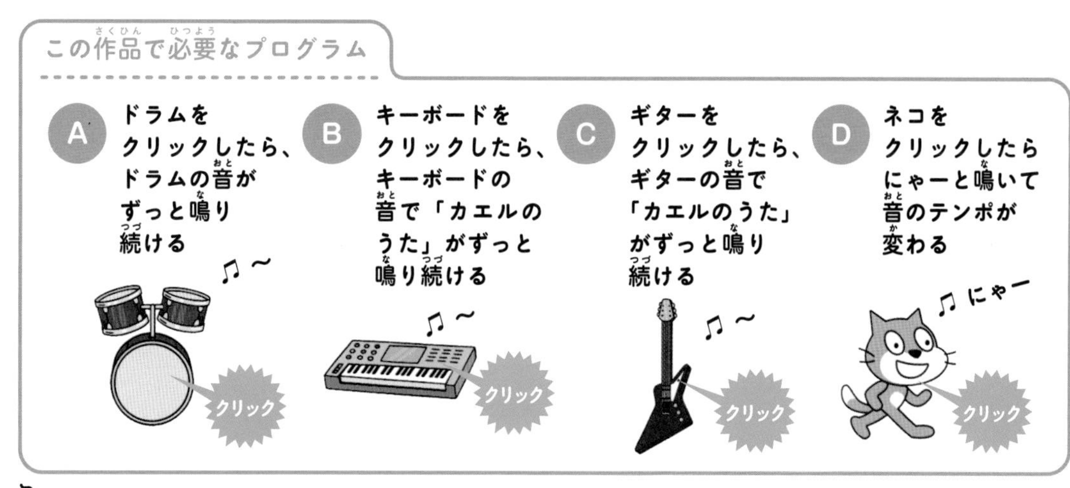

プログラムAを作ろう：ドラム

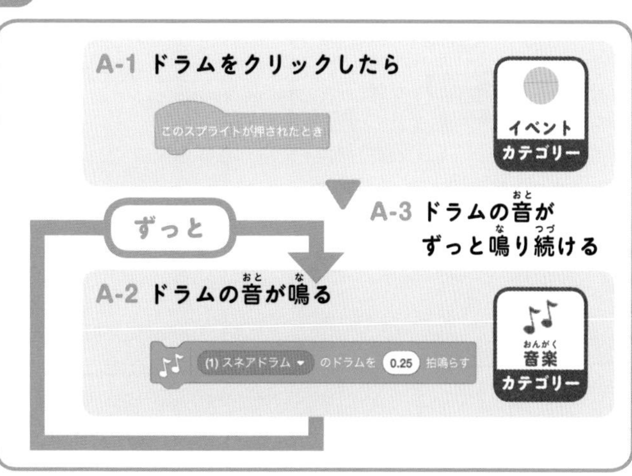

まずはドラムのプログラムです。スプライトをクリックしたらずーっと音(おと)が鳴(な)り続(つづ)ければいいので、ドラムの音(おと)が鳴(な)るブロックを「音楽(おんがく)」カテゴリーから持(も)ってきて「ずっと」ブロックの中(なか)に入(い)れます。

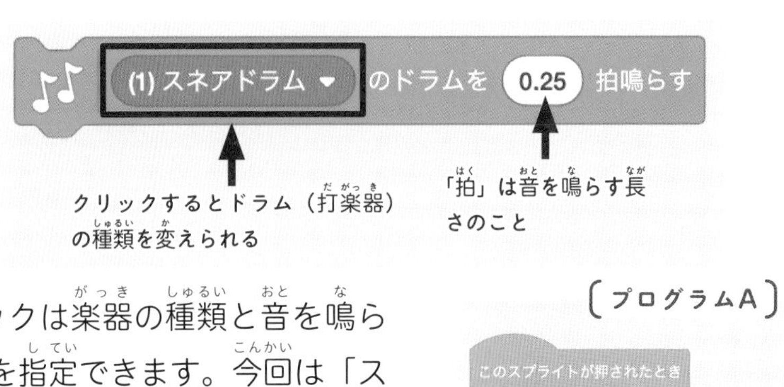

「楽器(がっき)」ブロックは楽器(がっき)の種類(しゅるい)と音(おと)を鳴(な)らす長(なが)さ「拍(はく)」を指定(してい)できます。今回(こんかい)は「スネアドラム」にしていますが、いろいろ試(ため)して好(す)きなドラムを選(えら)んでみてください。

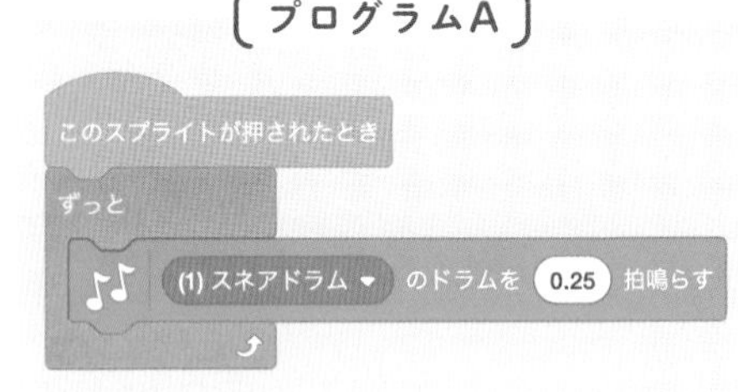

プログラムBを作(つく)ろう：キーボード

曲(きょく)を演奏(えんそう)する場合(ばあい)は「ド」や「レ」など1音(おん)1音(おん)指定(してい)したブロックを使(つか)います。

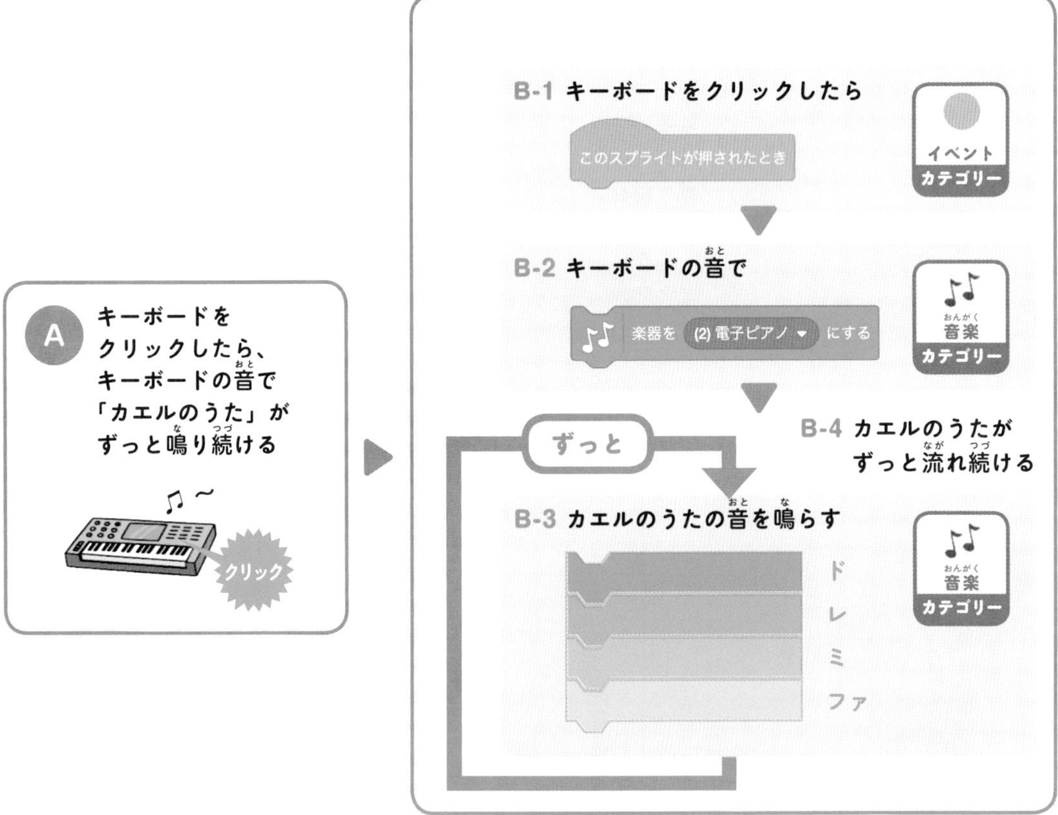

音楽ブロックを使って演奏する場合は、まず楽器を選ぶ必要があります。そこで、**B-2**のように「音楽」カテゴリーの「楽器を◯にする」ブロックを使って楽器を選びます。

次に、「カエルのうた」の演奏をしていきます。「ド」や「レ」のように1音1音をブロックで作っていきます。
1つの音を出すには「◯の音符を◯拍鳴らす」ブロックを使います。どの音を出すかは、左側の数字をクリックするとキーボードが出てくるので、そこで指定できます。
「カエルのうた」の前半部分は、以下の通りです。

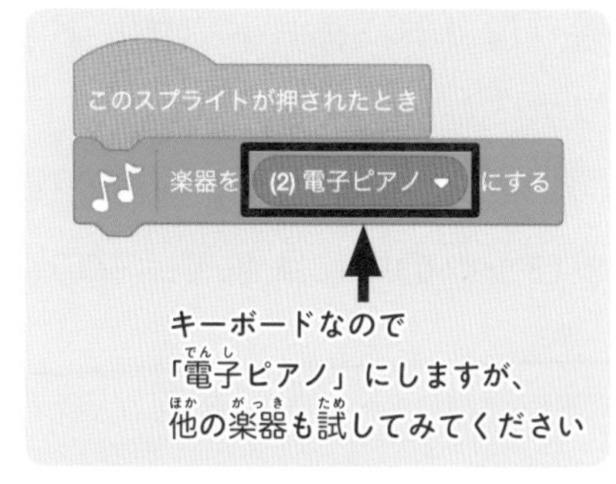

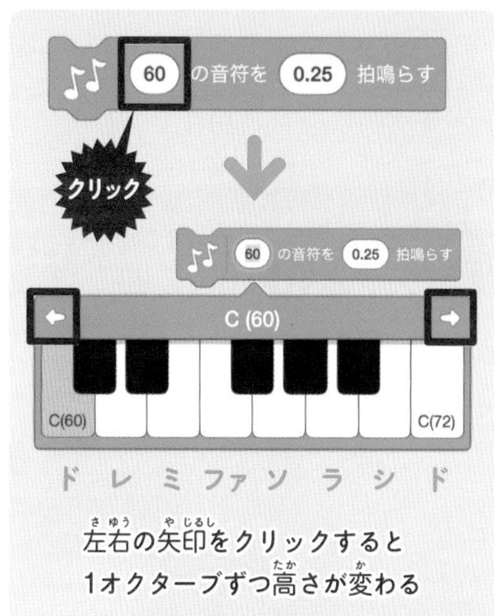

左のブロックをクリックして音を鳴らすと、音が休みなく鳴り続けてちょっと変です。

そこで、一息つくところで「休み」を作ります。

「◯拍休む」ブロックを2つ途中に入れましょう。

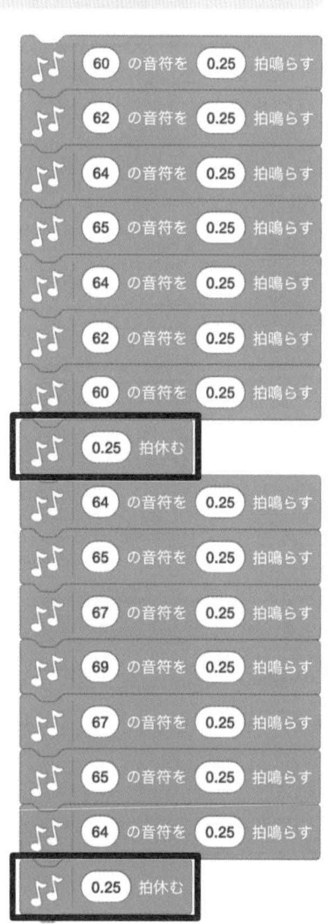

残りは「ド（休）ド（休）ド（休）ド（休）ドレミファミレド」です。
「カエルのうた」はずっと流し続けるので、「ずっと」ブロックの中に入れて、プログラムⒷの完成です。

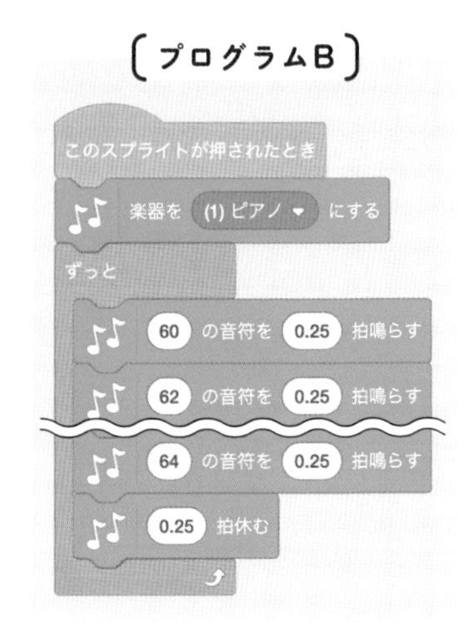

プログラムCを作ろう：エレキギター

プログラムⒸも同じ曲を演奏するので、楽器をエレキギターに変えるだけであとは同じです。

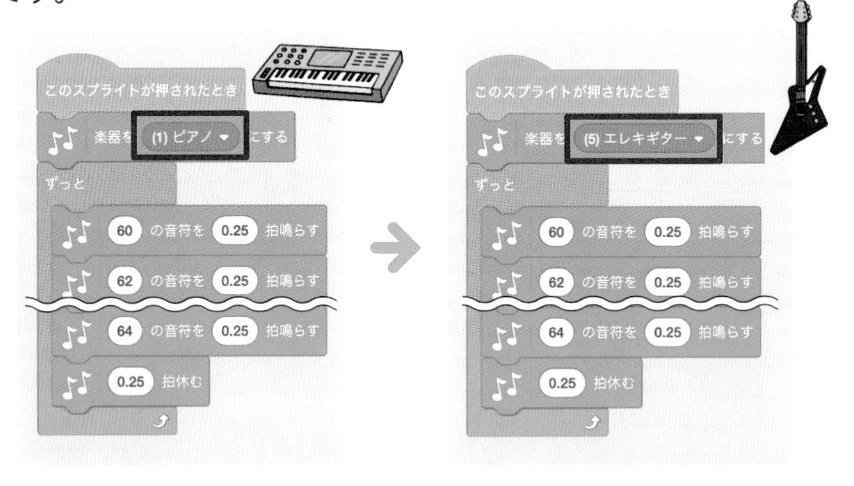

先ほど「キーボード」スプライトで作ったブロックを「エレキギター」のスプライトにそのまま複製して移せば、もう一度作らなくてすみます。
同じようなブロックをそのまま他のスプライトにコピーして使いたいときは、いくつかやり方があります。今回は2つの方法を紹介します。

①ドラッグしてコピーする方法

一番上のブロックをクリックして、スプライトリストにある複製して移したいスプライトにドラッグします。これでコピー完了です。

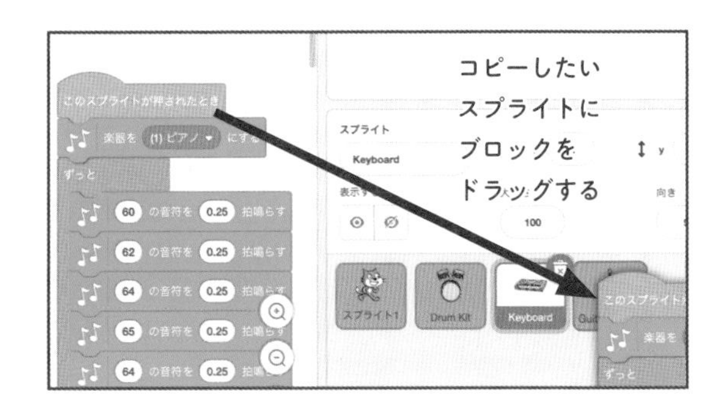

②バックパックを使ってコピーする方法

スクラッチには「バックパック」といって、**よく使うブロックを保存しておく機能**があります。「①ドラッグしてコピー」は同じプロジェクトでしか使えませんが、**バックパックに保存したブロックは他のプロジェクトでも使うことができます。**

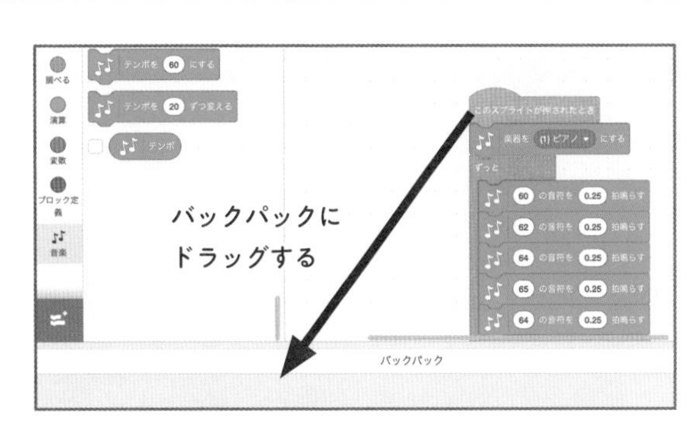

画面一番下にある「バックパック」をクリックすると、上の図のように空のスペースが表示されます。そこに保存しておきたいブロックをドラッグします。
ブロックを取り出すときは、「バックパック」から登録されているブロックをドラッグすればOKです。

バックパックを使うにはサインインしておく必要があるんじゃ。サインインしていないときは、画面右上の「サインイン」をクリックするのじゃ！

プログラムDを作ろう：ネコ

ネコのプログラムです。上から順番にブロックをつなげればいいだけですね。

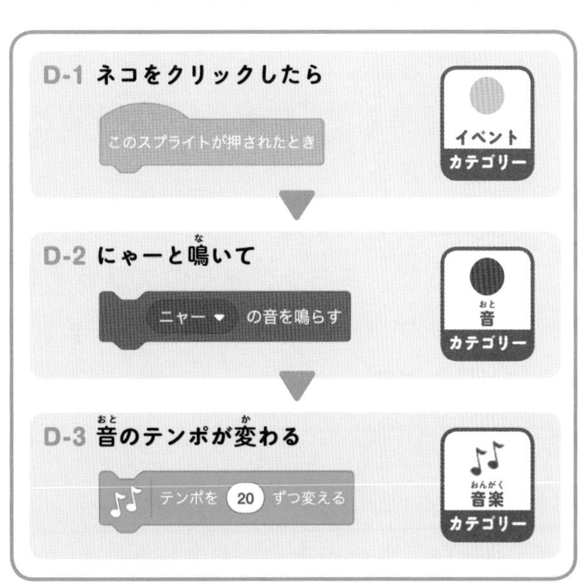

演奏のスピードを変えるのは「音楽」カテゴリーの「テンポを◯ずつ変える」ブロックを使います。クリックするたびに上がっていくので「テンポを◯**にする**」ではなく「テンポを◯**ずつ変える**」というブロックを使います。

ゲームがスタートしたときのことを考えよう

毎回のことですが、今回も旗マークをクリックしたら最初の状態にリセットするプロ グラムを作ります。どこに作ってもいいですが、ネコのスプライトにプログラムしておきましょう。
テンポが変わっているので、もとのテンポ（60）にします。音も止めるので、今実行しているプログラムをすべて止める「●制御」カテゴリーの「すべてを止める」ブロックをつなげて完成です！

いろんな音が出せて、テンポも変えられるなんて、ワクワクしちゃうな〜！　好きな曲を演奏したり、自分で作曲したものを演奏したりしてみたい！

まとめ

- スクラッチには拡張機能があり、さまざまな機能（ブロック）を追加できる
- 拡張機能で「音楽」を追加すると、いろいろな楽器の音を出すことができる
- ブロック（グループ）をスプライトリストのスプライトにドラッグすると、ブロックをそのスプライトにコピーすることができる
- バックパックを使うと、ブロック（グループ）を保存しておくことができる

スクラッチには「音楽」以外の拡張機能もあるので、このあともお楽しみに！

チャレンジ問題

01 スプライトを追加（楽器でなくてもOK）して、クリックすると別の楽器の音で「カエルのうた」を演奏するようにしよう

02 ドラムをもう1つ追加して、クリックするたびに他の打楽器でリズムドラムをたたくようにしよう

03 ネコをクリックするたびに、ネコが回転するようにしよう

04 ネコをクリックするたびに、ネコがランダムな位置に移動するようにしよう

05 ステージ（背景）を追加して、ステージをクリックするたびに背景が変わるようにしよう
(ヒント「ステージが押されたとき」ブロックを使う)

06 楽器をクリックするたびに、楽器の名前を楽器が言う（セリフを表示する）ようにしよう

07 スペースキーを押したらテンポが20になるようにしよう

08 「回数」という変数を作って、何回「カエルの歌」を演奏したかを表示しよう

09 もう1つスプライトを追加して、クリックすると他の曲を演奏するようにしよう

10 09で追加したスプライトをクリックすると、テンポが少しずつ遅くなるようにしよう

解答・解説はウェブサイトで
https://kanki-pub.co.jp/pages/programmingissatsu/

レベル ☆☆☆　目標時間 25分

PROJECT 08 ぐるぐるラインアート

見本URL　https://scratch.mit.edu/projects/377320473/

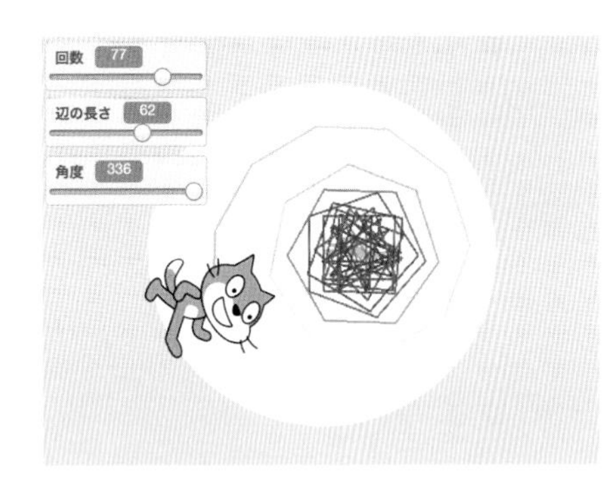

ネコをクリックするとネコがラインアートを描きます。左上の３つの数字を変えると表示されるラインアートも変わってきます。
数字を変えると、どんな模様ができるかな？

point スクラッチの拡張機能「ペン」を使ってラインアートを作ります。「ペン」の使い方を覚えていきましょう。
角度を使うので、算数の勉強にもなります。

STEP 1 ▶ 準備しよう

ネコのスプライトはそのまま使うので、背景だけ変えましょう。

背景

STEP 2 ▶ ペンを追加しよう

ペンも「拡張機能」です。プロジェクト07（➡82ページ）で「音楽」を追加したのと同じように、ブロックカテゴリーの下にある拡張機能追加ボタンをクリックします。

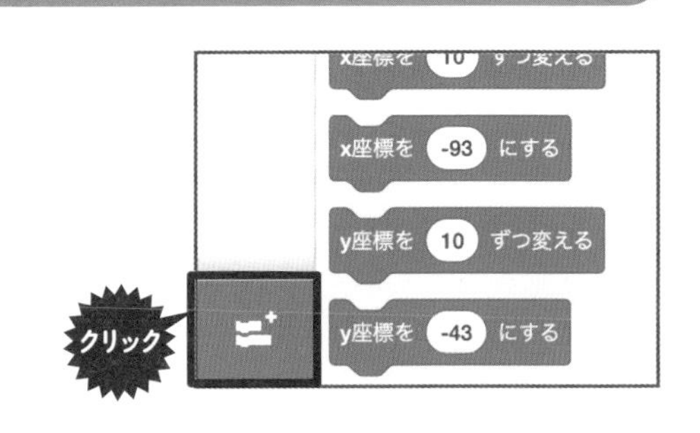

ペンを選び、「ペン」カテゴリーを追加しましょう。

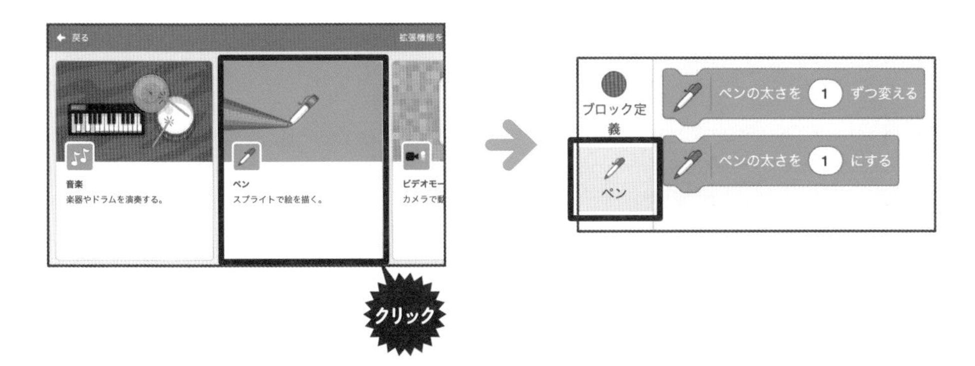

STEP 3 ▶ ペンの使い方を覚えよう

「ペン」はステージに線を書くことができる機能です。まずは線を書いてみましょう。

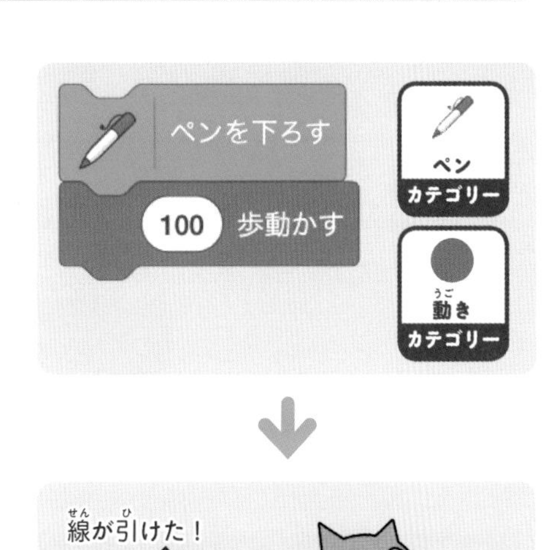

線を書くときは、まずペンを下ろします。ペンはスプライトを動かすと、いっしょに動いて線を書くことができるので、「◯歩動かす」ブロックを使います。
今回は100歩動かしてみましょう。ネコのスプライトが動くと、いっしょにペンも動いて線が引けましたね。

線だけ表示したいときは、ネコは必要ないので「●見た目」カテゴリーの「隠す」をクリックしましょう。
もう一度さっきのプログラムを実行してみると、今度は線だけ書けます。

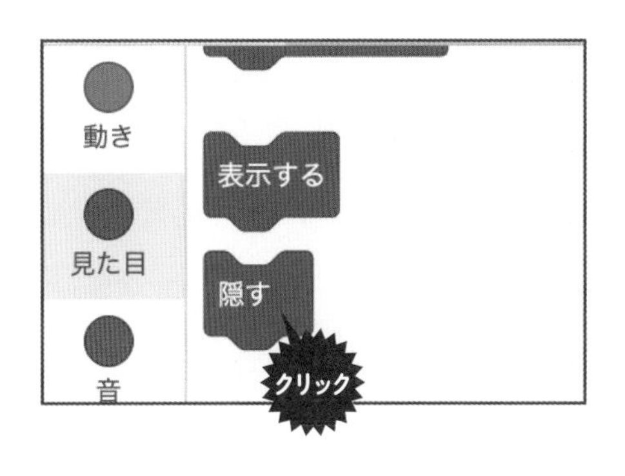

ただ、今回の作品はネコを表示しておいたほうがわかりやすいので、「表示する」ブロックをクリックしてもう一度ネコを表示しておきましょう。

PROJECT 08

次は線を下に下ろしてみましょう。

この場合は、スプライトを90度回転して下に向けてから線を引きます。

「●動き」カテゴリー の「◯ 度回す」を使って、90度回してからまた100歩動かします。

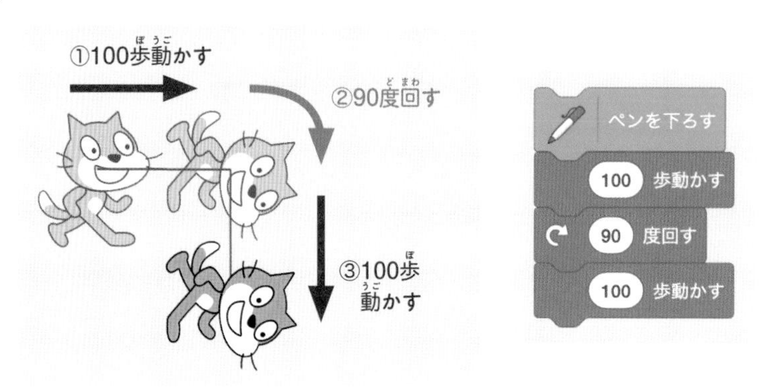

点線のように、線を書いたり書かなかったりしたいときは、「ペンを上げる」というブロックを使ったあとにスプライトを移動させます。

最初の状態にもどせるようにしておこう

ここで、線を間違えて書いてしまったときなどのために、常に最初の状態にもどれるプログラムを作っておきましょう。

最初の状態とは、次の通りです。

- **ネコは中心地（x:0,y:0）にいる**
- **ネコは右を向いている（90度を向く）**
- **すべての線が消えている**

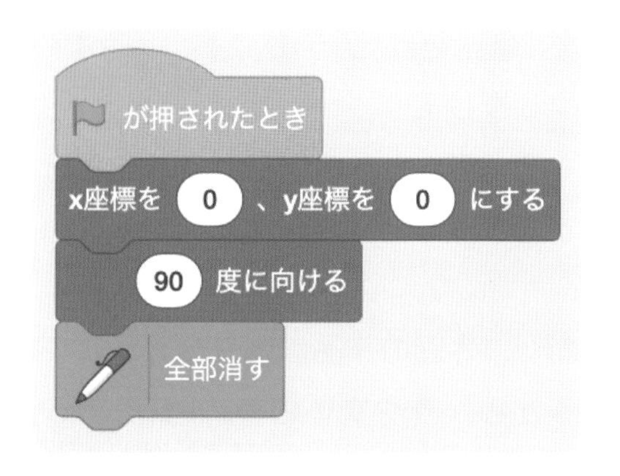

ブロックは右の通り。線を全部消すブロックがあるのでそれを使います。

できたら、旗マークをクリックして１回リセットしましょう。

四角形を書いてみよう

四角形を書くアルゴリズム（手順）を考えてみましょう。右の図を見てください。
どうやら、「100歩動かす」→「90度回す」を4回くり返せばよさそうですね。

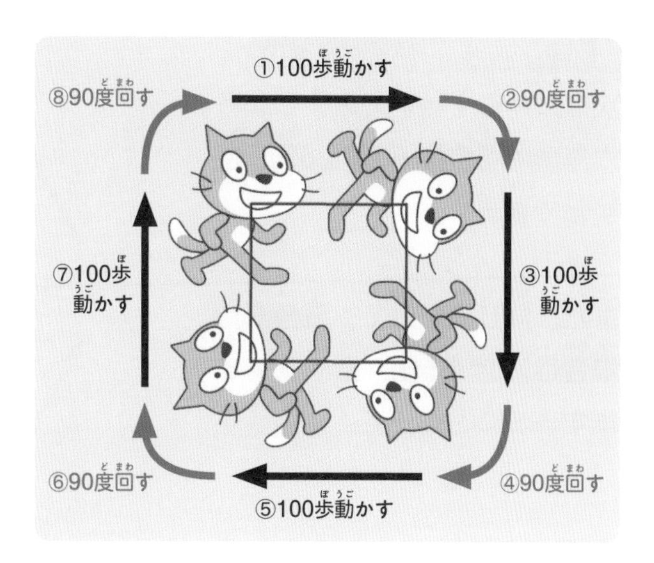

単純にブロックを4回分つなげてもできますが、もし同じことを100回やらなくてはならなかったら、100回分つなげるのは大変です。こういうときは「くり返し」ブロックを使いましょう。

「ずっと」ブロックだとずーっと同じところに四角を書き続けてしまうので、「● 制御」カテゴリーの「◯回繰り返す」ブロックを使います。
同じことを何回もやる場合は、まとめるのがプログラミングの基本です。

今回は「100歩動かす」→「90度回す」を4回くり返せばいいので、下のようなブロックになります。

ブロックに数字を入れるときは、「半角」入力になっているかに注意！
全角だとうまく動かないんじゃ。

PROJECT 08

他の図形を書いてみよう

次は六角形を書いてみましょう。**六角形の場合は 60度を6回、**回すとできます。

また、同じ考え方で、**五角形の場合は72度を5回、**回すとできます。

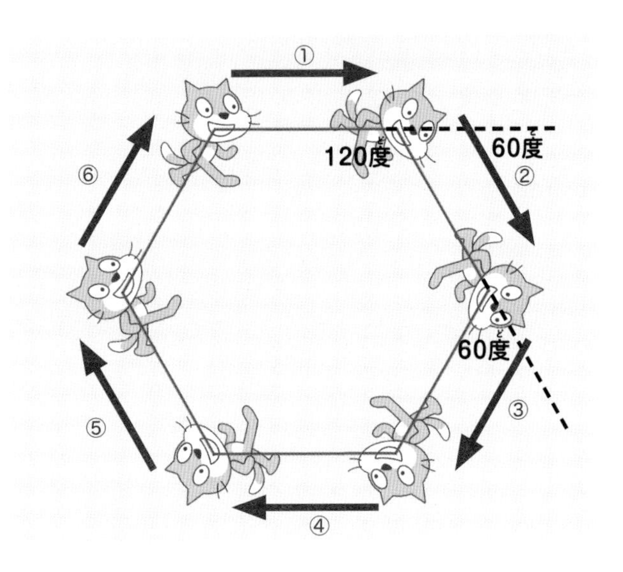

〔六角形の場合〕

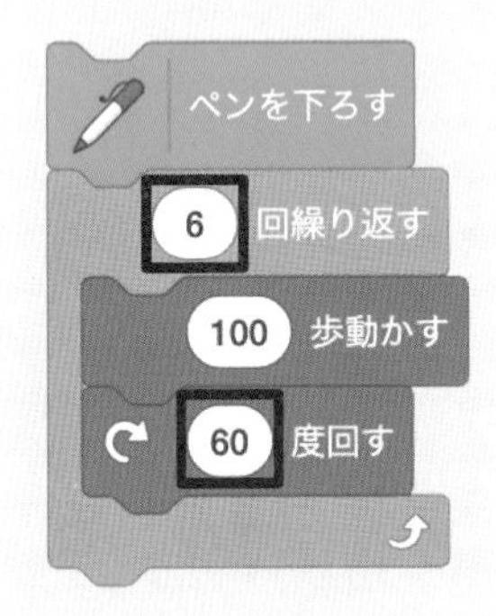

〔五角形の場合〕

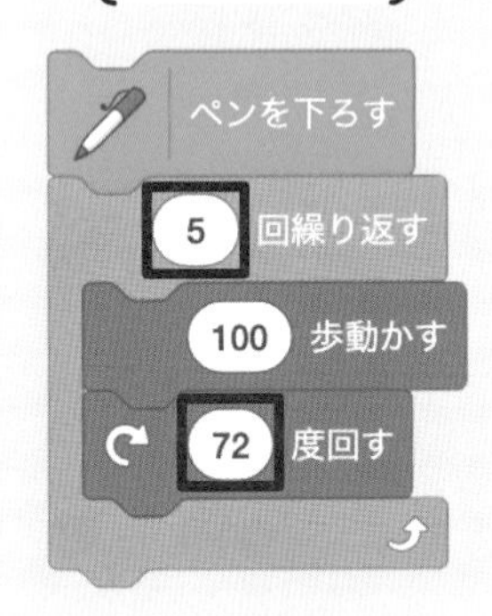

「くり返す回数」には辺の数、「◯度回す」には１周360度を辺の数で割った角度を入れるとその図形ができあがるんだね。ネコがぐるっと360度回って、また元にもどると、図形ができあがるってことなんだ！

ペンの色を変えてみよう

ペンは色や太さを変えられます。「ペンの色を◯ずつ変える」ブロックを使って色を10ずつ変えてみましょう。

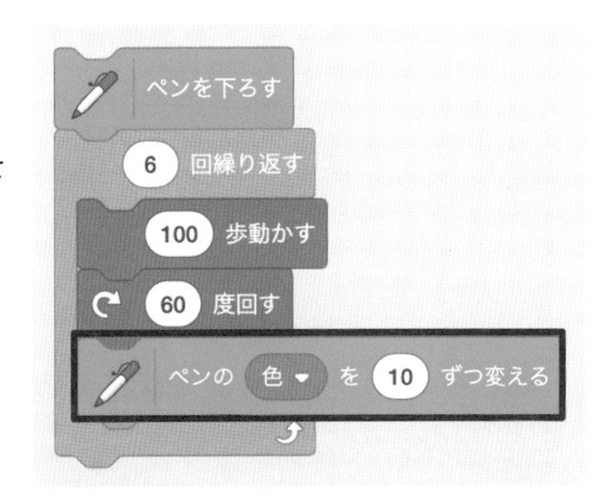

すると、線を書くたびにペンの色が10ずつ変わる（少しずつ変わる）ので、きれいなグラデーションの図形が書けます。

STEP 4 ▶ アルゴリズムを考えてプログラミングしよう

ここからは見本と同じプログラムを作っていきます。
「回数」「辺の長さ」「角度」の３つの変数を指定して、いろいろなラインアートが書けるプログラムを作りましょう。

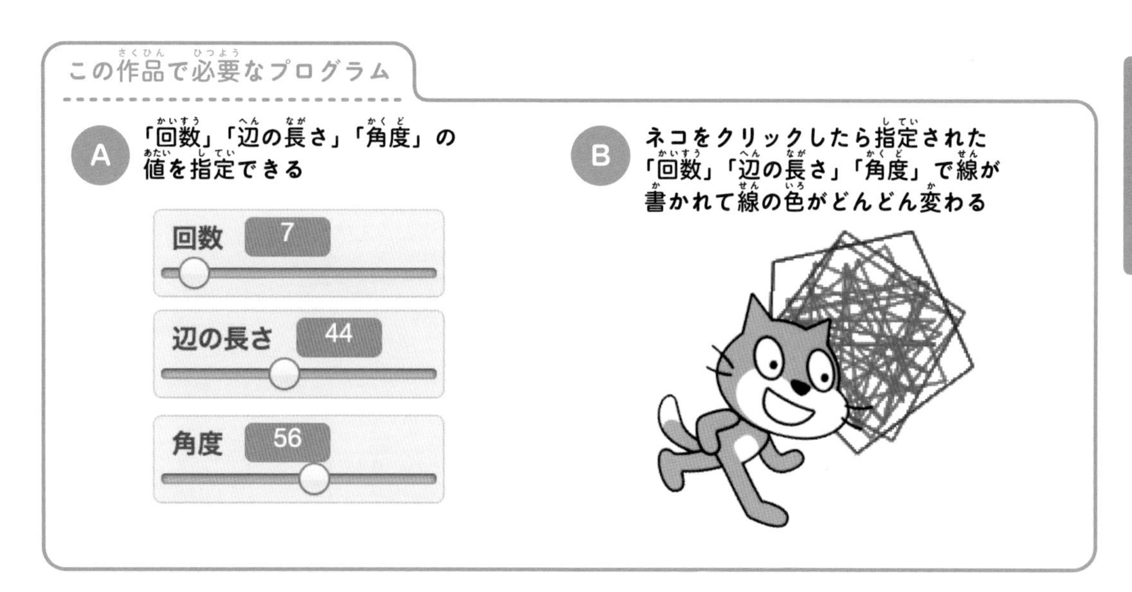

プログラムAを作ろう：変数

「回数」「辺の長さ」「角度」を毎回変えられるようにしたいので、「変数」を用意します。

「●変数」カテゴリーの「変数を作る」をクリックして「回数」「辺の長さ」「角度」という変数をそれぞれ作ってください。

ステージ上で数字を指定するには、変数を「2回」ダブルクリックします。そうすると左右に動かせるコントローラーが出てきます。
これを動かすことで変数の値が指定できます。
他の変数も同様にコントローラーが表示されるようにしておいてください。

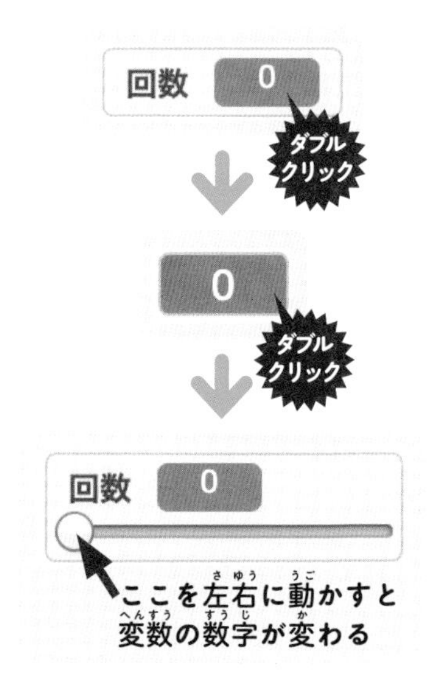

プログラムBを作ろう：ネコ

先ほど作った図形を書くプログラムを使います。ブロックの組み合わせ方はまったく同じです。今まで数字で指定されていた「回数」「辺の長さ」「角度」のところに「変数」ブロックを持ってきます。

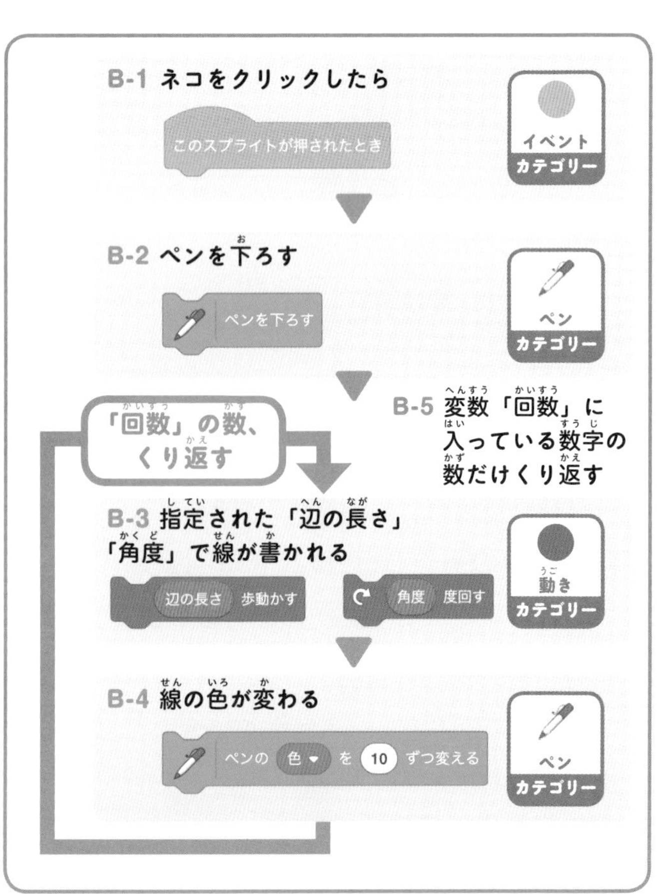

「変数」カテゴリーのそれぞれの変数ブロックを、数字が入っているところにドラッグして入れてください。

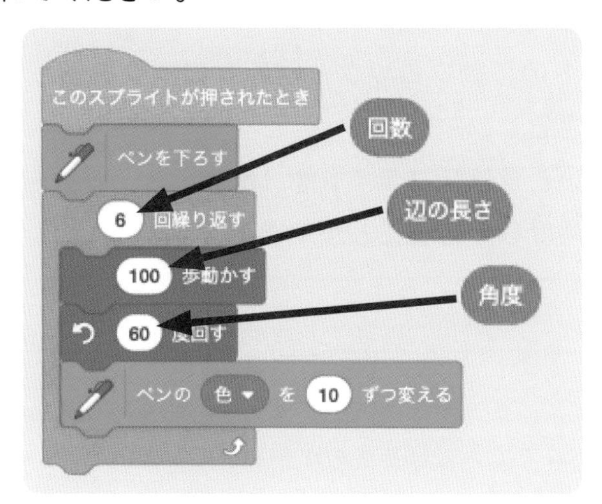

これで完成です。
ペンの色もまた変数を作って指定できるようにしてもいいかもしれません。
実際に変数をいろいろ変えてプログラムを実行してみてください。

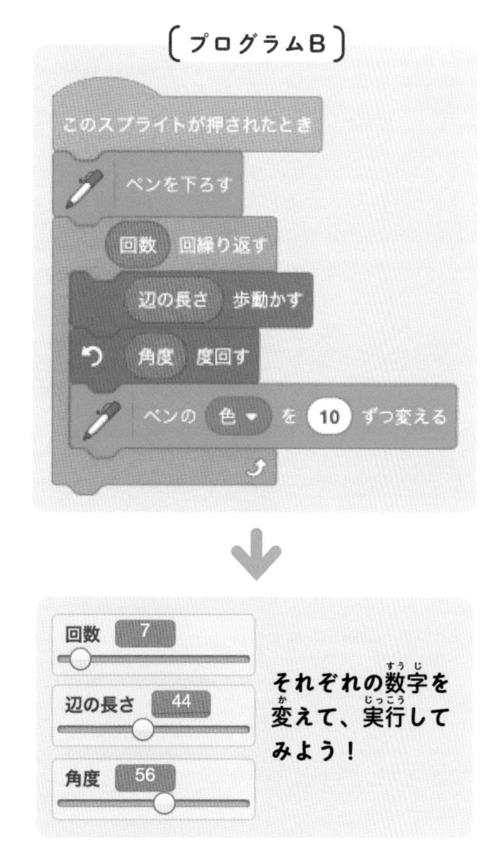

ラインアートはくり返しの中にまた線を書くくり返しプログラムを入れたりして、どんどん複雑なものが作れるぞ。アートやデザインに興味がある人は、自分なりにどんどんアレンジしてみなはれ！

まとめ

- 拡張機能「ペン」を使うと線が書ける
- ペンはスプライトの移動ブロックと回転ブロックを使うことで、線を書くことができる
- 線だけ表示したいときはスプライトを「隠す」
- 線は太さや色、角度を変えることができる

ペンを使ってどういうプログラムを組むとどんな図形ができるか、わかったかな？　実は世の中にあるデジタルアート作品も、プログラムでできているものが多いんじゃ。

波線を書いたり、太さを変えて書いたりもできるので、いろいろと今のプログラムを変えてみるといいぞ！
音楽に合わせて線を書いて、アート作品を作ってもいいじゃろう。

チャレンジ問題

01 線が書かれるときにネコの色がどんどん変わるようにしよう

02 線が書かれるときにスネアドラムの音を出すようにしよう

03 「本数」という変数を作り、何回、線を書いたかを表示しよう

04 「r」キーを押したら、
ネコがランダムな位置に移動しながら線を書くようにしよう

05 ネコを押したら、ネコが「回数」で指定されている
回数だけランダムな位置に移動して、線を書くようにしよう

06 スプライトを追加して、
クリックすると四角形を書くようにしよう

07 追加したスプライトが、「4」キーを押すと四角形、
「5」キーを押すと五角形を書くようにしよう

08 さらにスプライトを追加して、このスプライトを
クリックしたらマウスの位置にくっついて動くようにしよう

09 08で追加したスプライトについて、
マウスをクリックしたらペンを下ろして、
スペースキーをクイックしたらペンを上げるようにしよう

10 08で追加したスプライトの書く線が、
「y」キーをクリックしたら黄色、
「b」キーをクリックしたら青に色が変わるようにしよう

解答・解説はウェブサイトで
https://kanki-pub.co.jp/pages/programmingissatsu/

レベル ☆☆☆ 目標時間 25分

PROJECT 09 マッチングカード

見本URL https://scratch.mit.edu/projects/374482132/

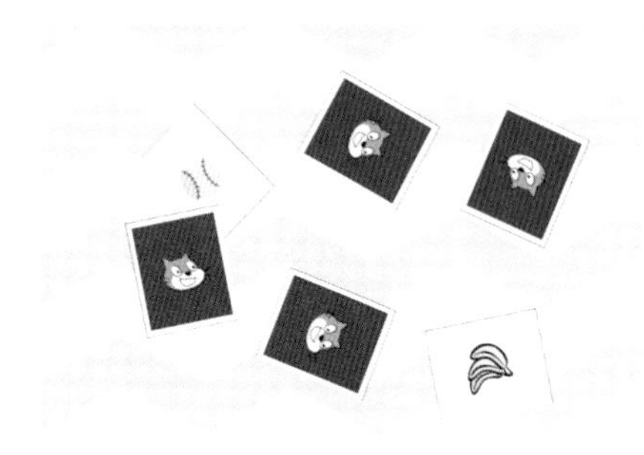

まずは見本で遊んでみよう！

カードをクリックするとうら返しされます。複数人でやるゲームで、ひとり2枚ずつカードをめくって、同じマークが出たら勝ちです。
うら返したカードはクリックして元にもどしておきましょう。

point 同じカードが2枚ずつありますが、これは「クローンを作る」というブロックで同じスプライトを作っています。今回はこのクローンやスプライトの重ね順、ランダムなスプライト（カード）の配置について学んでいきます。

STEP 1 ▶ 準備しよう

使う素材は次の通りです。カードはネコのスプライトをもとに作っていきます。

スプライト

背景

STEP 2 ▶ カードを作ろう

カードのスプライトを3種類作ります。
まずはコスチュームタブをクリックしてください。

ネコの「コスチューム1」を変更して、右のようなカードを作ります。これはゲームスタート時に最初から表示されている、カードの裏側のデザインです。
まずはネコの体の部分を消します。
はじめに「しっぽ」を消してみましょう。選択ツールで「しっぽ」をクリックすると、青い四角が表示されます。そのまま「Delete」キーを押すと削除されます。

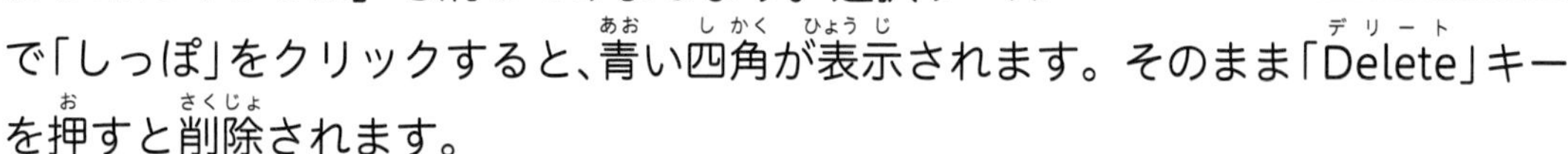

同じように、顔以外のパーツを全部消してください。

顔だけになったら、今度は顔を小さくします。顔をクリックして右上の青い丸を左下に向かってドラッグしてください。小さくなりましたね。
このあとカードの四角い部分を作っていくので、その四角とネコの顔のバランスをみて、あとでサイズを調整してみてください。

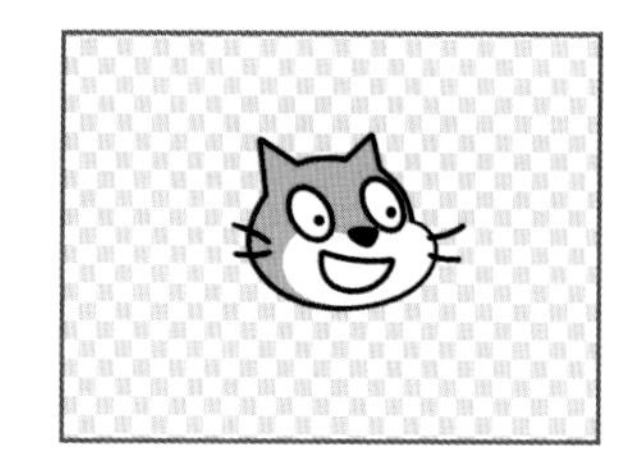

カードの四角い部分を作ろう

次はカードの四角い部分を作っていきます。四角ツールをクリックして、塗りつぶし色を白（色：0、鮮やかさ：0、明るさ：100）にして、枠線の太さを3にしてください。

縦長の四角を書きます。左上から右下にむかってドラッグしてください。大きさや位置は選択ツール（矢印マーク）で変えられます。
次に、もう１つ赤の四角を作ります。今作った四角を複製しましょう。選択ツールで白い四角をクリックしてから、①「コピー」ボタンをクリックしてパソコンにこの四角のデータを覚えてもらいます。次に②「貼り付け」をクリックすると、コピーされた四角が出てきます。

右下に
ドラッグ

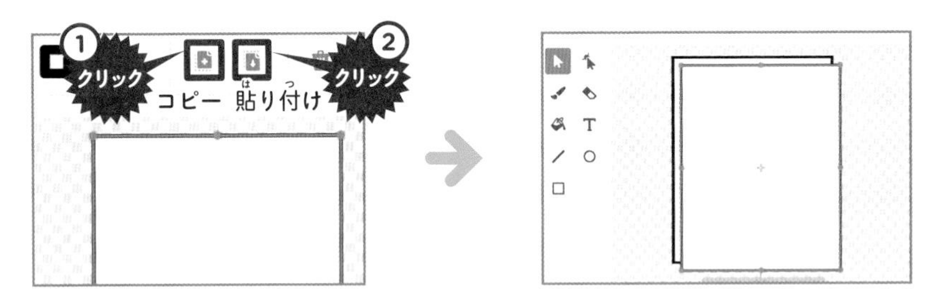

複製された四角の右下の青丸を左上にドラッグして、少し小さくします。その後、塗りつぶし、枠線の太さ・色を変更してカードの色を決めます。

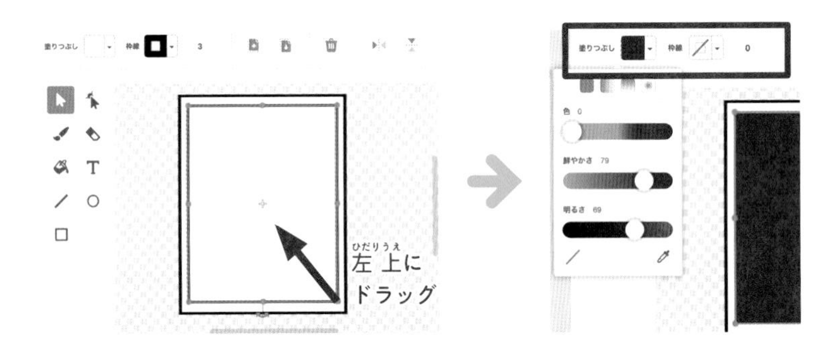

下の図は、今作っているカードを横から見たイメージです。今はネコのイラストが一番下にあるので、かくれて見えていませんよね。上の２つの四角を一番下にもっていって、重なり順を変えてネコが見えるようにしましょう。

新しく作るものがどんどん上に重なっていく

順番を変えるとネコが見えるようになる

白い四角をクリックしたあと、「Shift」キーを押しながら赤の四角をクリックすると2つとも選べます。そして、③の一番下に移動するボタンをクリックします。これでカードの裏側が完成です。

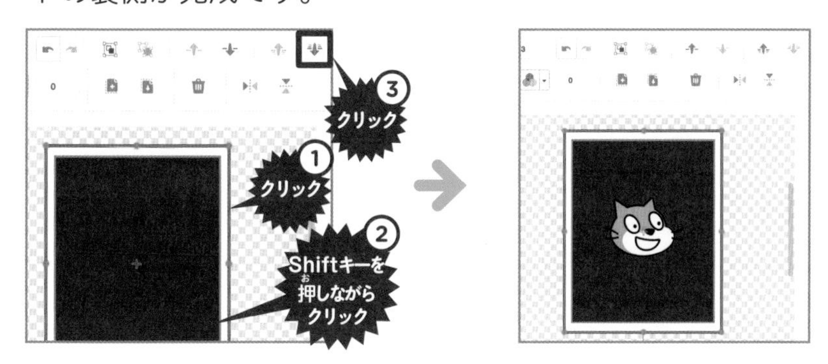

カードの表側を作ろう

コスチューム2を削除して、コスチューム追加ボタンから表側のマークを選びましょう。今回は「Apple」を使います。

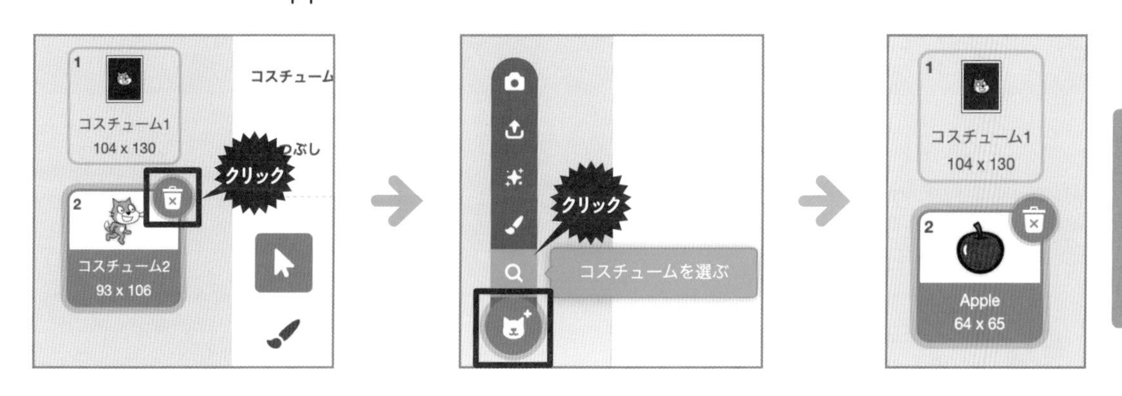

カードの外側の白い四角だけ、リンゴのほうにもってきます。まずコスチューム1の画面で、選択ツールで外側の白い四角をコピーします。次にコスチューム2の画面にいき、貼り付けて重ね順を変えます。これで表側も完成です。

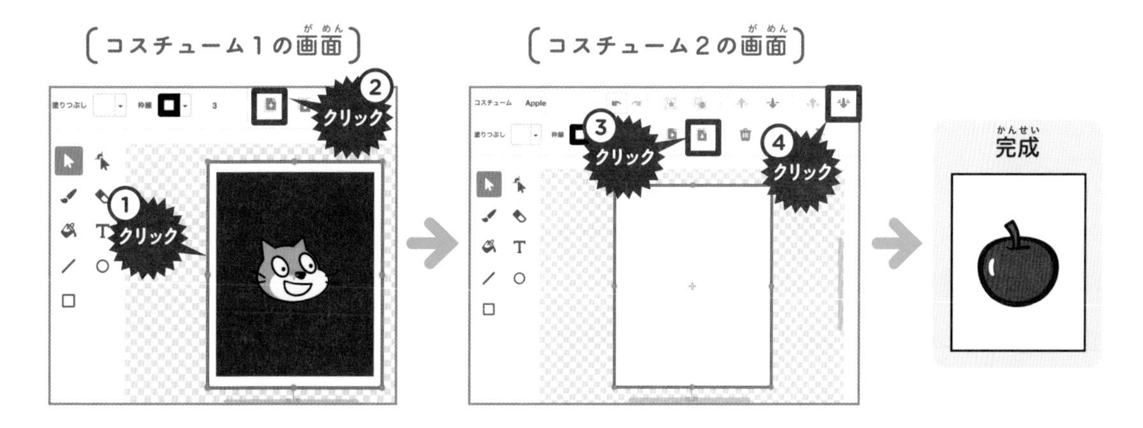

同じようにカードをあと2枚作りますが、同じことをやると時間がかかってしまいます。こういうときは、**スプライトを複製します**。画面右下のスプライトリスト内で、スプライトを右クリックして「複製」を選んでください。同じスプライトができます。

今は3枚とも表側がリンゴのマークになっているので、スプライト2、3はリンゴを消して、バナナやボールなど好きなマークを追加してください（新しいマークのスプライトを追加したらコピーして、表側に貼りつける）。

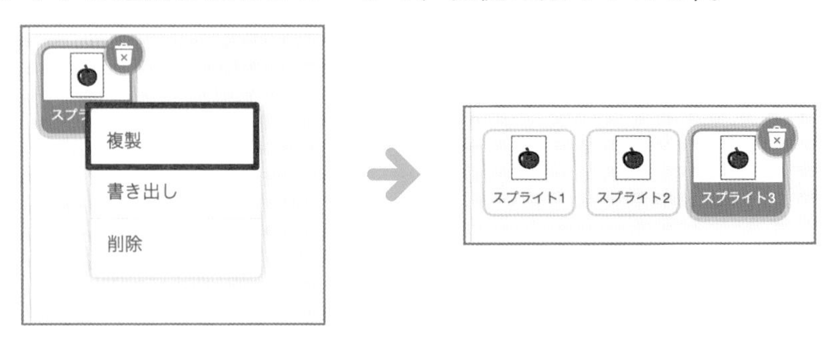

STEP 3 ▶ アルゴリズムを考えてプログラムしよう

このゲームでは最初からカードが6枚バラバラに置かれています。
どのカードもクリックするとカードがひっくり返ります。

プログラムAを作ろう：リンゴのカード

今はスプライト1、2、3の3枚のカードがあるので、**これらを1枚ずつ複製して6枚にします**。
まずは「リンゴ」のスプライト1のプログラムを作り、そのプログラムを他のスプライトにコピーしましょう。

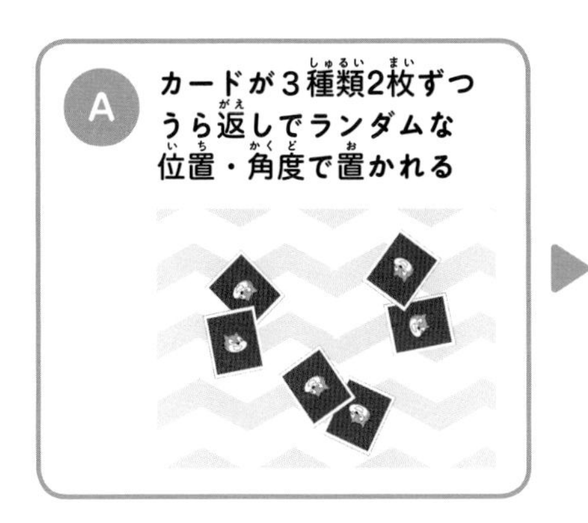

同じスプライトをいくつも作るときは「●制御」カテゴリーの「（　　）のクローンを作る」ブロックを使います。
今回は「もし」も「ずっと」もないので、そのまま縦につなげます。
ゲームスタートと同時にカードが置かれるので、旗マークブロックも一番上につけておきましょう。

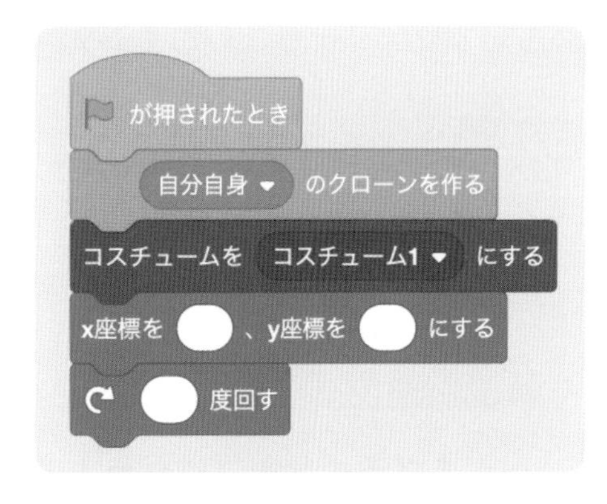

座標（位置）と角度のところには、「●演算」カテゴリーの乱数ブロックを使います。
x座標、y座標は自由に決めていいですが、今回は-200から200までの乱数にしておきます。角度は0度から360度なのでこの間のランダムな数字が入るようにします。

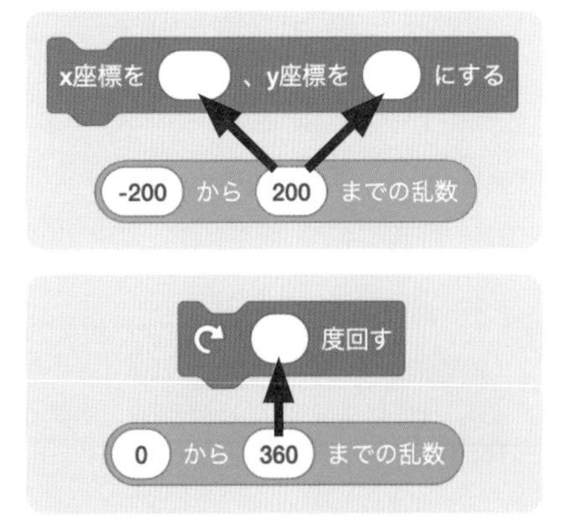

プログラムBを作ろう：リンゴのカード

プログラムBはスプライトをクリックしたらコスチュームが変わるだけなので、右の通りです。

プログラムB

このスプライトが押されたとき
次のコスチュームにする

プログラムを他のスプライトにコピーしよう

あとはプログラムA、Bを他のスプライトにコピーするだけです。ブロックをスプライトリストのスプライト2、3にドラッグするか、バックパックを使いましょう。

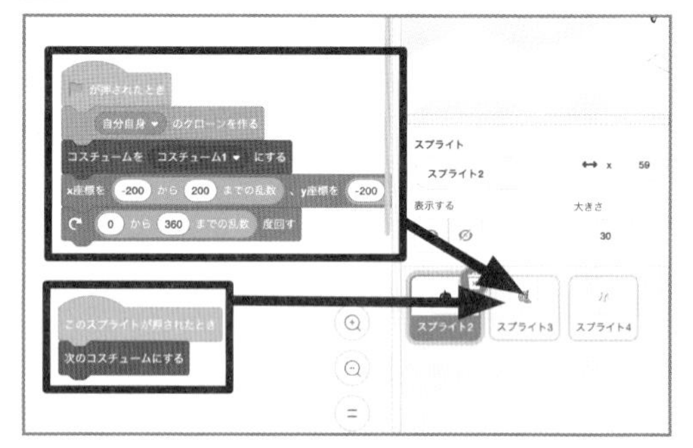

まとめ

- スプライトをプログラムで複製するときは「クローンを作る」ブロックを使う（複製されたスプライトのことをクローンと呼ぶ）
- スプライトのデザインやプログラムなどは複製することで、作業が楽になる

クローンを作る機能は、
シューティングゲームのミサイルなんかにも使えそうだね！

チャレンジ問題

01 カードをうら返すたびに音が鳴るようにしよう

02 カードを12枚まで増やしてみよう

03 変数「タイマー」を作って、1秒ごとに1ずつ増えるようにしよう（全部のペアを当てるまで何秒かかるか競い合おう）

04 ストップボタンを作って、
ストップを押したらタイマーが止まるようにしよう

05 対戦ゲームにするために、
変数「スコアA」と「スコアB」を作ろう

06 スプライト（スコアボタンA、B）を2つ追加し、
ボタンAを押したらスコアAが、
ボタンBを押したらスコアBが1ずつ増えるようにしよう

07 ゲームをして、ペアを当てたら
1点ずつ入るようにして点数を競い合おう。
旗マークを押したらスコアA、Bが0になるようにしよう

08 どちらかのスコアが5点になったら背景が変わるようにしよう

09 2人のスコアの合計が5点になったら
背景が変わるようにしよう

10 カードが表のときは少し大きくして、
裏にしたら元のサイズになるようにしよう

解答・解説はウェブサイトで
https://kanki-pub.co.jp/pages/programmingissatsu/

レベル ☆☆☆　目標時間 30分

PROJECT 10 ニワトリで迷路を走り抜けろ！

見本URL https://scratch.mit.edu/projects/374371481/

ニワトリが迷路を進んでいくゲームです。矢印キーで上下左右に移動します。水色の壁にぶつからないように道を選んで、すばやくニワトリを動かそう！

point 色を使った当たり判定（色に触れたかどうかの判定）を学びます。ずっと横スクロールするアニメーションを作るので、この方法がわかれば横に動いていくアクションゲームや迷路ゲーム作りができるようになります。

STEP 1 ▶ 準備しよう

今回は背景と迷路を自分で作ります。もともとある素材で使うのはニワトリのスプライトのみです。ネコのスプライトは削除しておいてください。

ニワトリのスプライトを追加したら、「大きさ」を50にしておきます。

右から動いてくる迷路はスプライトで作るので、右下のスプライト追加ボタンで「描く」をクリックして、新しいスプライトを追加しておきます。

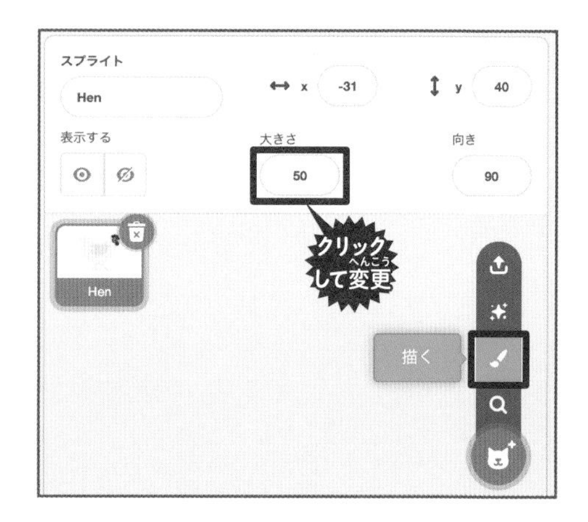

STEP 2 ▶ 迷路と背景を作ろう

迷路のスプライトを作ろう

迷路のスプライトは**2つのコスチュームからできています**。四角ツールでいくつも長方形を作り、迷路にします。色は何色でもかまいませんが、すべて同じ色にしてください。道幅（壁と壁の間）はニワトリが通れるくらいの広さにします。

そして、迷路の大きさは、**全体の幅が「480」になるようにしてください。**

ヒヨコはプロジェクト09（➡100ページ）でやったように、ヒヨコのコスチュームからコピーして好きなところに貼り付けましょう。コスチューム2も追加して、同じように迷路を作ります。

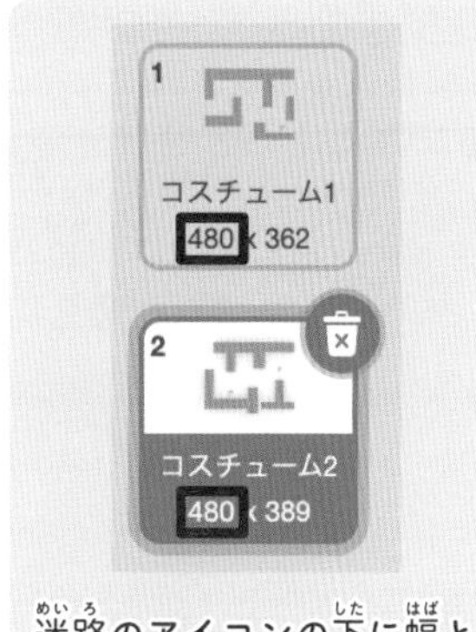

迷路のアイコンの下に幅と高さが表示されるので、左側の数字（幅）が480になるようにする

コスチューム1

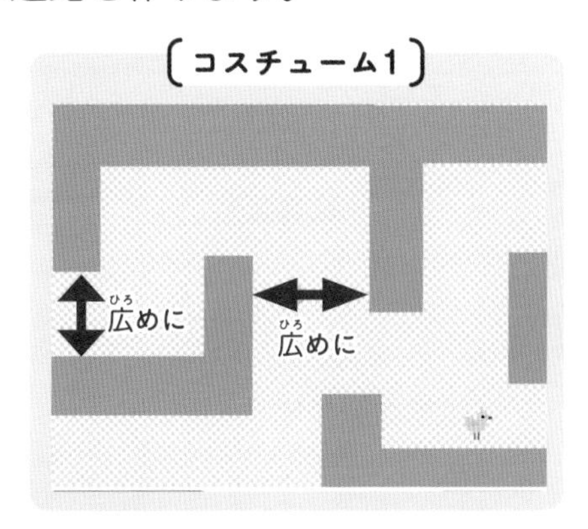

コスチューム2

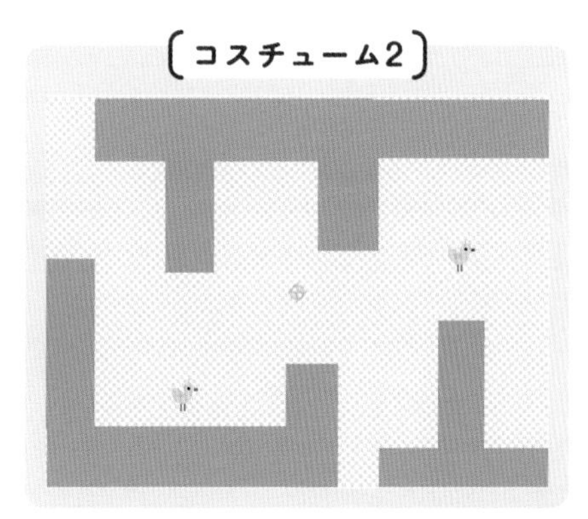

背景を作ろう

次は背景です。ステージリストにある「背景1」をクリックして、背景タブで背景を作成します。自由に背景を描いてみてください。

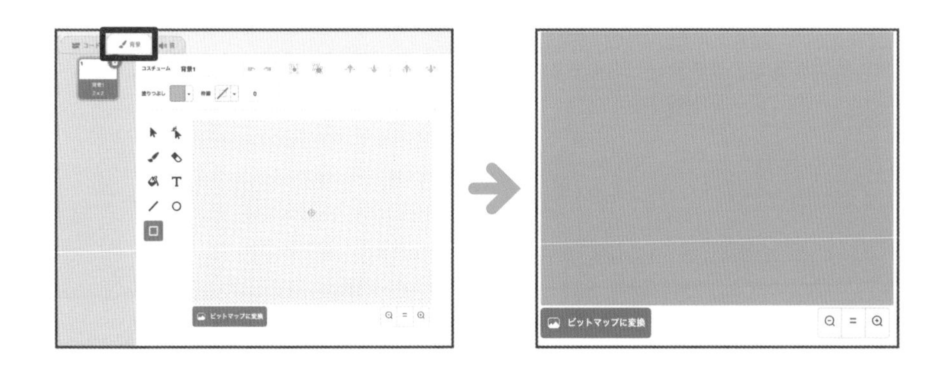

STEP 3 ▶ アルゴリズムを考えてプログラムを作ろう

このプロジェクトは、ニワトリと迷路が動くゲームです。ニワトリと迷路やヒヨコが当たったときのプログラムも必要です。

この作品で必要なプログラム

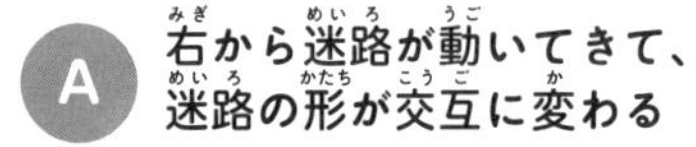

A 右から迷路が動いてきて、迷路の形が交互に変わる

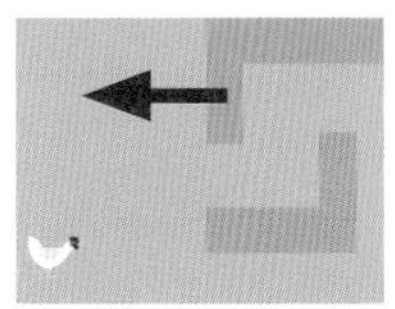

B ニワトリが頭を振りながら矢印キーで上下左右に動く

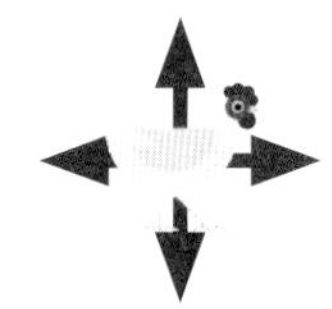

C ニワトリが迷路に当たったら見た目が変わって「コケ！」と言う

D ニワトリがヒヨコに触れたら「コッコ〜」と言う

プログラムAを作ろう：迷路

迷路がスクロールし続けるしくみを先に図で説明します。
下図の①〜④をずっとくり返すことで、迷路が右から左へ動き続けます。

①スプライトが画面右側から左へ移動し続ける

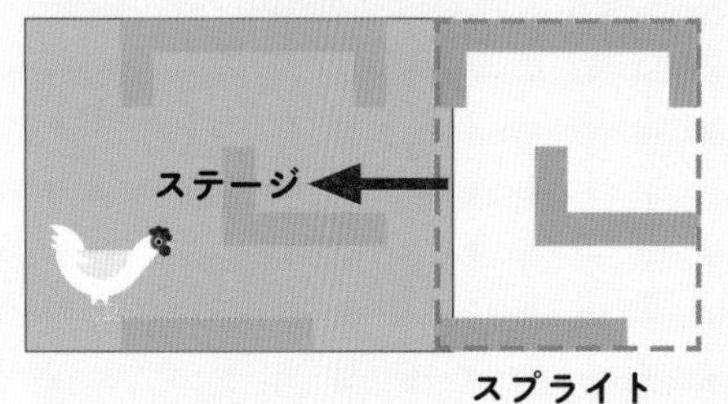

スプライト
（コスチューム1）

②画面左側まで移動したら……

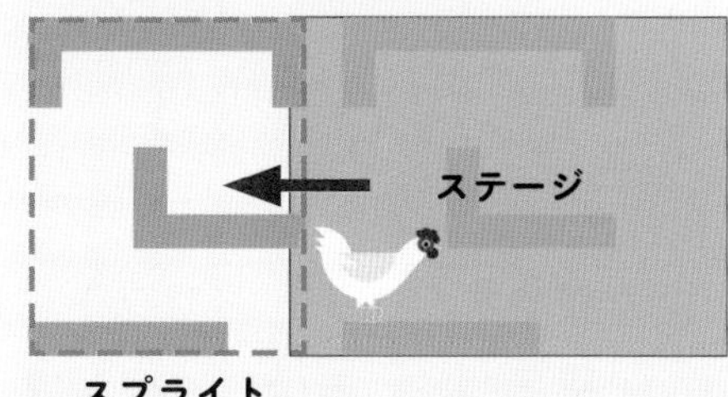

スプライト
（コスチューム1）

③画面右側に瞬間移動してコスチュームが変わる

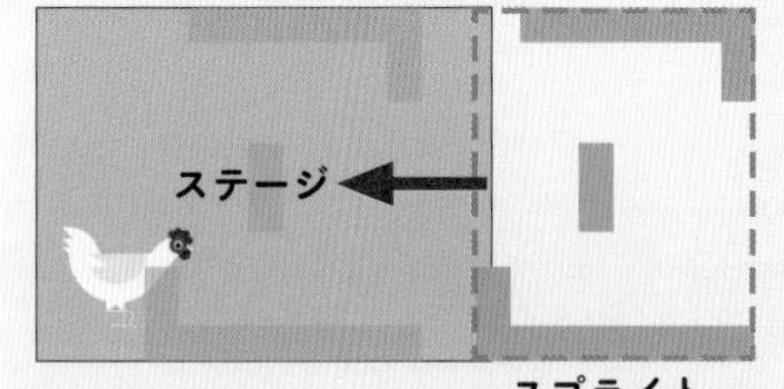

スプライト
（コスチューム2）

④画面左側まで移動したら①へ

スプライト
（コスチューム2）

プログラムに置きかえるとこうなります。迷路スプライトの位置はx座標（横）の値で決まるので、プログラムではx座標を使います。

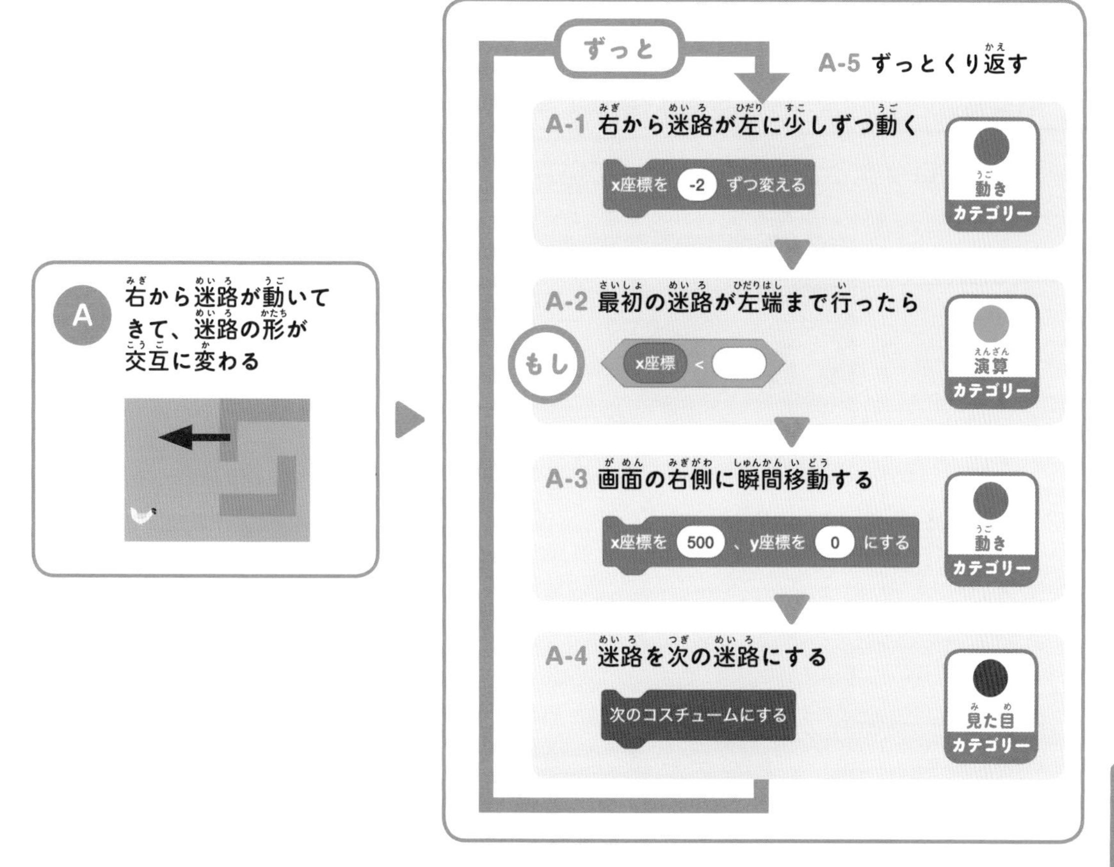

迷路の座標を考えよう

スプライトを画面の外に出そうとすると、スプライトが少し見えている状態でそれ以上動かなくなります。そこで、スプライトが動かなくなる位置に来る直前に、右に瞬間移動してコスチュームを変えるようにします。

※スプライトの幅から20くらい小さい位置あたりで動かなくなるので、今回はx座標が-460まで小さくなったら（左側に行ったら）、右側に瞬間移動させます。

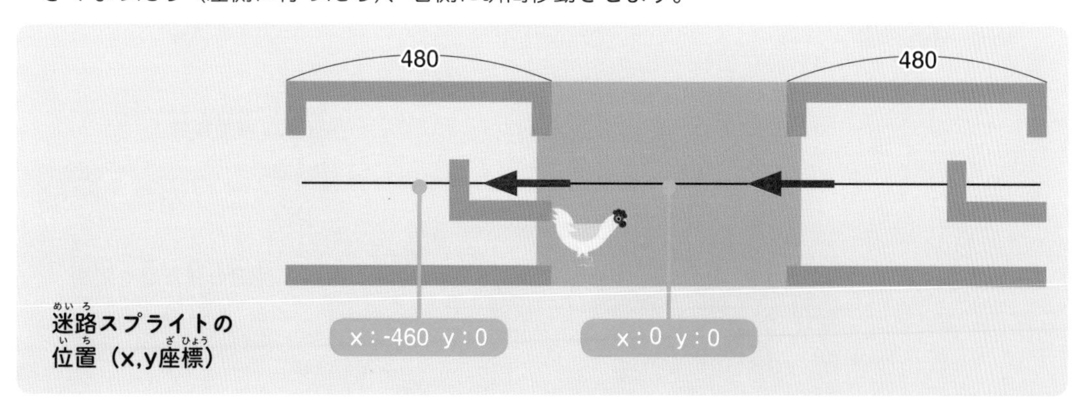

今回は、迷路を右側に瞬間移動させるために、x座標を500にします（スクラッチではスプライトが画面の外側に出ないしくみになっているため、実際は迷路のx座標は500にはなりません。迷路スプライトの作り方によって変わってくるため、今回はわかりやすく500に設定します）。
上下の移動はないので、y座標の値は常に0でかまいません。
もう一度ブロックと合わせて確認していきましょう。

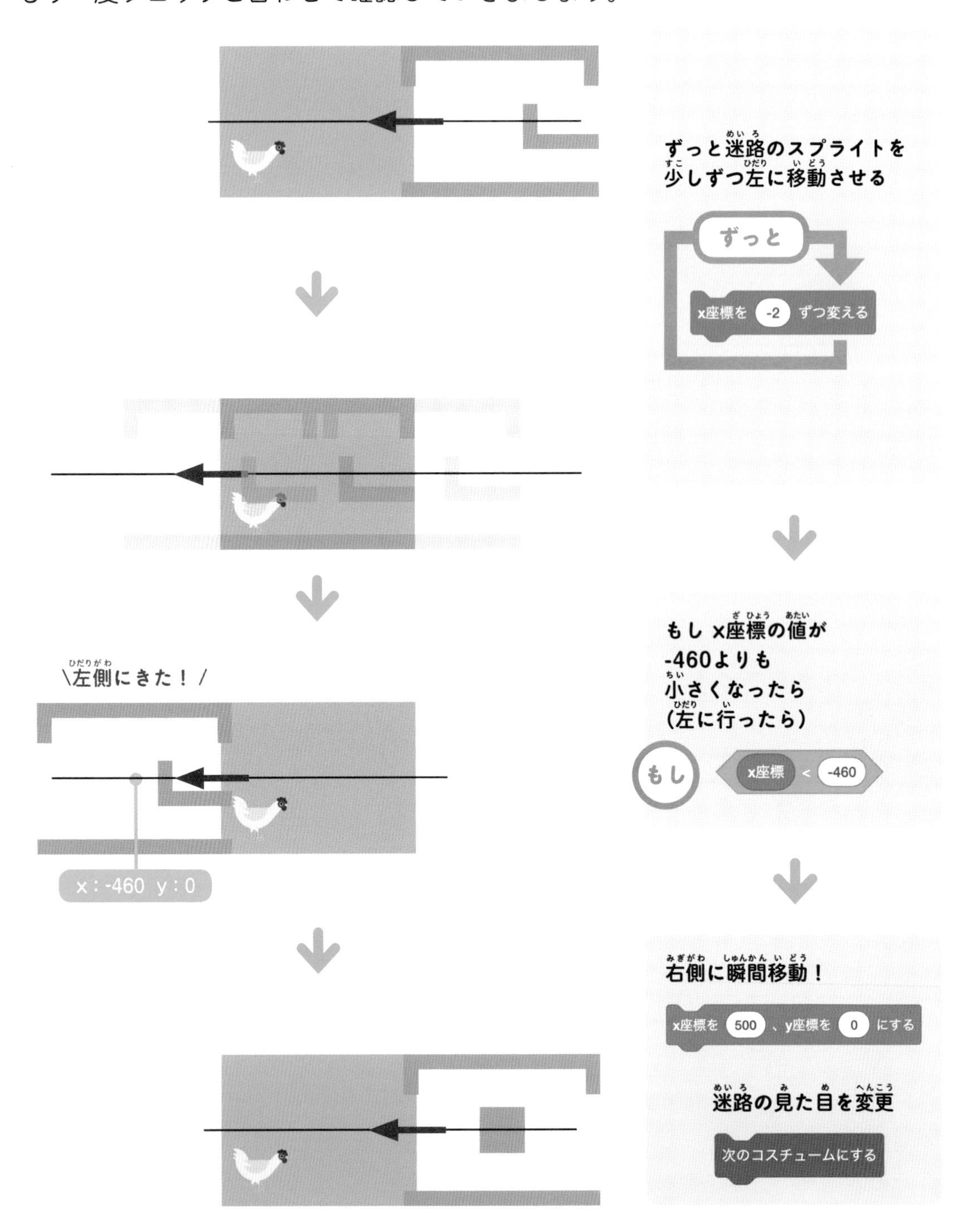

ずっと迷路が動き続けるので「ずっと」ブロックを使います。またA-2は「もし」がつくので、「もし〈　〉なら」ブロックを使います。

ゲームスタートしたときに迷路が動き出すので、旗マークブロックも上に追加しておきましょう。また、ゲームスタート時は迷路をステージ外、右側（x：500）から始めるようにしておきます。これでプログラムAは完成です。

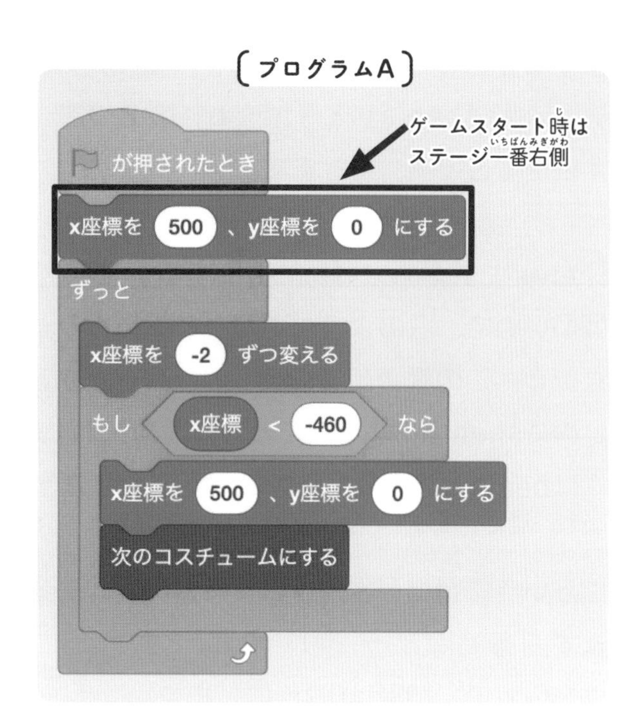

「マイナス」のつけ忘れがよくあるので、注意するんじゃ！
マイナスがつくかつかないかだけで、結果は全然違うからのう。

プログラムBを作ろう：ニワトリ

ニワトリは頭を前後にずっと振り続けているので「ずっと」ブロックを使います。

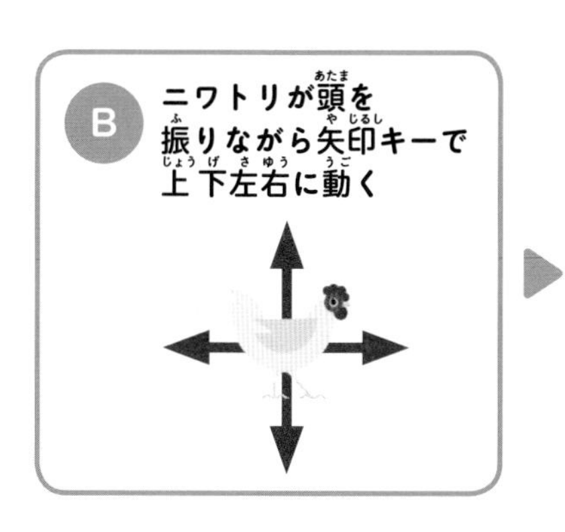

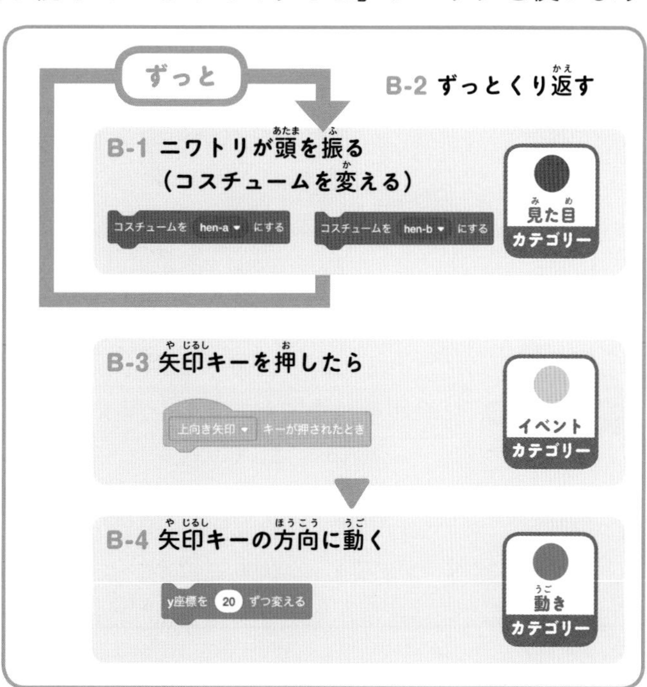

まず**B-1**を作ります。ニワトリの動きはコスチューム「hen-a」と「hen-b」の2つを切りかえ続けることで、できます。

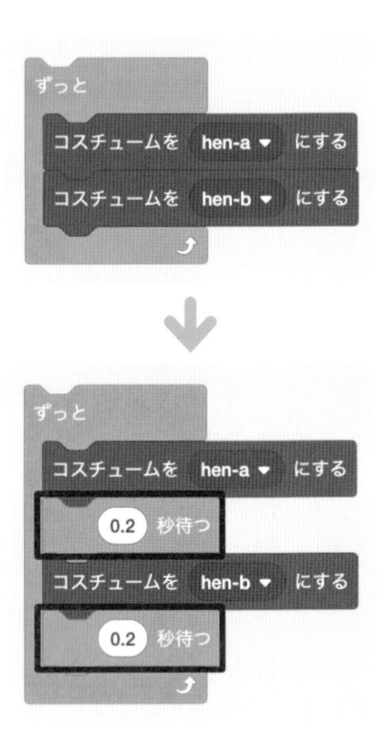

「hen-aにする」→「hen-bにする」をくり返せばいいので、右のようなプログラムになります。ただし、この場合、プログラムの実行がすごく速いので、hen-bになったことが見えず、コスチュームはhen-aのまま変わらないように見えます。

こういう場合はわざとプログラムの実行を遅らせます。「●制御」カテゴリーの「◯秒待つ」ブロックを入れて、時間は0.2秒にします。

次は**B-3**と**B-4**です。プロジェクト03（➡48ページ）でゴーストを動かしたのと同じです。見本では、20（-20）ずつ変えています。

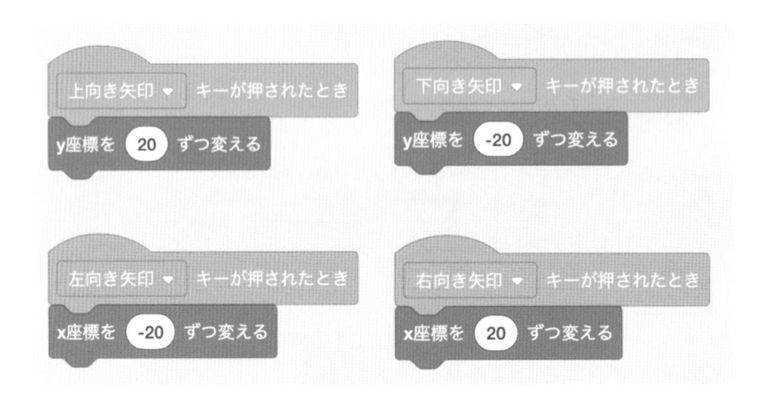

この４つのブロックもバックパックに入れておくと、矢印キーを使ったプロジェクトを作るときに便利かも～！

プログラムCを作ろう：ニワトリ

迷路の壁に当たったかどうかは、「◯色に触れた」ブロックで判断します。

「◯色に触れた」ブロックの色は、迷路の色と同じでないといけないので、色の部分をクリックして、迷路の色をスポイトツールでとってきます。

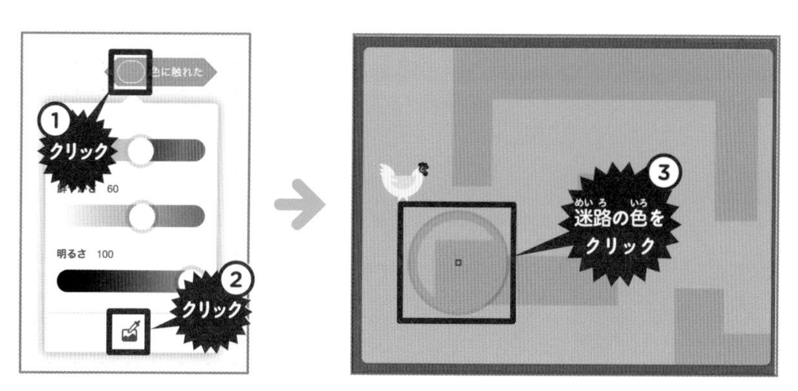

完成形は右の通りです。コスチュームはニワトリがおどろいた絵になる「hen-c」にします。「コケ！」と言うのをあまり長く表示していると、いつ当たったかがわかりにくくなるので、0.5秒にしておきます。

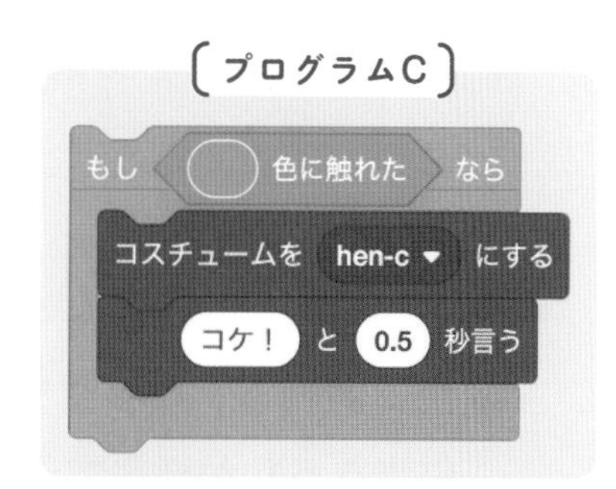

どんなコスチュームを使うか、セリフの表示やアニメーションのスピードをどれくらいにするかによって、ゲームのイメージ・難易度がどんどん変わってくるんじゃ！

プログラムDを作ろう：ニワトリ

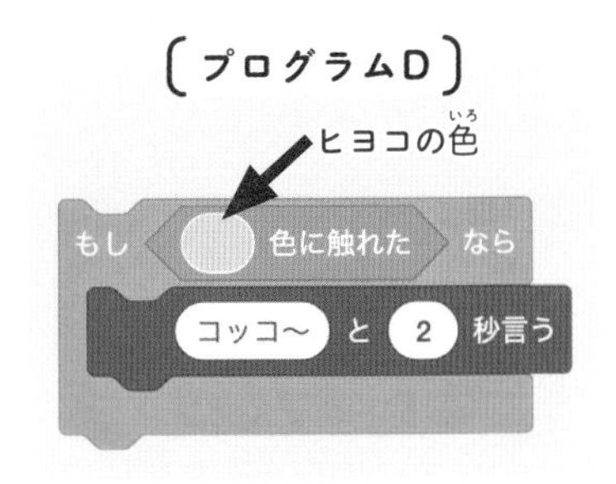

プログラムDは色とニワトリが言うセリフが違うだけで、ほとんどプログラムCと同じです。今回はコスチュームは変更しません。色はスポイトツールでヒヨコの色を選びましょう。

ニワトリが迷路やヒヨコに触れたかどうかはずっとチェックしている必要があるので、「ずっと」ブロックが必要です。ちょうどプログラムBに「ずっと」ブロックがあるので、この中にプログラムCもDも入れてしまいましょう。

ゲームスタートと同時にニワトリも動き出すので、旗マークブロックも一番上につけます。これで完成です！

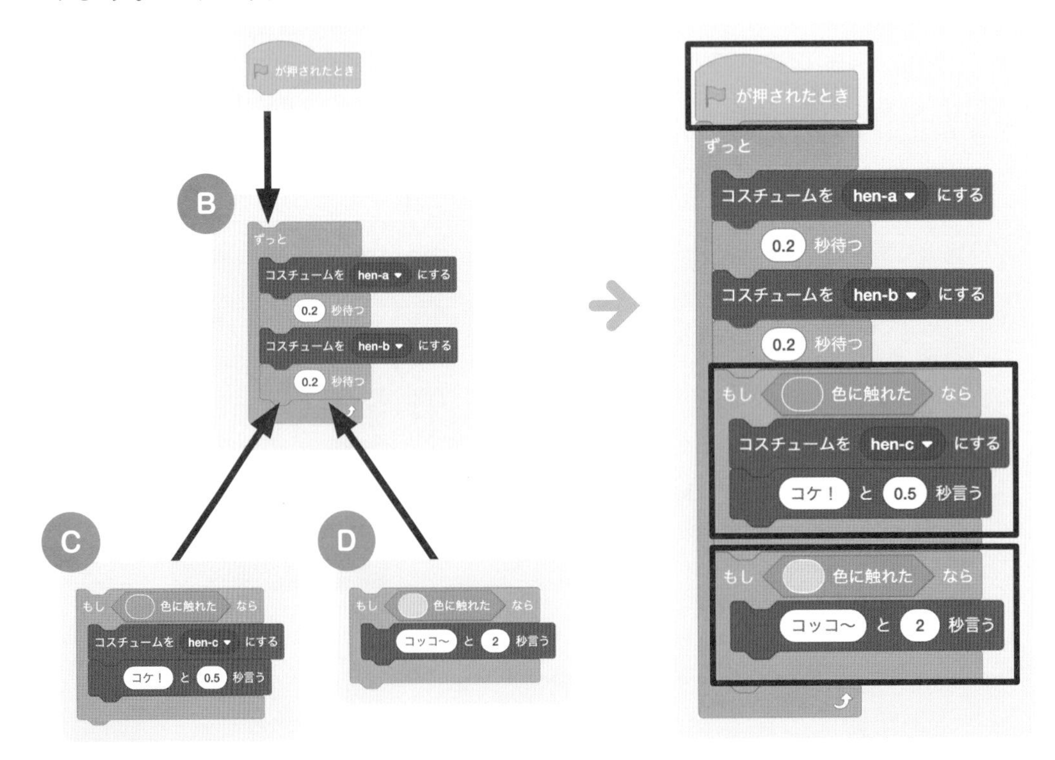

まとめ

- 色に触れるブロックで、キャラクターなどが他のものやスプライトに当たったか判定することができる
- 座標と条件判定を使って無限にスクロールするアニメーションが作れる

チャレンジ問題

01 迷路をもう1つ追加しよう

02 変数「タイマー」を追加して、10秒たったらニワトリが「おわり！」と言うようにしよう

03 ニワトリがもう少し細かく動けるようにしよう
（ヒント 動く距離を短くする）

04 0.5秒ごとに迷路が動くようにしよう

05 変数「スコア」を追加して、ヒヨコに触れたら1点増えるようにしよう

06 新しいアイテムを迷路に追加して、それに触れたらスコアが100点入るようにしよう

07 06で追加したアイテムに触れたらニワトリが少し小さくなるようにしよう

08 06で追加したアイテムに触れたらニワトリの色が変わるようにしよう

09 06で追加したアイテムに触れたらニワトリが早く動くようにしよう（ヒント スピード変数を作る）

10 06で追加したアイテムに触れたら迷路が早く動くようにしよう

解答・解説はウェブサイトで
https://kanki-pub.co.jp/pages/programmingissatsu/

レベル ☆☆☆　目標時間 20分

PROJECT 11 しゃべる翻訳ロボット

見本URL https://scratch.mit.edu/projects/379279894/

まずは見本で遊んでみよう！

下のスペースに英語を入れて、右側のチェックボタンをクリックしてみよう。ロボットが日本語に翻訳してしゃべってくれるよ！

point スクラッチの拡張機能、「音声合成」と「翻訳」を組み合わせて使います。機能をどうやって組み合わせて作品を作るかがポイントです。
また、クイズなどの文字を入力する作品を作れるブロックも使っていきます。

STEP 1 ▶ 準備しよう

使う素材は次の通りです。ロボットはコスチュームがいろいろあるので、好きなものを選んでください。スプライトは画面中央に置いてください。

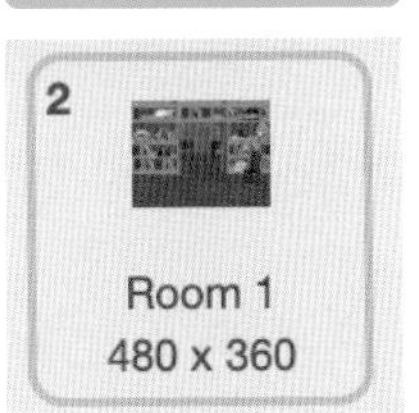

STEP 2 ▶ 拡張機能「音声合成」「翻訳」を追加しよう

今回使う拡張機能は**「音声合成」**と**「翻訳」**の２つです。
いつも通りブロックパレットの下の「拡張機能を追加」ボタンをクリックして、拡張機能を追加しましょう。

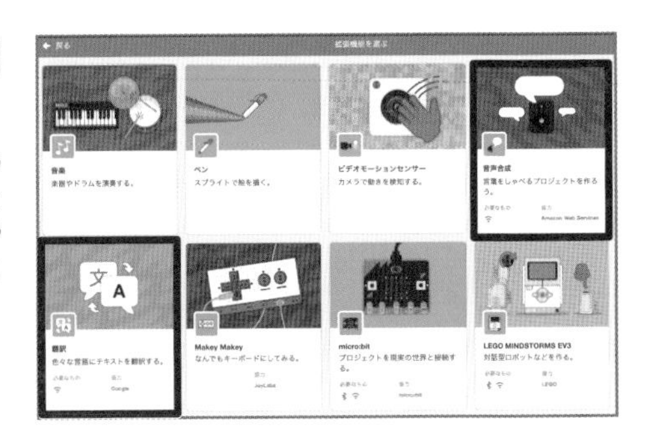

「音声合成」と「翻訳」のブロックが追加されたら、音声合成のブロックに「（　　　）としゃべる」というブロックがあるので、一度クリックしてみてください。「こんにちは」という音声が聞こえると思います。

（　　　）に入れた文字を音声にしたり、声質を変えたりするのが「音声合成」ブロックです。

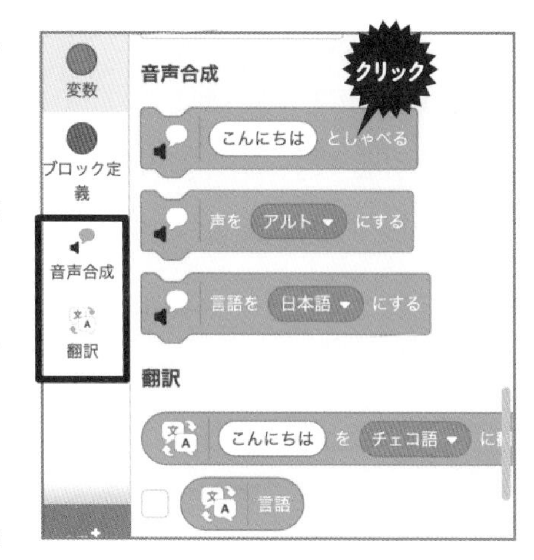

「翻訳」ブロックは、（　　　）に入れた文字をいろいろな言語に翻訳してくれるブロックです。

STEP 3 ▶ アルゴリズムを考えてプログラムしよう

今回のプロジェクトは「文字入力→翻訳する→声が聞こえる」という流れです。

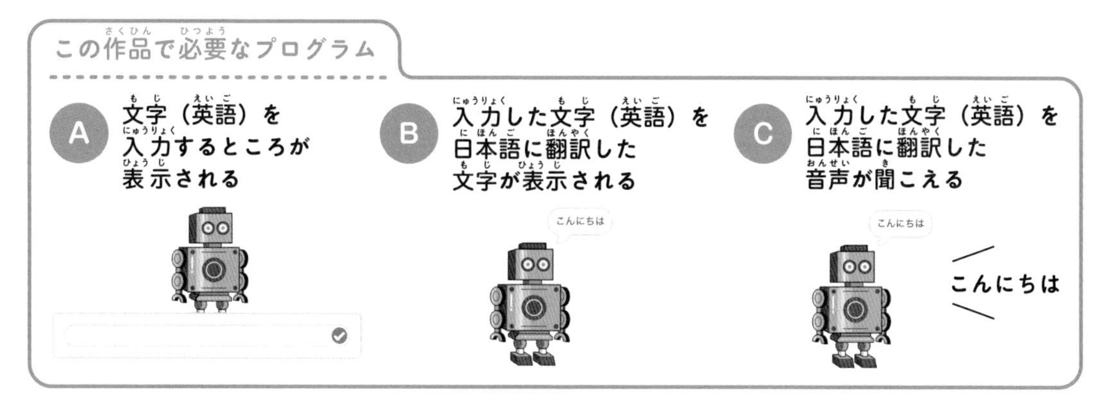

プログラムAを作ろう：ロボット

Aはプログラムというより、文字が入力できるブロックを使うだけです。「●調べる」カテゴリーの「（　　　）と聞いて待つ」ブロックを追加しましょう。（　　　）の中にはロボットに最初に言わせたいセリフを書いておきます。

旗マークブロックも追加しておきましょう。

さて、入力した文字をどうやって表示したりしゃべってもらったりしたらいいのでしょうか？　実はここで入力した文字は、「●調べる」カテゴリーの「答え」という「変数」の中に入ります。
ためしに「答え」ブロックの左側のチェックをつけてみてください。

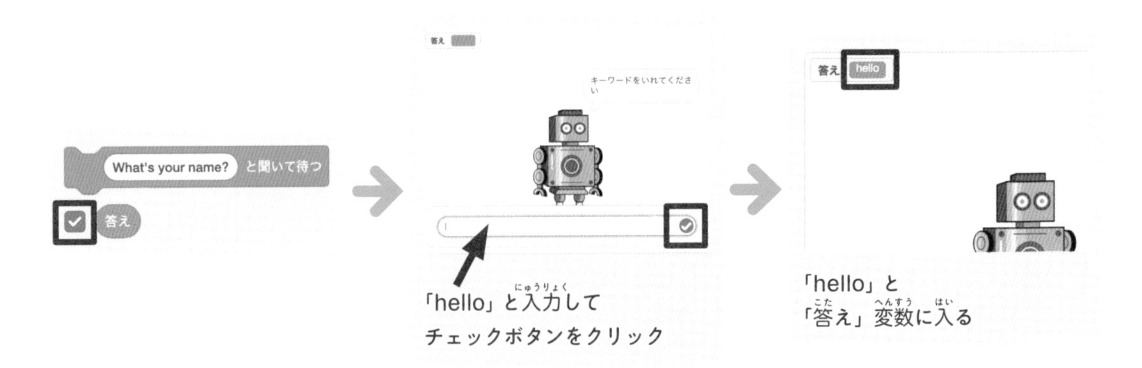

確認できたら、画面上には答えを表示させないようにしたいので、チェックを外しておきましょう。

プログラムBを作ろう：ロボット

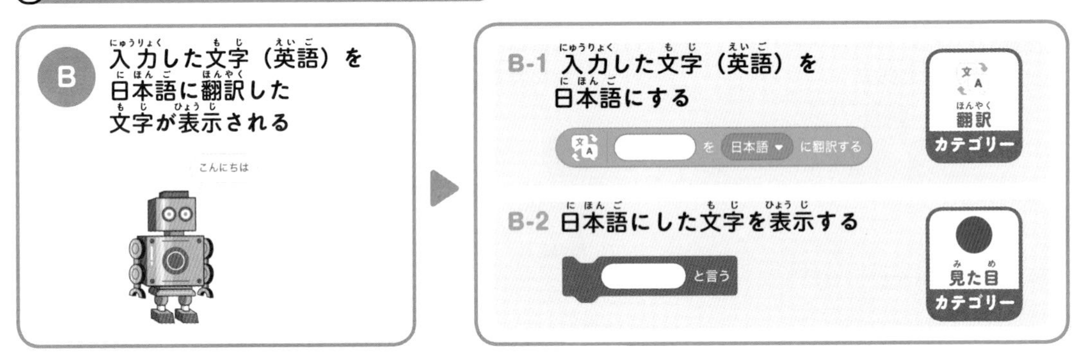

入力した文字は、「答え」ブロックの中に入るので、まずは「答え」を翻訳します。「翻訳」カテゴリーの「（　　）を日本語に翻訳する」ブロックに「答え」ブロックを組み合わせて翻訳できるようにしてから、B-2の「（　　）と言う」ブロックの（　　）の中に入れます。
そうすると、英語（答え）を日本語に翻訳した言葉を表示できるようになります。

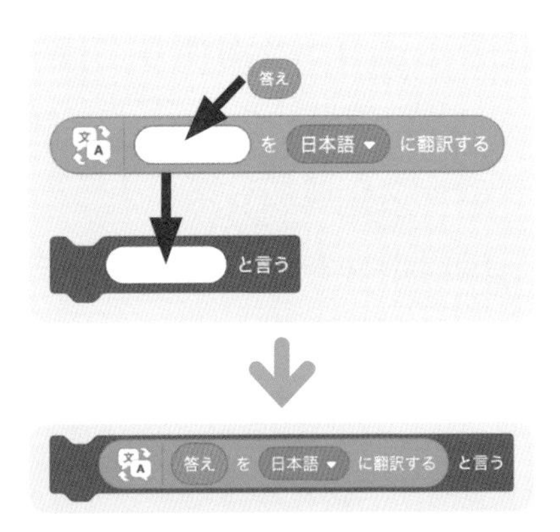

プログラムCを作ろう：ロボット

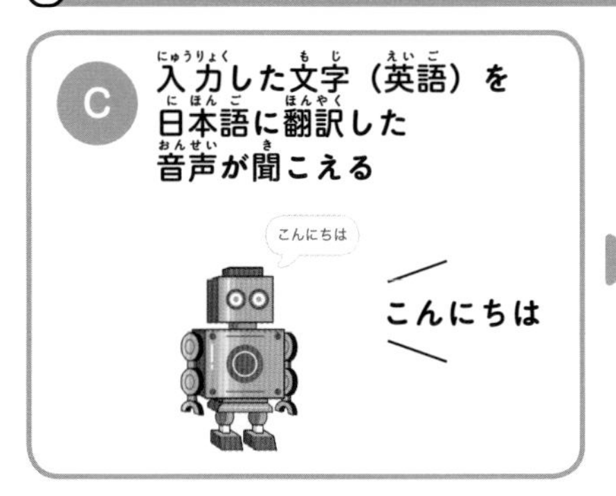

B-1で作った「答え」を日本語に翻訳したブロックを、「音声合成」カテゴリーの「（　　）としゃべる」ブロックに組み合わせるだけで完成です。

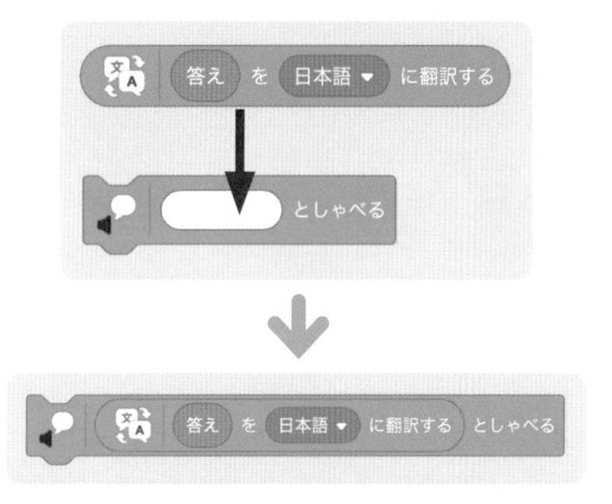

「音声合成」カテゴリーには、声を変えられるブロックがあるので、いろいろな声をためしてみましょう。

プログラムA、B、Cをまとめよう

最後に、バラバラに作ったプログラムA、B、Cをまとめましょう。「もし」も「ずっと」もなく、そのまま縦につなげれば完成です。

（プログラムA、B、C）

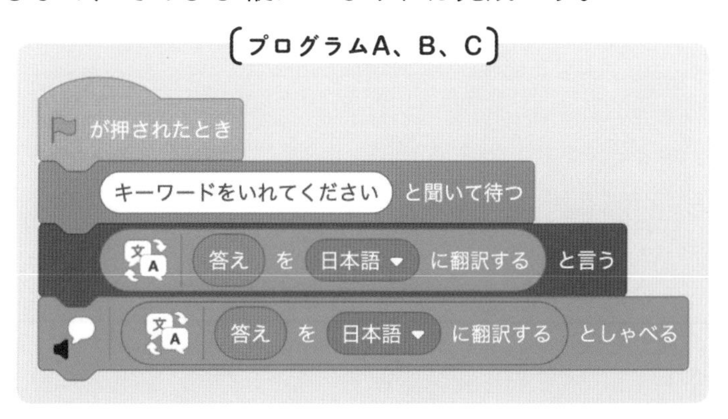

PROJECT 11

まとめ

- 拡張機能「翻訳」は、入力した言葉などを指定した言語に翻訳することができる
- 拡張機能「音声合成」は、入力した文字などを読み上げたり、声を変えたりすることができる
- 文字を入力したいときは、「　　と聞いて待つ」ブロックを使う
- 「　　と聞いて待つ」ブロックを使って入力した文字は、変数「答え」に入る

英語と日本語を逆にして、
日本語を入力したら英語に翻訳して発音してくれる
辞書みたいなものも作れるのかな？

拡張機能を使うと、
ゲームだけでなく便利なアプリのようなものも作れるんじゃ。

音声は今までに作ったいろいろな作品にも使えるぞ。
絵本のセリフやゲームのキャラクターのセリフを音声に変えたり、
自分なりのアイデアで新しい作品を作ってみなはれ！

チャレンジ問題

01 ロボットをクリックしたら声が「巨人」に変わるようにしよう

02 「(入力した英語) を日本語にすると (翻訳された日本語) です」と表示するようにしよう (例:「catを日本語にすると猫です」)

03 02の文字が音声で流れるようにしよう

04 日本語を入力すると英語に翻訳するようにしよう

05 新しくロボット (スプライト) を追加して、ロボットをクリックしたら1〜6までのランダムな数字をロボットが音声と文字で話すようにしよう (ヒント 変数を使う)

06 スプライトを追加して、クリックしたら文字入力できるようにしよう (クリックしたときに「入力してください」とロボットに言わせる)

07 06で追加したスプライトについて、入力した言葉をエストニア語にして表示して、音声で読み上げるようにしてみよう

08 06で追加したスプライトについて、ボタンA、Bを作り、ボタンAをクリックしたら日本語に、ボタンBをクリックしたらフランス語に翻訳するようにしてみよう (ヒント 変数を使う)

09 リストを作り、押したキー (1、2、3) によって、06で作ったスプライトの翻訳言語が変わるようにしよう (1→英語、2→フランス語、3→イタリア語)

10 ボタンAをクリックするたびに日本語訳、英語訳が切りかわるようにしよう

解答・解説はウェブサイトで
https://kanki-pub.co.jp/pages/programmingissatsu/

PROJECT 11

レベル ☆☆☆ 目標時間 30分

PROJECT 12 クイズ好きの火星人

見本URL https://scratch.mit.edu/projects/381120529/

まずは見本で遊んでみよう!

クイズが好きな火星人がいて、火星人をクリックすると、クイズを出してきます。
答えを下のスペースに入力してください。正しかったら「正解」と言っておどろいてくれます。
間違うと怒るので気をつけて!

point どうやって毎回違う問題を出すのかを考えます。
条件わけプログラムでクイズの答えが合っているとき、そうでないときという**2つの条件わけをするブロック**を今回はじめて使います。

STEP 1 ▶ 準備しよう

使う素材は次の通りです。火星人は、くらげ(Jellyfish)のスプライトを使います。ステージ中央に置いてください。

スプライト

背景

クイズを用意しよう

「●変数」カテゴリーの「リスト」を使ってクイズの質問と答えを用意します。「しつもん」と「こたえ」の2つのリストを作り、3つずつ、質問と答えを入れておきましょう。「しつもん」と「こたえ」の順番は同じになるようにしてください。

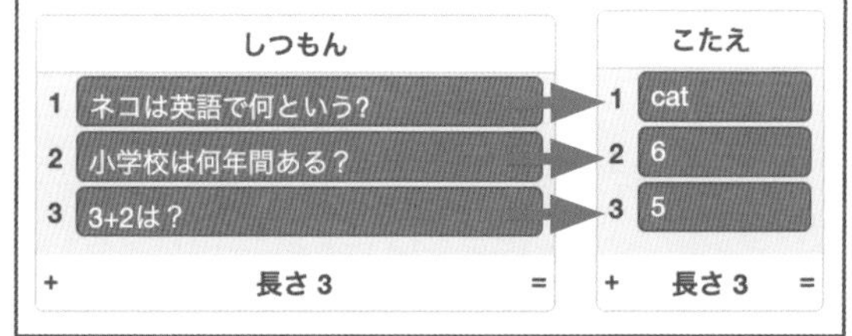

	しつもん
1	ネコは英語で何という?
2	小学校は何年間ある?
3	3+2は?
+	長さ 3 =

	こたえ
1	cat
2	6
3	5
+	長さ 3 =

STEP 2 ▶ アルゴリズムを考えてプログラムしよう

今回のプログラムは、クイズに答えて正解か不正解かによって火星人の表示を変えるだけです。

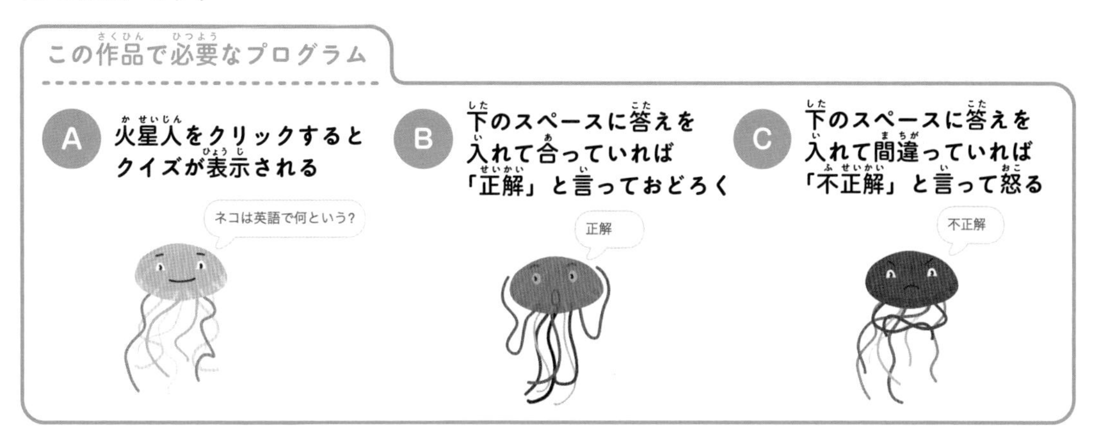

プログラムAを作ろう：火星人

プログラムⒶは、火星人をクリックすると、プロジェクト11（➡118ページ）と同じように、文字を入力するスペースが表示されます。

まずは、「しつもん」リストの1番目の質問が出るようにしましょう。「●変数」カテゴリーの「[　　] の（　）番目」ブロックを使います。

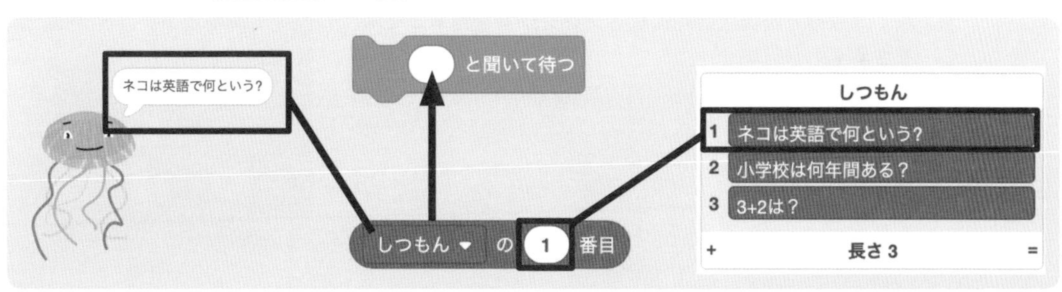

PROJECT 12

ブロックをそのまま縦につなげればいいので、これが完成形です。

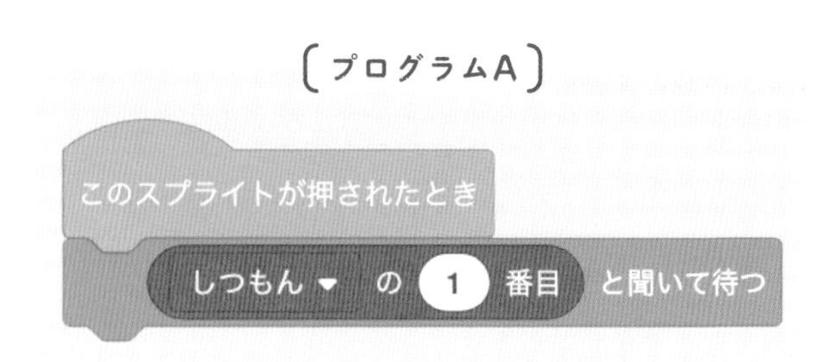

プログラムB・Cを作ろう：火星人

プログラムB、Cを作る前に、ちょっとアルゴリズムを考えましょう。

このクイズゲームは、条件が「答えが合っている」で、もし合っていれば（「YES」なら）「正解」と言い、そうでなければ（「NO」なら）「不正解」と言うことになっています。

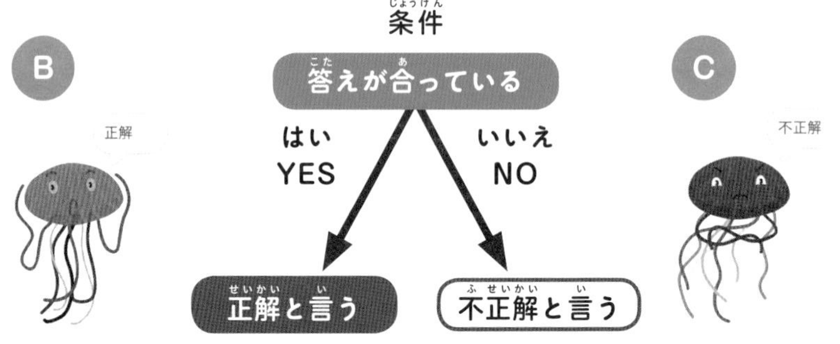

今回のように、YESかNOかの2つしかない場合は、右のブロックを使います。

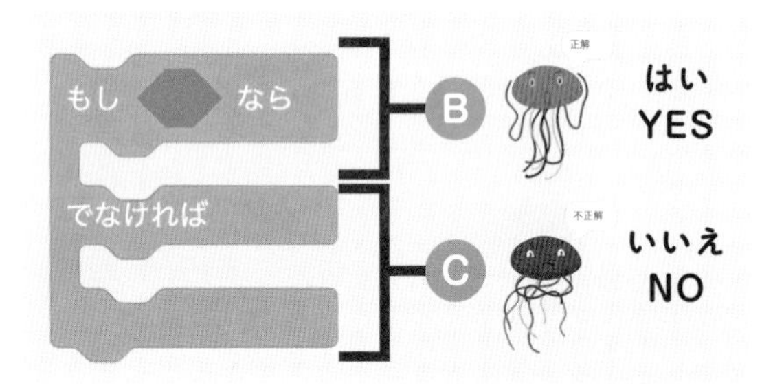

たとえば「もしAなら」「もしBなら」「もしCなら」……というように、3つ以上の「条件わけ」があった場合は、右のように「もし〈　〉なら」ブロックをいくつも縦につなげます。

さらに、「もし」ブロックの中に「もし」ブロックを入れて、もっと複雑な条件になるプログラムを作ることもできます。

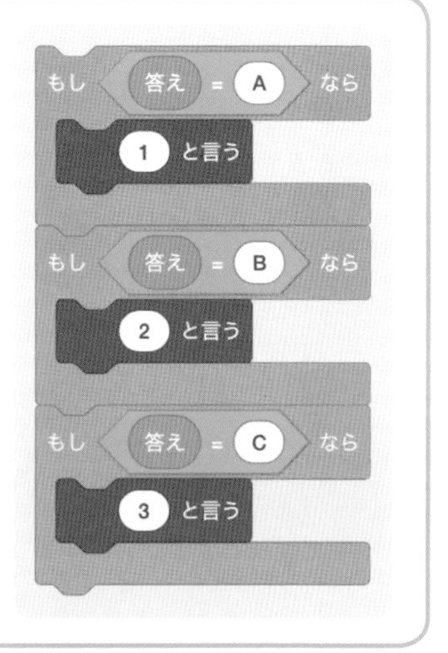

プログラムB、Cをまとめてプログラムしていきます。

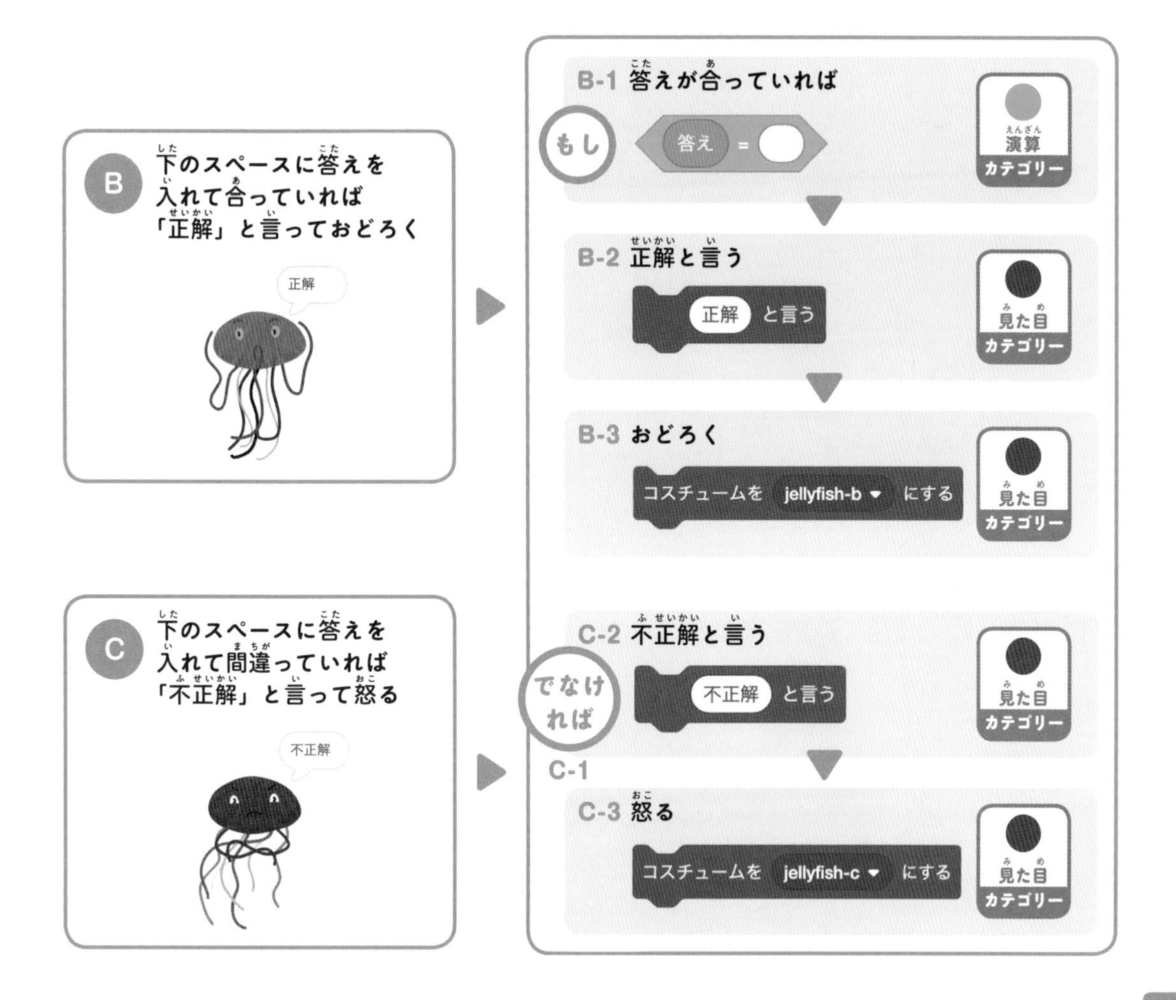

プログラムAで「しつもん」の1番目を質問しているので、B-1の◯には「こたえ」の1番目が入ります。
ここでも「●変数」カテゴリーの「□の◯番目」ブロックを使います。

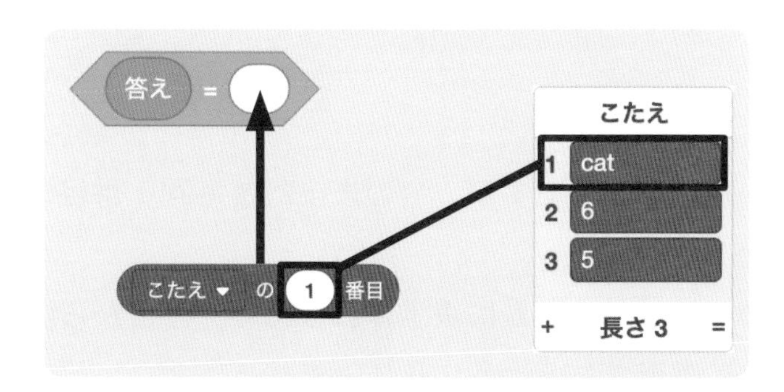

あとはさっきの「もし〈　〉なら／でなければ」ブロックに、それぞれブロックを当てはめれば完成です。

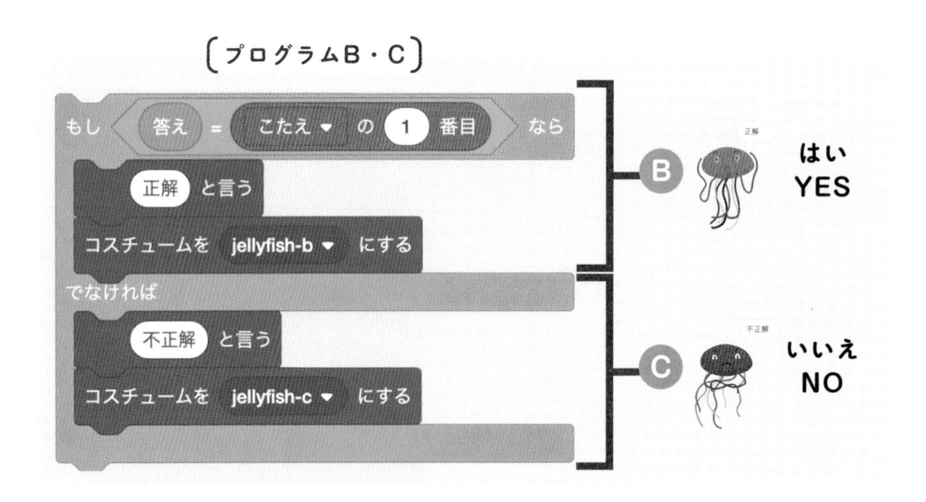

プログラムⒶ、Ⓑ、Ⓒをまとめましょう。

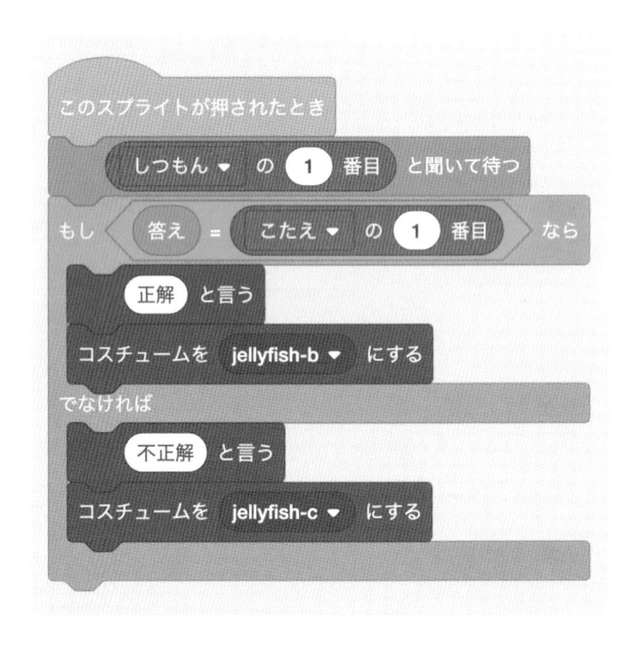

これで完成と言いたいところですが、今のままだと毎回１番目の質問が出てきます。
見本では１～３の質問がランダムに表示されるので、ここからは「変数」を使って質問がランダムに表示されるようにしてみましょう。

質問をランダムにしよう

「しつもんの①番目」「こたえの①番目」ブロックの①のところに、「変数」に入った1か2か3の数字が入れば、ランダムな質問が表示されるようになりますよね。
たとえば乱数が3だったら、次のようになります。

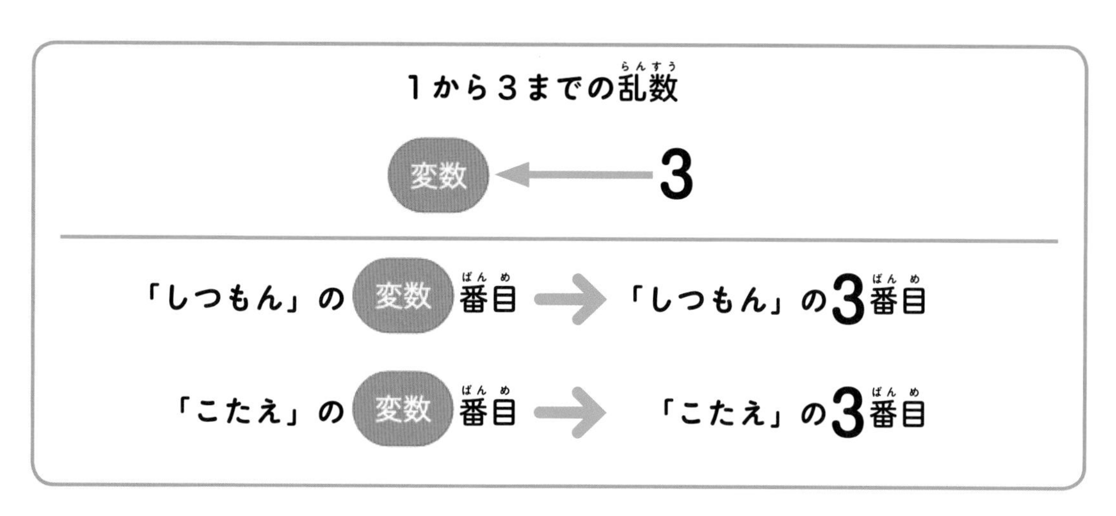

では、プログラムしていきましょう。
変数は「●変数」カテゴリーにもともとある「変数」ブロックを使います。
「●変数」カテゴリーの「変数を◯にする」ブロックを使って、1〜3までのランダムな数字（乱数）を「変数」に入れます。

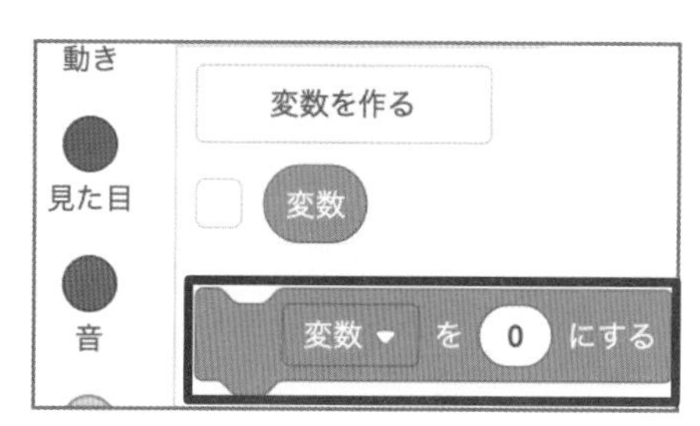

火星人をクリックしたときに何番目の質問にするかを決めればいいので、このブロックは、「このスプライトが押されたとき」のすぐ下に入れましょう。

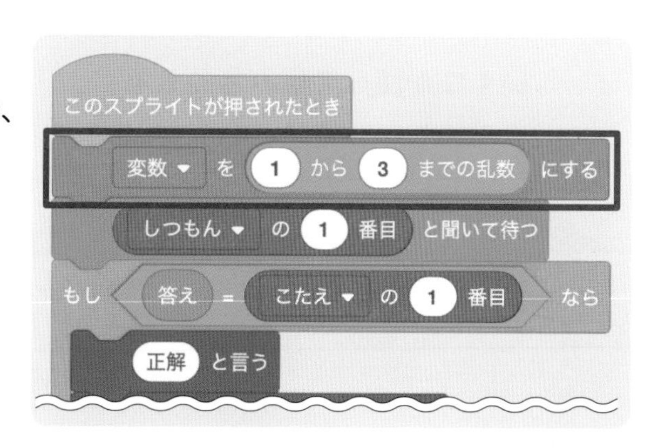

「（　）番目」のところを「変数」にすると、完成です。

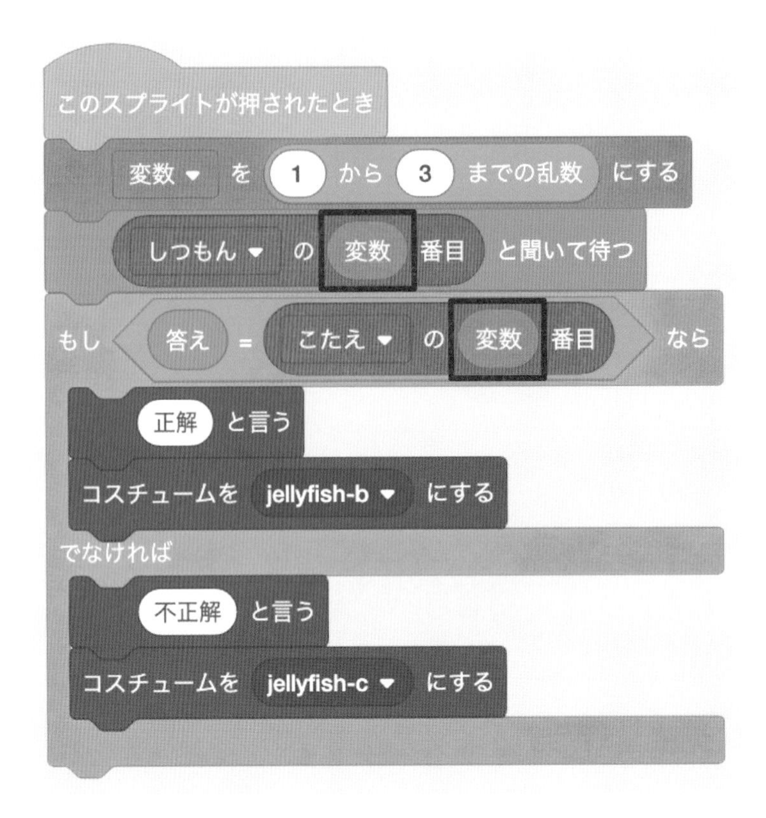

これで、1～3の質問がランダムに出るようになるんだね～！

まとめ

- 「条件わけ」でYESかNOの2つしかないときは「もし（　）なら／でなければ」ブロックを使う
- 「条件わけ」が3つ以上あるときは「もし（　）なら」ブロックをいくつか使って組み合わせる

複雑なプロジェクトを作り始めると、この「条件わけ」をたくさん使うようになるんじゃ。しっかりマスターするのじゃ！

チャレンジ問題

01 答えが合っていたら音を出すようにしよう

02 問題を10問に増やそう

03 連続して3回クイズが出るようにしよう

04 変数「スコア」を作って、合っていたら1点ずつ入るようにしよう

05 10回くり返すようにして、10回目の問題に正解したら3点入るようにしよう（2人でクイズゲームで競い合ってみよう。先に手をあげたほうが入力する）

06 スコアが0〜3点なら「残念」、4〜6点なら「まぁまぁ」、7〜9点なら「すごい」、10点以上なら「天才！」と言うようにしよう

07 スプライトを追加して、数字キーを押してからそのスプライトをクリックすると、その番号のクイズが表示されるようにしよう

08 07で追加したスプライトで、「r」キーを押したらランダムに問題が出るようにしよう

09 07で追加したスプライトで、算数クイズが出るようにしよう（例：「4＋2は？」「3＋5は？」のような足し算問題をランダムな数字で出すようにしよう）（ヒント 変数「数字1」「数字2」を用意する）

10 07で追加したスプライトで、「a」キーを押したら掛け算、「b」キーを押したら引き算ができるようにしよう

解答・解説はウェブサイトで
https://kanki-pub.co.jp/pages/programmingissatsu/

レベル ☆☆☆ 目標時間 25分

PROJECT 13

フォースを使ってボールを動かせ！

見本URL https://scratch.mit.edu/projects/374497570/

※パソコンにWEBカメラが接続されている必要があります。

ボールの右側から手を左に動かすとボールが左に動きます。ボールの左側から手を右に動かすとボールが右に動きます。

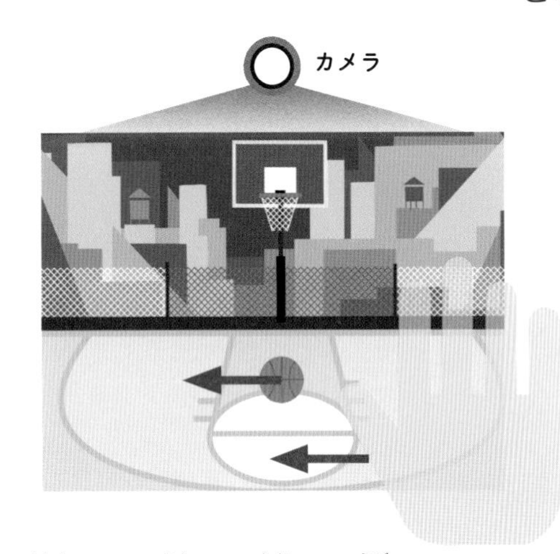

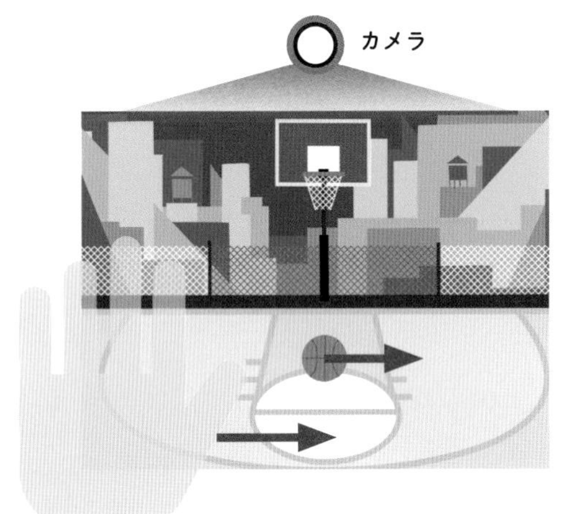

必ずしも思った通りに動くわけではありませんが、カメラの前で手を動かしたり顔や体を動かすと、それによってボールが動くかためしてみましょう！

point
拡張機能の「ビデオモーションセンサー」を使います。
カメラを使ったプログラムの方法を学びましょう。
２つの条件がYESのときの「条件わけ」も紹介していきます。

STEP 1 ▶ 準備しよう

今回のプロジェクトは、パソコンにWEBカメラがもともとついているか、接続されている必要があります。まずはそれを確認してください。

今回はバスケットボールのスプライトと背景にしていますが、スプライトを動かすだけなので、スプライトも背景も自由に選んでかまいません。

STEP 2 ▶ 拡張機能「ビデオモーションセンサー」を使ってみよう

ビデオモーションセンサーは、パソコンについたWEBカメラで、動きを見つける機能です。ブロックカテゴリーの下の「拡張機能を追加」ボタンから、「ビデオモーションセンサー」を追加してください。

まずは「ビデオモーションセンサー」のブロックでどういうことができるか確認していきましょう。右図のようにブロックを組み合わせてください。

WEBカメラ（ビデオ）が入っていない場合は、下の説明にしたがって、オン(入)にしてください。

〔スプライト「Basketball」のプログラム〕

ビデオモーション＞ 10 のとき
こんにちは! と 2 秒言う

〔ビデオのオンオフと透明度について〕

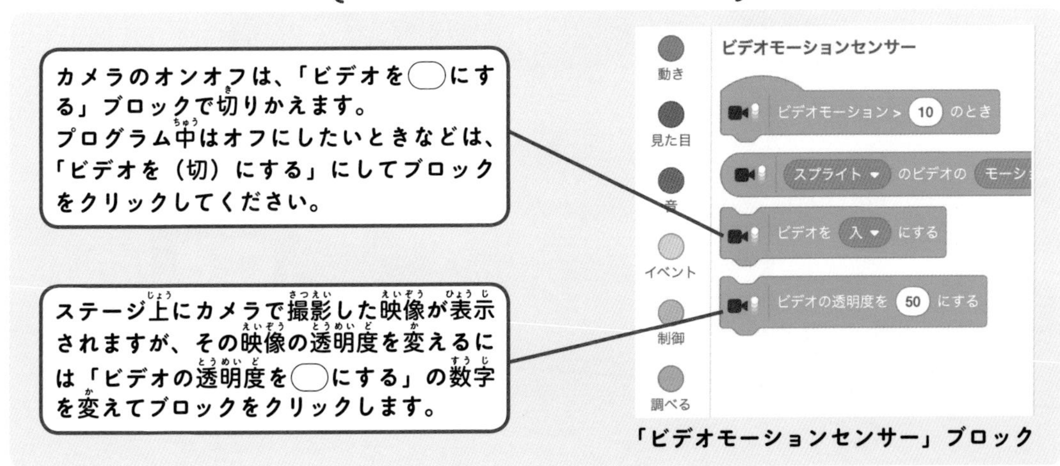

「ビデオモーションセンサー」ブロック

プログラムしたボールの近くに手を持っていくと、「こんにちは！」と表示されます。

わかりづらい場合は、ビデオの透明度を50くらいにするのじゃ！

ビデオモーションは、スプライトがあるところにどれだけ「動き」があるかを判断しています。下のように「(スプライト) のビデオの (モーション)」ブロックを入れて、ボールの上で手を振ってみましょう。数字が表示されて、手を振る大きさによって変わります。

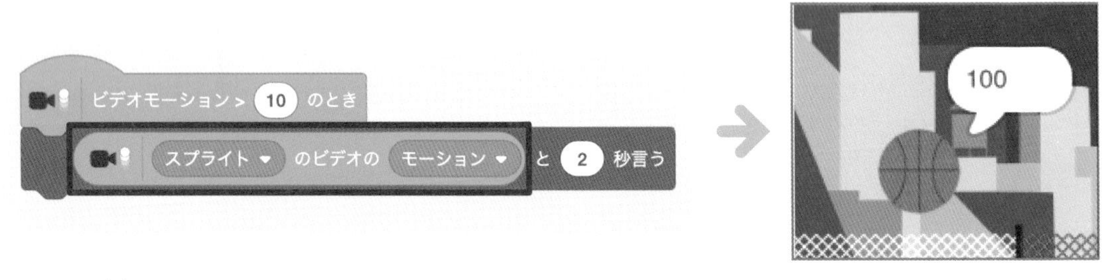

すごい！小さく振ると数字も小さくて、大きく振ると大きくなるね！

スプライトのビデオの「向き」も表示できます。下のように「向き」に変えて、ボールの周りで手を動かして、どんな数字が出るかためしてみてください。

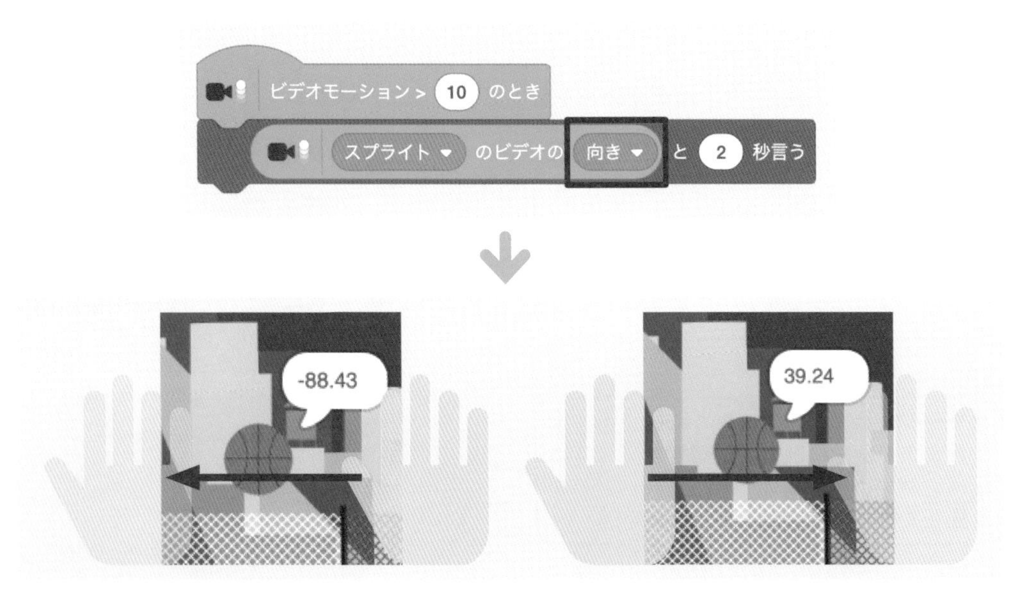

左方向へ動きがあったときは「マイナス」、右方向へ動きがあったときは「プラス」の数字になると思います。
確認できたら、ここまでに作ったブロックは消しておきましょう。

STEP 3 ▶ アルゴリズムを考えてプログラムしよう

手の動きによってボールが動くだけなので、プログラム自体は単純です。

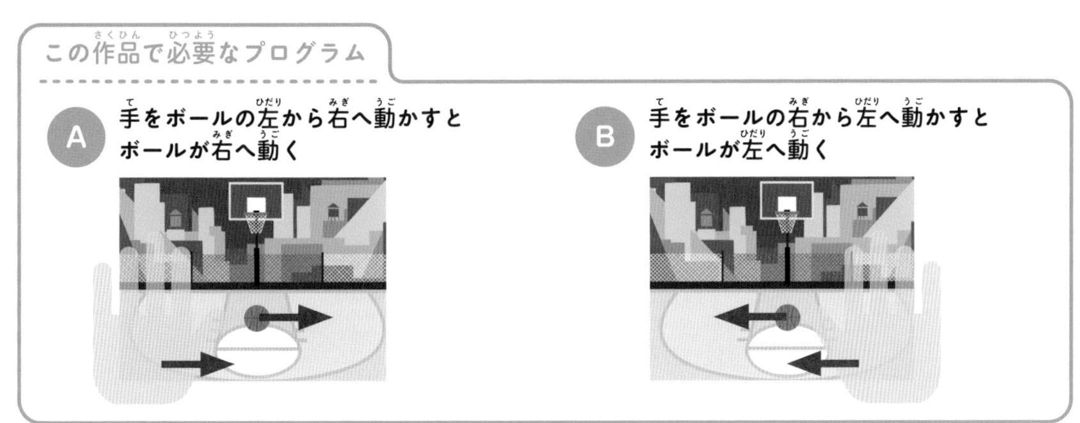

プログラムAを作ろう：バスケットボール

「もし手を右へ動かしたら……」なので、「条件わけ」です。
手が右へ動いたかどうかは、ずーっとチェックしていなくてはならないので「ずっと」ブロックも使います。

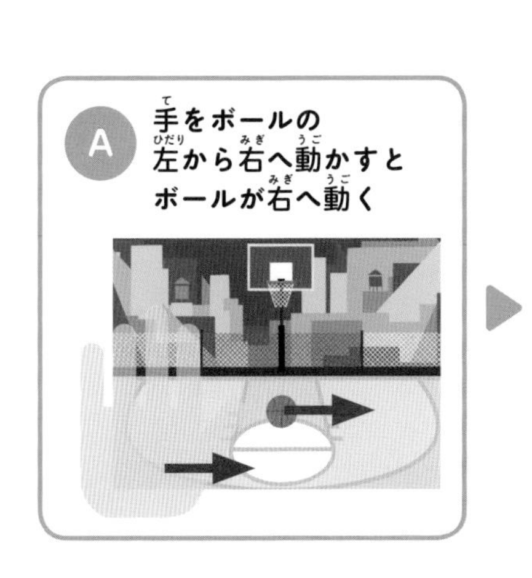

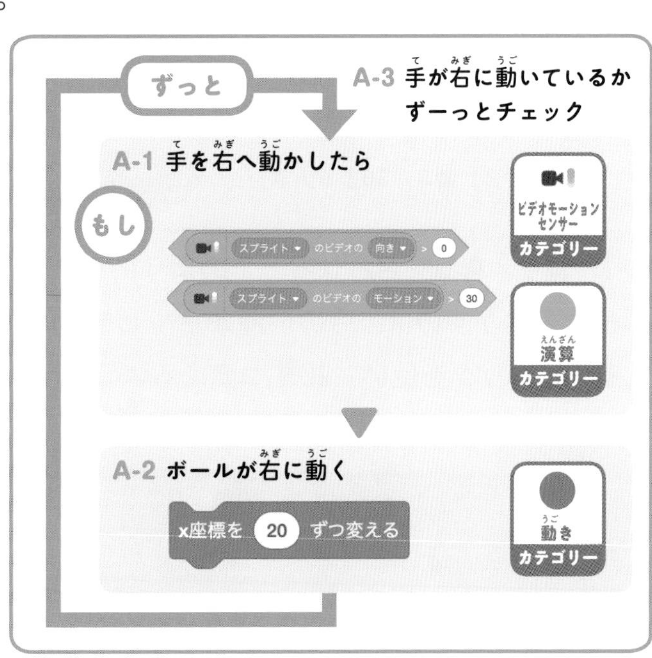

まずは**A-1**について考えます。手がボールの左から右へ移動するのは、次の２つの条件が当てはまるときです。

【条件１】ビデオの「向き」が０より大きい数字であること
【条件２】ビデオの「モーション」が「０」より大きい数字であること
（動いているということ）

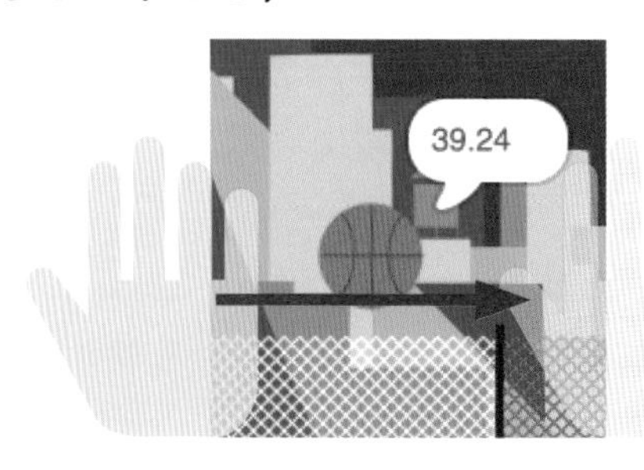

条件１、条件２の両方に当てはまる条件を作るときは「●演算」カテゴリーの「〈　〉かつ〈　〉」ブロックを使います。左右の〈　〉に２つの条件をそれぞれ入れます。

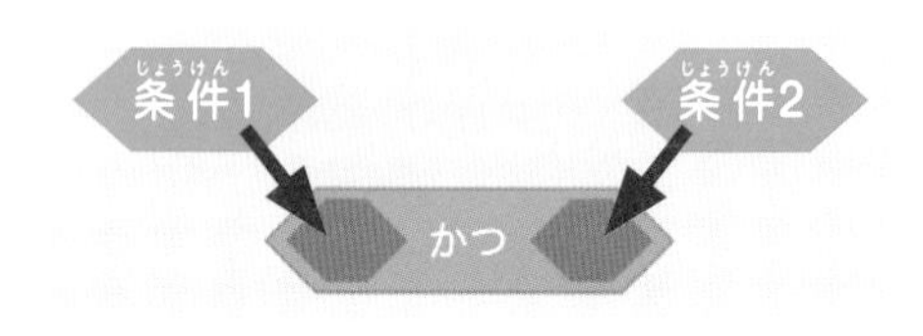

条件１と条件２をブロックにすると下のようになります。
モーションの数字は、０にしておくとちょっとした動きで動いてしまうので、30にしておきます。

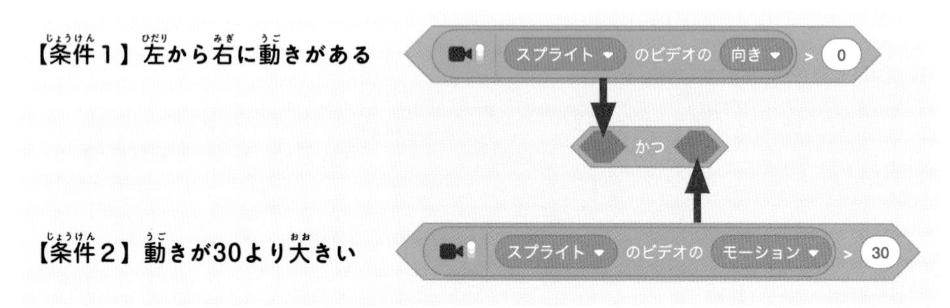

A-1、**A-2**、**A-3**を合わせると下のようになります。
ボールを動かすのは、今の位置から少しずつ移動するので「x座標を◯ずつ変える」ブロックを使い、20ずつ変えるようにしておきます。

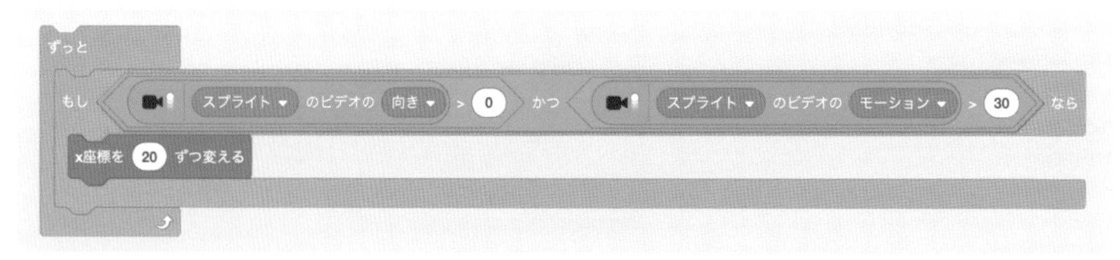

これで実行してみると、ボールがあまり動かないような感じがするので、手の動きがあったら、もう少し移動するように「くり返し」ブロックを組み合わせましょう。10回ボールが横に移動するのをくり返すようにしてみます。
これでプログラムⒶの完成です。

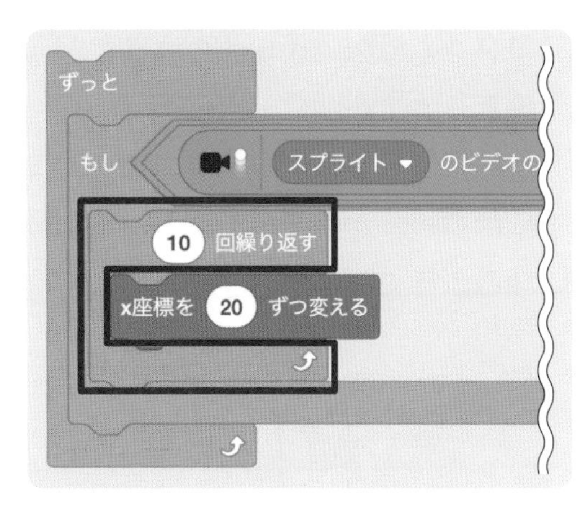

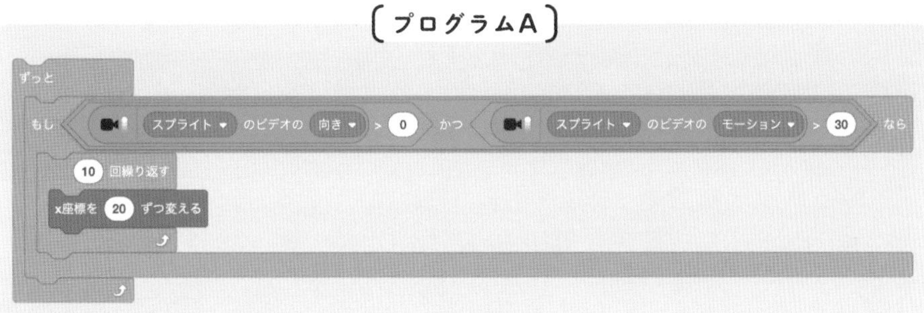

プログラムBを作ろう：バスケットボール

プログラムⒷはプログラムⒶとほぼ同じで、ビデオの「向き」とボールが移動する方向が違うだけです。
プログラムⒶを複製して、下の赤枠の２カ所だけ変更すれば完成です。

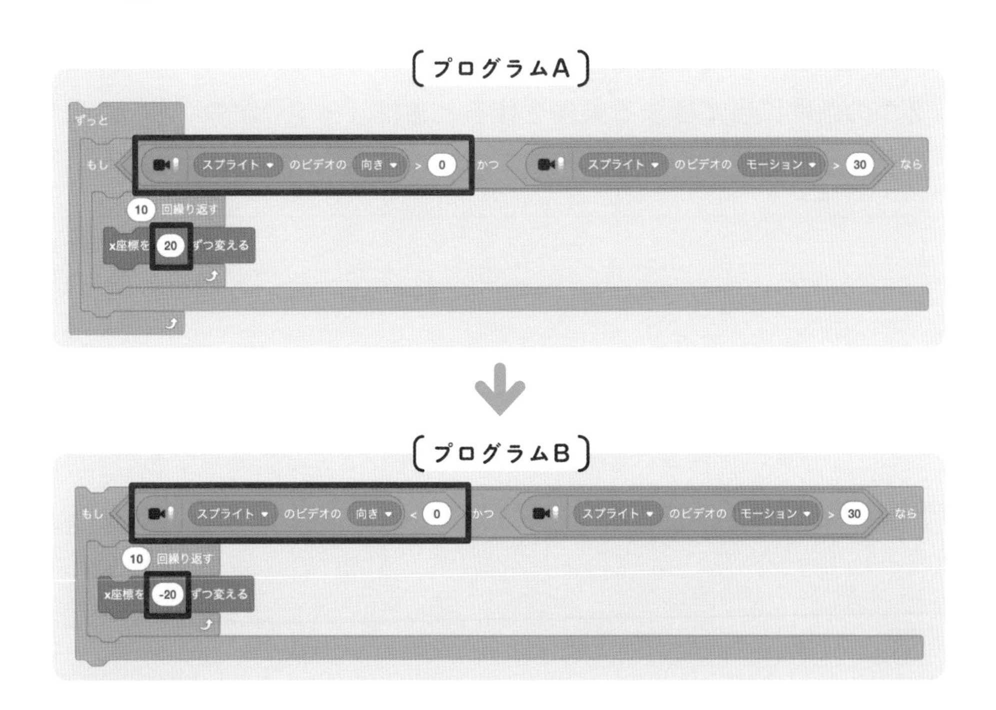

PROJECT 13

プログラムⒶもⒷも「ずっと」ブロックを使っているので、１つにまとめてしまいましょう。
あとは旗マークをクリックしたときのブロックを追加するほか、ゲームスタート時にはボールがステージの真ん中にあるようにして、カメラも自動的にオン（入）になるようにしておきましょう。これでプログラムの完成です！

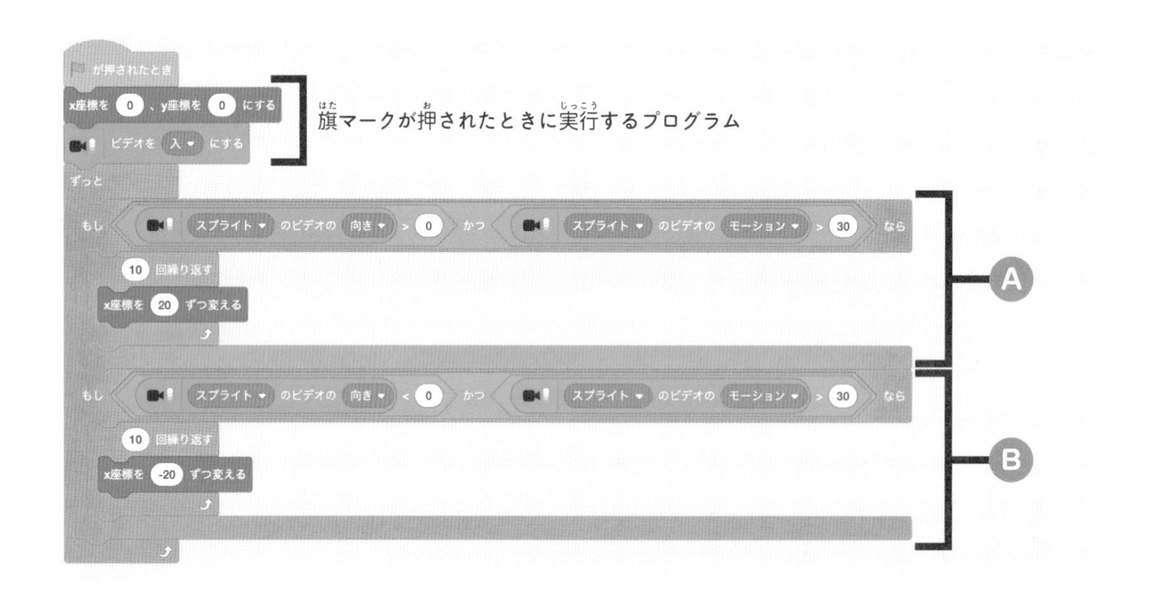

まとめ

- ビデオモーションセンサーを使うと、カメラにうつっているものの動きの大きさや向きを知ることができる
- ２つの条件に当てはまる条件を作るときは「　かつ　」というブロックを使う

人の動きによって映像などが変わる作品を、
「インタラクティブアート」と言うんじゃ。
アート作品に興味がある人は、
ビデオモーションセンサーを使って作ってみなはれ！
また、ゲームにも使える機能なので、どんなことができそうか、
アイデアをふくらませてみるといいぞ。

チャレンジ問題

01 ボールに触れたらボールがランダムなところに瞬間移動するようにしよう

02 変数「スコア」を作って、ボールに触れたら1点ずつ入るようにしよう

03 変数「タイマー」を作って、10秒で何回タッチできるかを競い合えるようにしよう

04 ボールに触るたびに大きさが5ずつ小さくするようにしよう

05 ネコのスプライトを追加して、ランダムな位置に動くようにしよう

06 ネコに触れたら1点減点するようにしよう

07 ここからは新しいゲームを作ります。新しくプロジェクトを作り、旗マークをクリックしたら風船スプライトをランダムな位置に5個配置して、触ったら消えるようにしよう（ヒント クローンを使う）

08 旗マークをクリックしたら、風船を画面の一番下、横の位置はランダムに配置するようにしよう（ヒント y座標が−180、x座標がランダム）

09 旗マークをクリックしたら、風船がランダムな位置にアニメーションで動き続けるようにしよう

10 風船に触れたら「ぽん」と音が鳴って消えるようにして、スコアを1点追加するようにしよう

解答・解説はウェブサイトで
https://kanki-pub.co.jp/pages/programmingissatsu/

レベル ☆☆☆ 目標時間 30分

PROJECT 14 PKでゴールを決めろ！

見本URL https://scratch.mit.edu/projects/374507493/

キーボードの数字1～6のうちどれかを押してみよう！　押した番号によって、ボールが飛ぶ場所が変わります。
キーパーが同じところに動いていたら、「セーブ」と言ってボールが止められます。
友だちとPKゲームで競い合おう！

◀ボールが移動する場所のイメージ

point
今回は「ブロック定義」と「メッセージ」を学びます。
「ブロック定義」はよく使うブロックの組み合わせを登録する機能。
「メッセージ」はスプライトや背景から他のスプライトに命令を送る機能です。

STEP 1 ▶ 準備しよう

使う素材は次の通りです。また、スプライトの大きさも調整します。

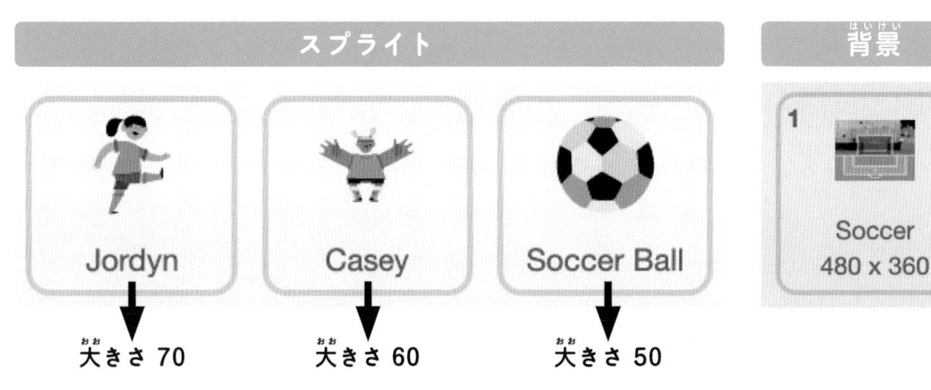

ボールやキーパーが動くしくみを知ろう

サッカーボールやキーパーが動くのには「●動き」カテゴリーの「(　)秒で(　　)へ行く」ブロックを使います。これは、スプライトが指定した場所に移動するブロックです。下図のように、ゴールに四角いスプライトを6つ置いて、たとえばサッカーボールのスプライトに「1秒でスプライト1へ行く」ように指定すれば、左上にボールが移動します。

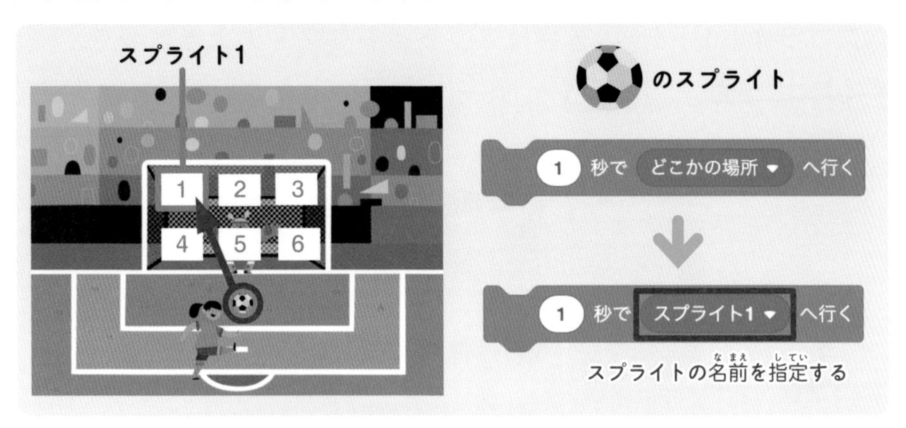

ゴールに置くスプライトを作ろう

サッカーボールやキーパーが動く先のスプライトを6つ作りましょう。

スプライトリストのスプライト追加ボタンから「描く」をクリックし、スプライト1を追加します。

スプライト1のコスチュームタブに移動して、四角ツールを使って、四角形を書きましょう。四角形は画面いっぱいに書きます。このスプライトはあとでかくすので、何色でもかまいません。

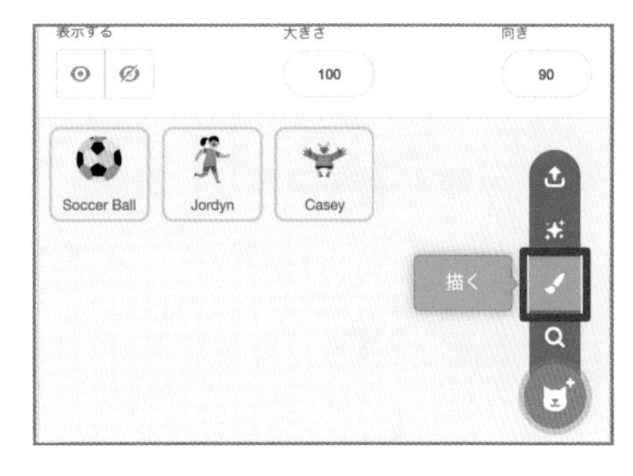

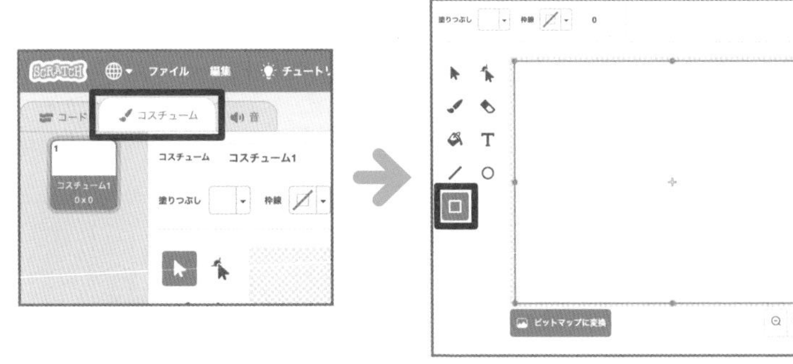

スプライト１ができたら、右クリックして複製して
スプライトをあと５つ作ってください。

最後に、スプライト1〜6（大きさはスプライトリストの大きさ欄で、下図のように変更する）、キッカー、キーパー、ボールを下のように配置して、準備完了です。

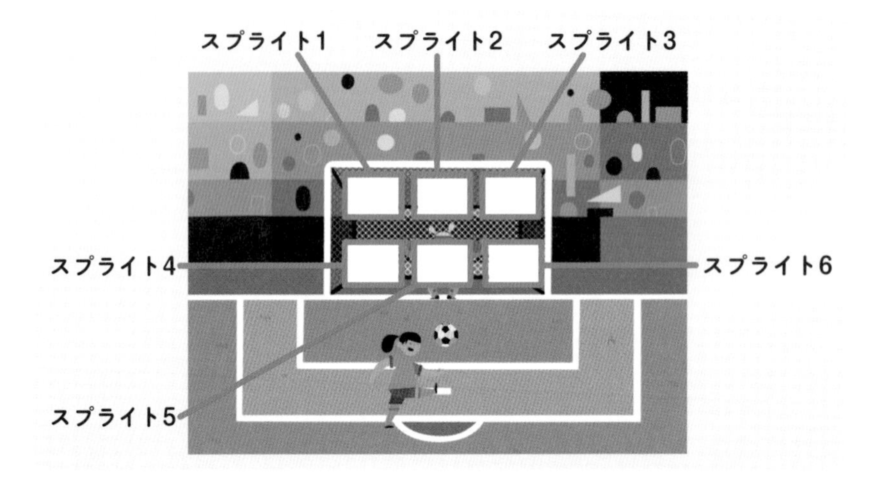

STEP 2 ▶ アルゴリズムを考えてプログラムしよう

スプライトが多い場合は、スプライトごとにどんな動きがあるかを考えましょう。

この作品で必要なプログラム

A キーボードの数字を押すとボールが（スプライト1〜6のところに）移動する

B キーボードの数字を押すとキッカーの足が上がる

C キーボードの数字を押すとキーパーがランダムなところ（スプライト1〜6）に移動し、見た目も変わる

D キーパーがボールをキャッチすると「セーブ」と言う

プログラムAを作ろう：ボール

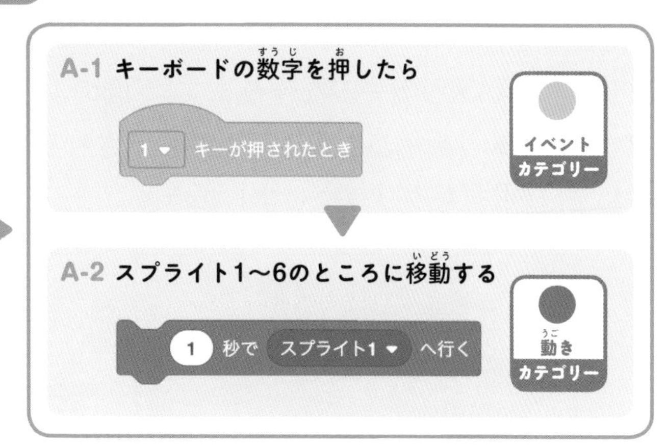

まずはキーボードで数字の１を押したときのプログラムを作ってみましょう。
２つのブロックをつなげるだけです。

ボールは常にキッカーの足元から移動するので、キーが押されたときに必ずキッカーの位置に行くようにしておきましょう。
x、yの数字はキッカーが置いてある位置によって変わってきます。

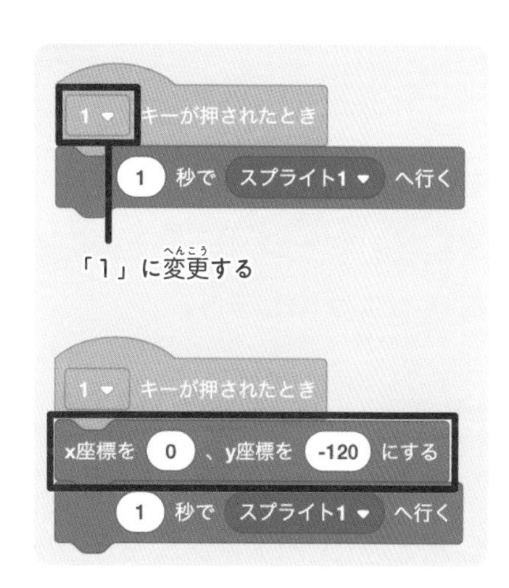

キーが押されたら他のスプライトを動かそう

プログラムⒶには、実はもう１つ工夫が必要です。このゲームでは、数字キーが押されると、「ボール」「キッカー」「キーパー」の３つのスプライトが動き始めます。
そこで、「メッセージ」ブロックを使い、ボールスプライトのプログラムで、キッカーとキーパーを連動させます。

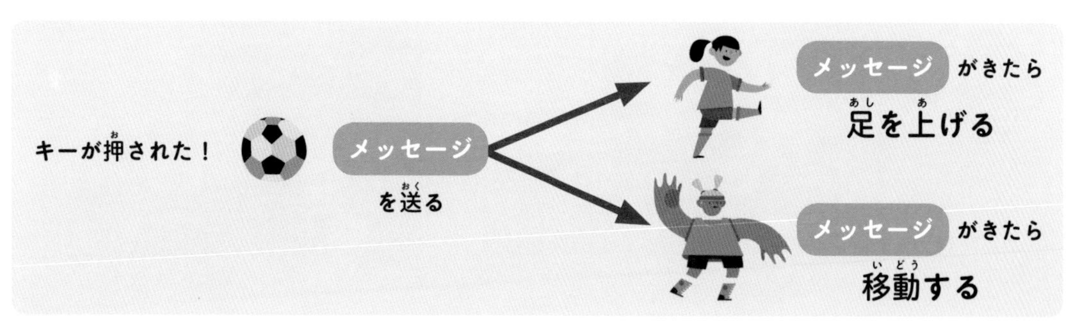

PROJECT 14

メッセージを送るには、「●イベント」カテゴリーの「(　　　) を送る」ブロックを使います。

まずは新しいメッセージを作ります。下図のように、「新しいメッセージ」をクリックすると、メッセージを作る画面が表示されるので、メッセージ名を「スタート」にして「OK」をクリックしましょう。

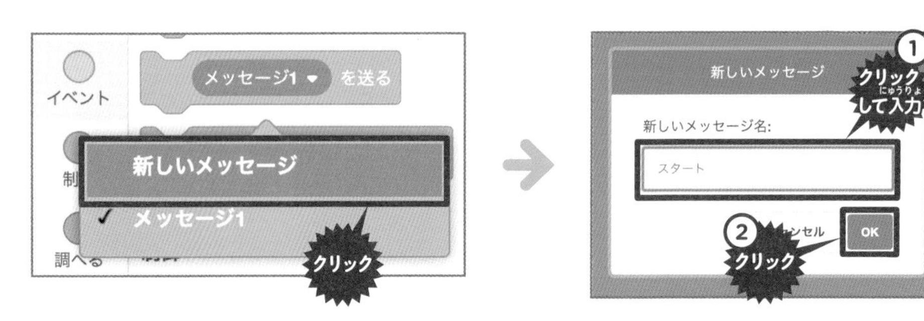

右のようにつなげて、数字キーが押されたらすぐにメッセージ「スタート」を他のスプライトに送るようにします。

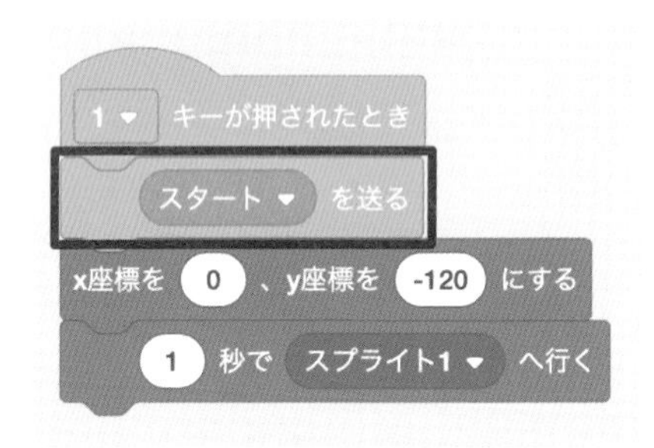

数字キー１を押したときのプログラムができたので、次は数字キー２から６を押したときのプログラムを作ります。

ブロックを複製すればかんたんに同じブロックが作れますが、数が多いときは大変です。**ほとんど同じブロックの組み合わせを何回も使う場合は「ブロック定義」を使うと便利です。**

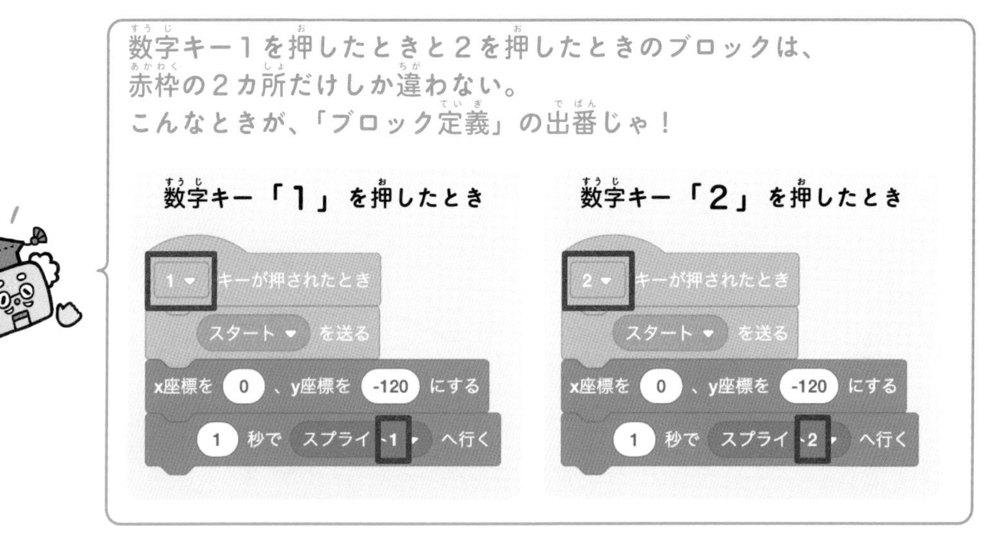

「ブロック定義」を使おう

「ブロック定義」とは「ブロックの組み合わせ」を名前をつけて登録しておくものです。実際のプログラムでは**「関数」**と呼ばれ、とてもよく使います。まずはブロックを作ります。「●ブロック定義」カテゴリーの「ブロックを作る」をクリックしてください。

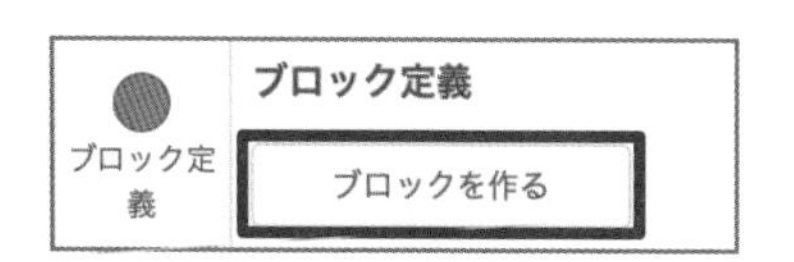

ブロックの名前をつけます。「シュート」という名前にしましょう。
次に、「引数を追加」をクリックして「引数」を追加します。「番号」という名前にしましょう（引数はのちほど説明します）。

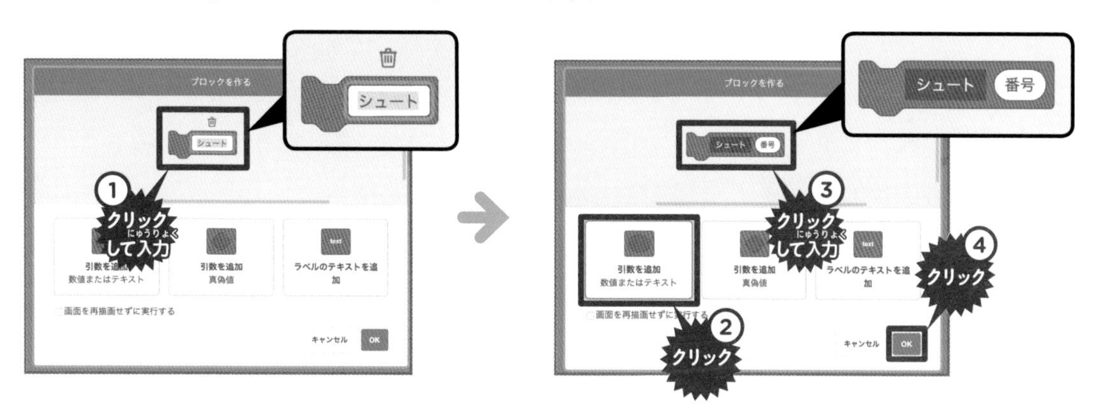

ブロックを置いている場所に右のような「定義」ブロックが作られました。この下にブロックをつなげてブロックを「定義」していきます。

今回は、数字キーを押したときに実行するブロックをつなげます（定義します）。さっき作った数字キーを押したときのブロックを、そのまま「定義」ブロックの下に移動してください。

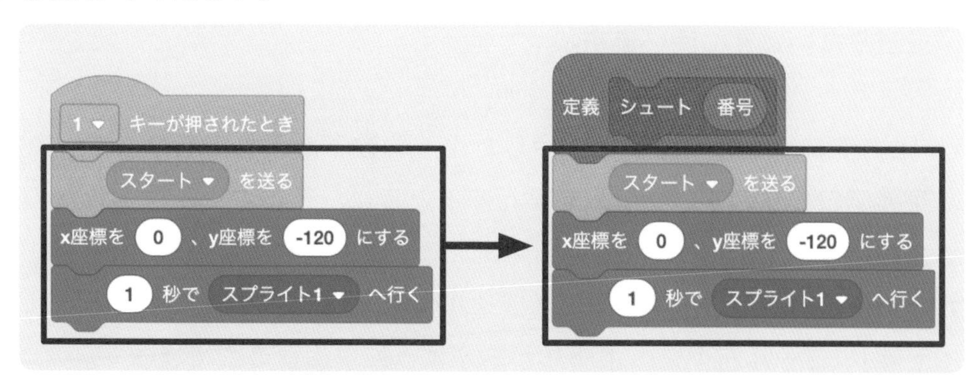

PROJECT 14

次に、「1キーが押されたとき」ブロックの下に「●ブロック定義」カテゴリーの「シュート◯」を追加します。◯には入力したキーの数字「1」を入れておきます。これを複製して数字キー2～6も同じように作りましょう。

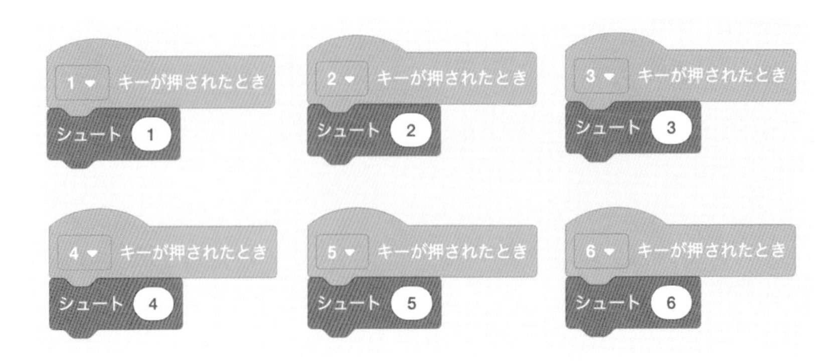

ここまでで、定義（スタートを送り→ボールをキッカーの元に動かし→1秒でスプライト1へ行く）と、1～6のキーが押されたときに定義を実行する6つのブロックができました。
これらのブロックは下図のように、**1～6キーを押すと「シュート◯」ブロックが実行され、「定義」ブロックが実行されます。**

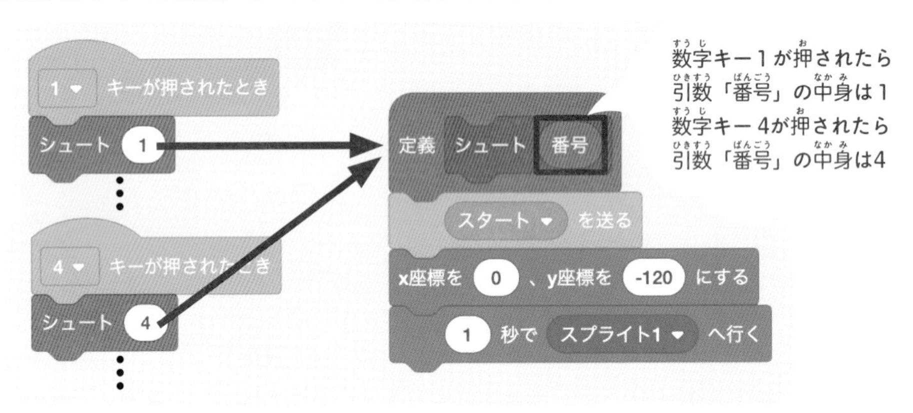

「シュート」ブロックの横の数字は「引数」と呼ばれ、**定義ブロックに何か数字や文字を送りたいときに使います。**

「シュート」ブロックの引数には、押したキーの数字を入れてあります。こうすると、定義ブロックのプログラムを実行するときに、どのキーが押されたのかがわかるようになります。
引数が**1**であれば「スプライト**1**」（ゴールの左上）へ、引数が**4**であれば「スプライト**4**」（ゴール左下）へボールが飛ぶようにプログラムできます。

今はどのキーを押してもスプライト１（ゴールの左上）へボールが飛んでいってしまうので、赤枠の部分を変更しましょう。

押した数字キーとスプライトの番号が同じなので、文字をつなげるブロックを使います。押した数字キーは引数「番号」に入っているのでこれを使います。

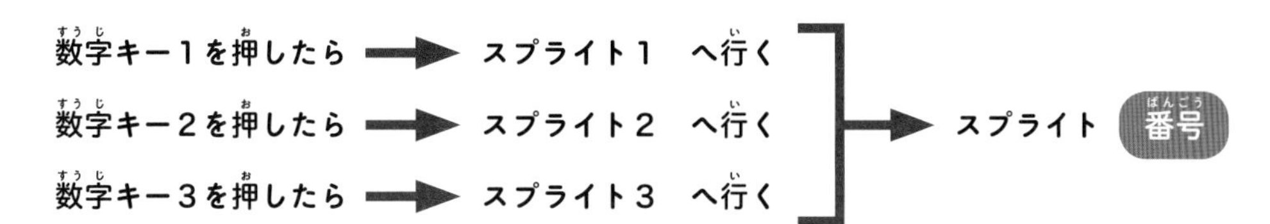

「●演算」カテゴリーの「◯と◯」ブロックを使います。左側の◯には「スプライト」と入力し、定義ブロックの一番下（今は「スプライト１」になっているところ）に入れましょう。
最後に引数「番号」を上の定義ブロックのところからドラッグして持っていきます。これで完成です。

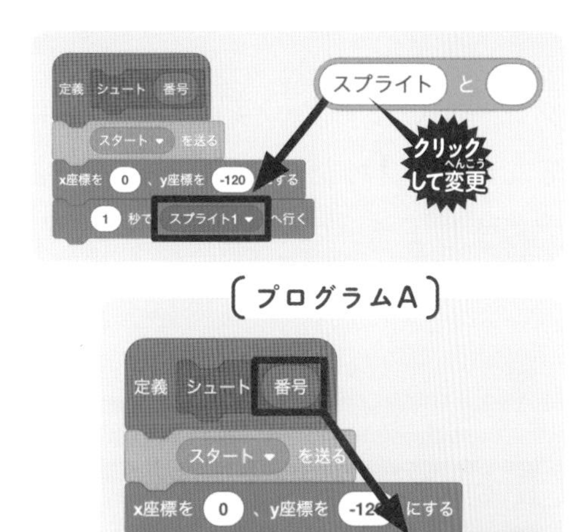

プログラムBを作ろう：キッカー

プログラムAの中で、キーボードを押すとボールのスプライトからメッセージが送られてくるようにしているので、メッセージが送られてきたらコスチュームを変えるようにします。

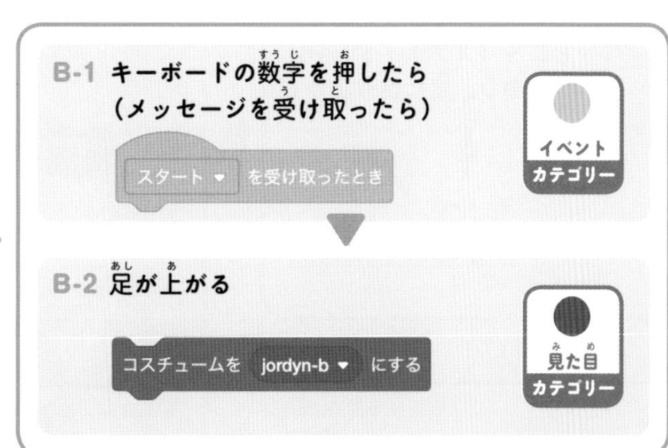

PROJECT 14

メッセージは、「●イベント」カテゴリーの「[　　　] を受け取ったとき」を使います。
これで数字キーが押されて、ボールスプライトから他のスプライトへメッセージ「スタート」が送られたときに、プログラム実行することができます。

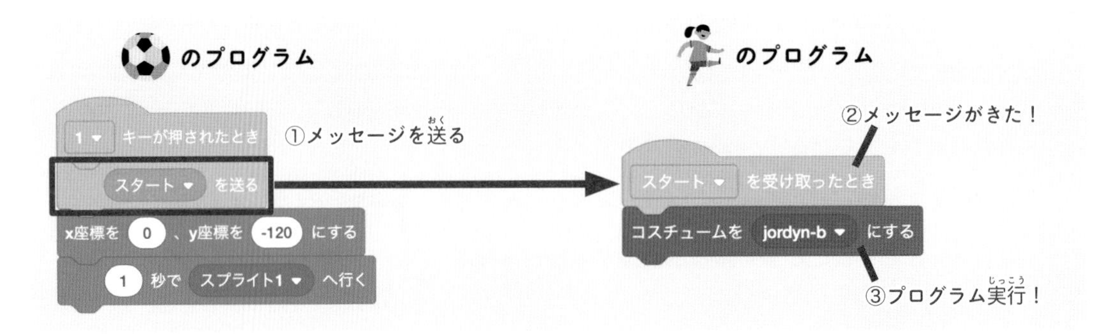

シュートしたあとにずっと足を上げ続けているのも変なので、1秒後にコスチュームを変えるようにしてみましょう。

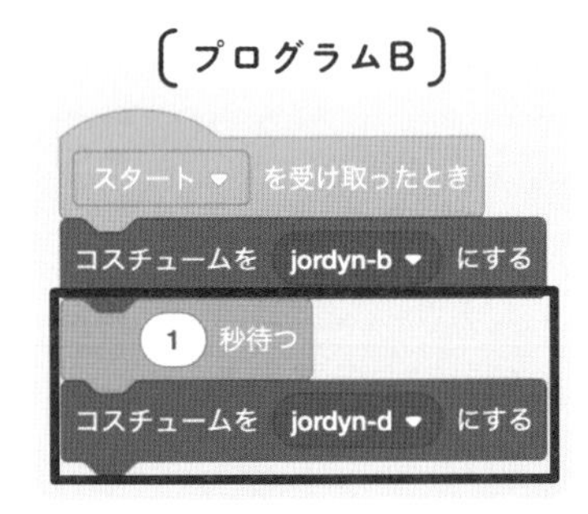

プログラムCを作ろう：キーパー

プログラムBと同じで、メッセージを受け取るブロックを使います。
見た目を変えてから移動したほうが自然なので、見た目を変えるブロックを先に入れます。

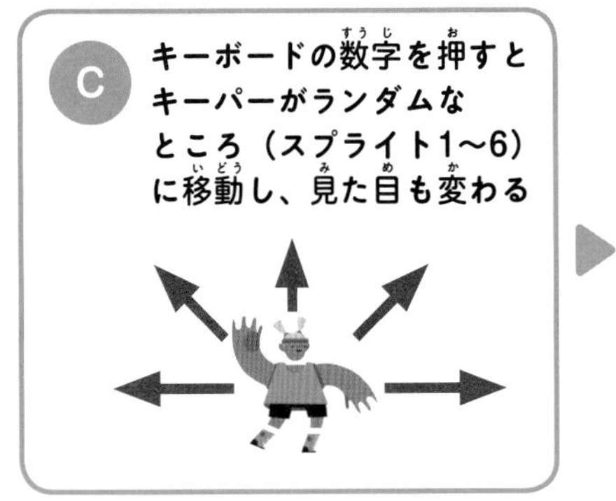

キーパーは、スプライト1（ゴール左上）からスプライト6（ゴール右下）の場所までランダムに移動するので、「●演算」カテゴリーの「◯と◯」ブロックを使います。左に「スプライト」という文字、右に「●演算」カテゴリーの「◯から◯までの乱数」ブロックを入れることで、「スプライト1」から「スプライト6」という文字がランダムにできあがります。

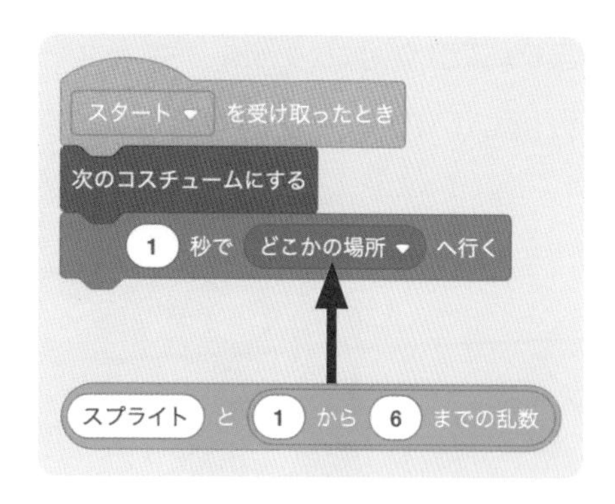

キーパーは最初は中央にいたほうがいいので、x座標、y座標を指定するブロックも最初に入れておきます。これでプログラムⒸの完成です。

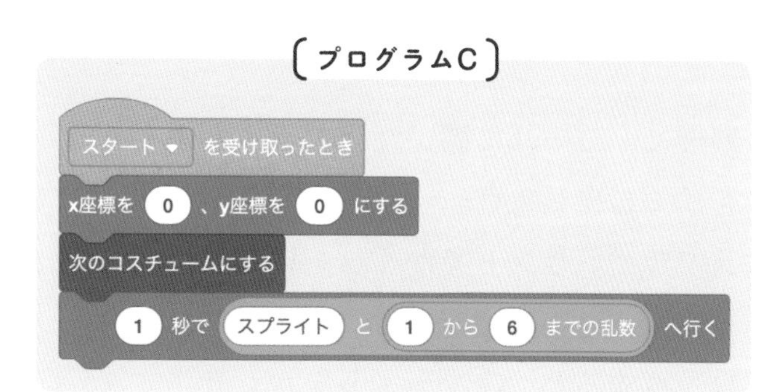

プログラムDを作ろう：キーパー

「もしボールに触れたら」というプログラムなので「条件わけ」を使います。

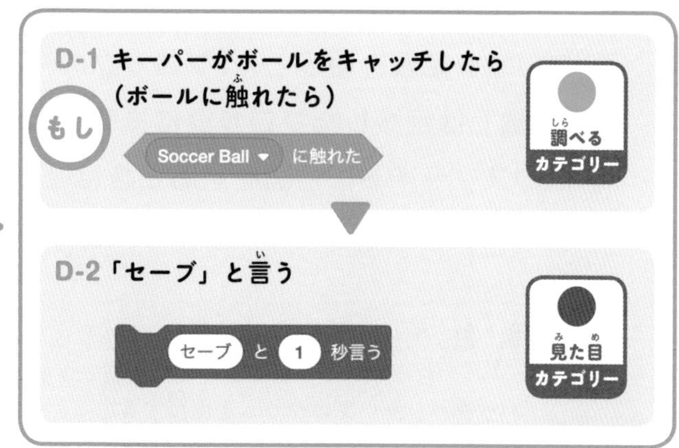

「条件わけ」ブロックを使って右の図のように組み合わせます。セーブと言うのは2秒だと長いので1秒にしておきます。

これでプログラムⒹの完成です。

このプログラムDは、キーパーが移動したあとにボールに触れているか確認すればいいので、プログラムCの下に追加します。

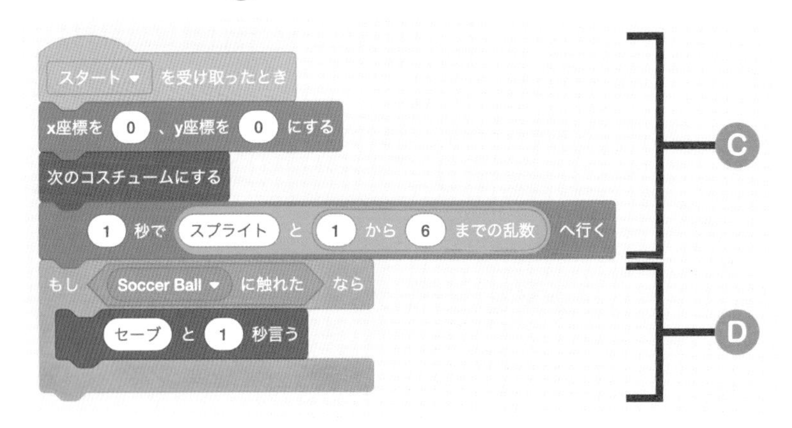

最後に、ゴールに置いたスプライト1～6をかくしましょう。
スプライトリストでかくしたいスプライトをクリックしてから、非表示ボタンをクリックすると、スプライトをかくせます。

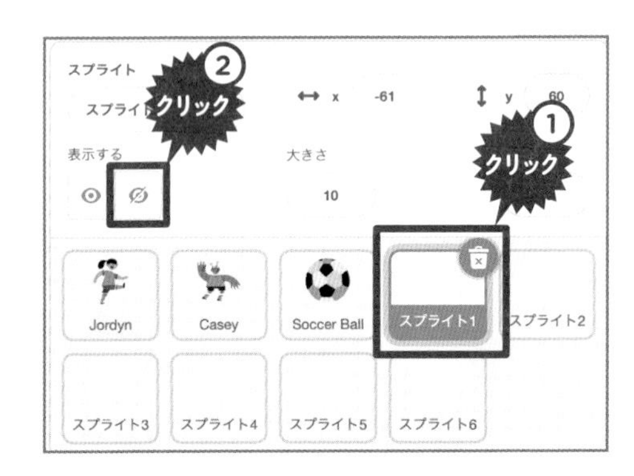

まとめ

- **ブロック定義を使うと、「ブロックの組み合わせ」を登録できる**
- **「引数」は定義したブロックに情報を送るときに使う**
- **他のスプライトに合図を送るときは「メッセージ」を使う**

複　製：同じスプライト（プロジェクト）内でもう1つ同じプログラムブロックを作る機能（別のプロジェクトには複製できない）

バックパック：プログラムを保存する場所。バックパックに保存したプログラムは、別のプロジェクトやスプライトにコピーできる

ブロック定義：よく使うブロック（群）を登録して、他のプログラムから呼び出すことができる機能

複製を使うと、元のプログラムに修正があった場合、複製したものすべてを修正しないといけません。

ブロック定義なら、あとで修正があってもそこだけ修正すればいいですし、100個同じブロックが必要なとき、ブロック定義のほうは作るのは1つでいいのでかんたんです。

チャレンジ問題

01 スプライト7、8、9を追加して、ボールが飛ぶ先を増やそう

02 7、8、9キーを押したらボールがその場所に飛ぶようにして、キーパーも7、8、9に動けるようにしよう

03 キーパーが回転しながら動くようにしよう

04 スコアをつけよう（ゴールが入ったら1点追加、セーブされたら追加されない）

05 シュートが入ったら、キッカーが「やった！」と言うようにしよう

06 2人プレイ用に変数「スコア」をもう1つ追加して、5回ずつシュートを打って点数を競い合えるようにしよう（ヒント どちらの順番かがわかるように変数「順番」を使う）

07 交互にキッカーのコスチュームが変わるようにしよう

08 交互にキーパーのコスチュームが変わるようにしよう

09 スペースキーを押したらランダムな位置にシュートするようにしよう

10 ランダムボタンを作って、押したらランダムな位置にシュートするようにしよう

解答・解説はウェブサイトで
https://kanki-pub.co.jp/pages/programmingissatsu/

レベル ☆☆☆　目標時間 40分

PROJECT 15 スペースシューティングゲーム

見本URL https://scratch.mit.edu/projects/383317632/

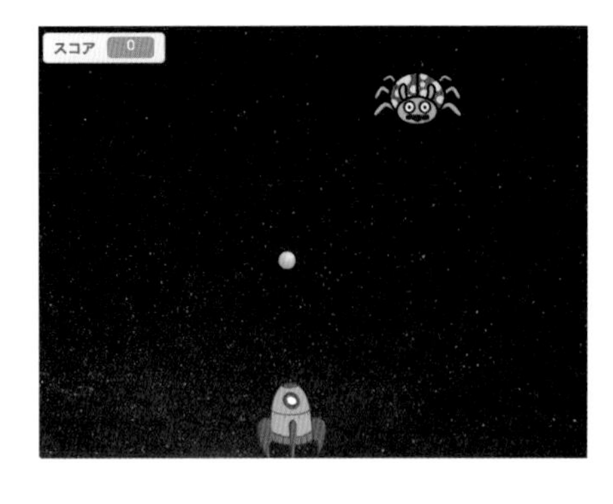

左右の矢印キーでロケットが動きます。スペースキーを押すと弾が発射されます。上からおそってくる宇宙モンスターをたおしてください！　宇宙モンスターに当たるとゲームオーバー。ハイスコアをめざそう！

point スコア表示や当たり判定（スプライト同士が触れたかを判定）、クローン（弾やモンスター）など、今までやってきたことをたくさん組み合わせてゲームを作っていきます。

STEP 1 ▶ 準備しよう

使う素材は次の通り。背景や、ロケットやモンスターは他のものにしても大丈夫です。スプライトの大きさも変更しましょう。

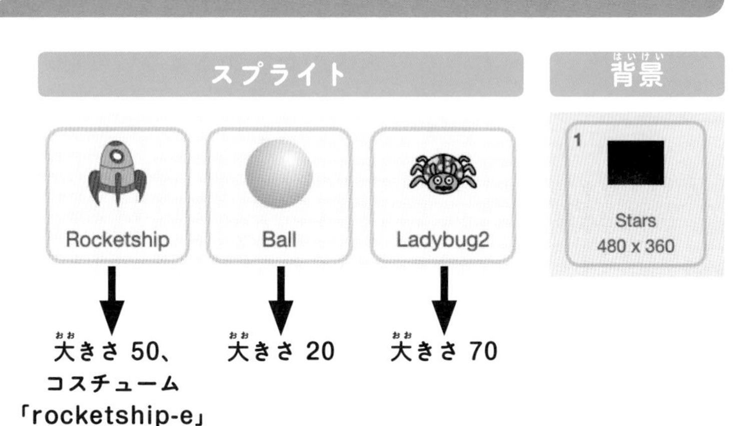

ゲームオーバー画面を作ろう

このゲームでは、宇宙モンスターにロケットが当たったときにゲームオーバーの画面が表示されます。これは、ゲームオーバー用の「背景」を作成しておいて、ロケットと宇宙モンスターがぶつかったら表示するようにプログラムしています。ゲームオーバーの背景を作りましょう。ステージリストでステージを選んでから、「背景」タブをクリックしてください。

背景「Stars」を右クリックして複製し、「Stars2」に文字を書いていきます。文字はベクターモードで編集したほうがやりやすいので、ベクターモードに変換してください。

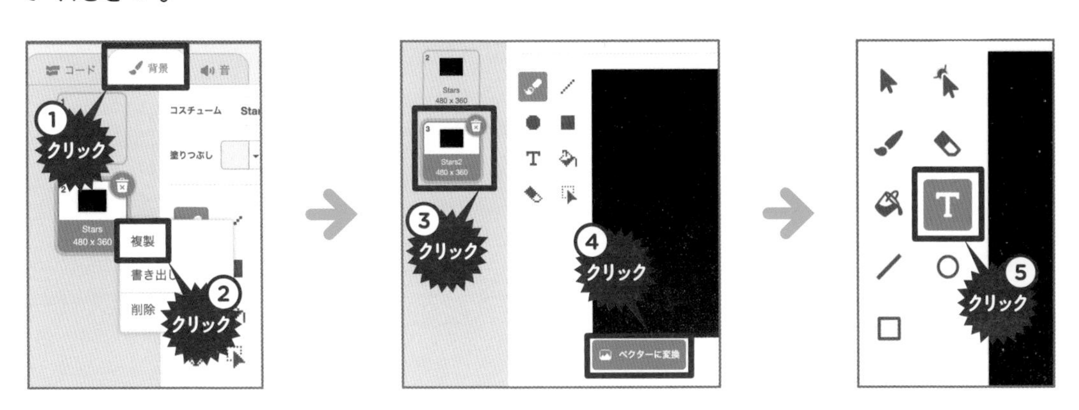

あとはテキストツールで文字を入力して、文字サイズや位置を矢印ツールで調整しましょう。これでゲームオーバー画面の完成です。背景「Stars」をクリックして表示を元にもどしておきましょう。

STEP 2 ▶ アルゴリズムを考えてプログラムしよう

今回もスプライトが多いので、スプライトごとに必要なプログラムを考えましょう。

プログラムAを作ろう：ロケット

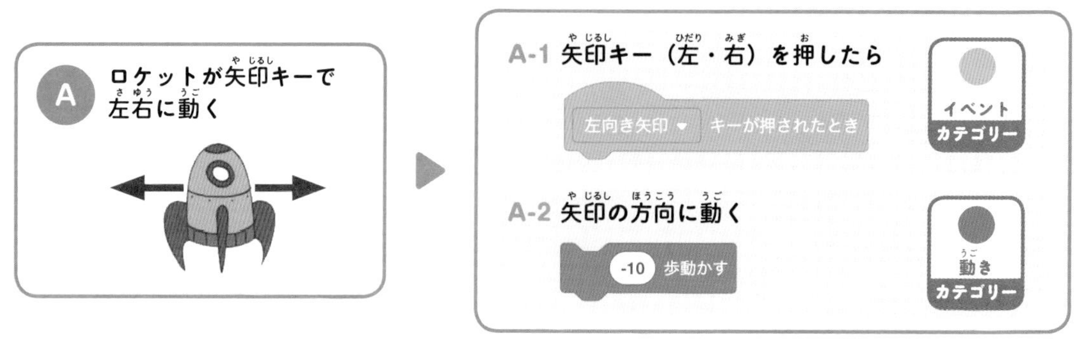

左矢印、右矢印キーのプログラムを作ります。左に行くときは、マイナス（ー）記号がつきます。

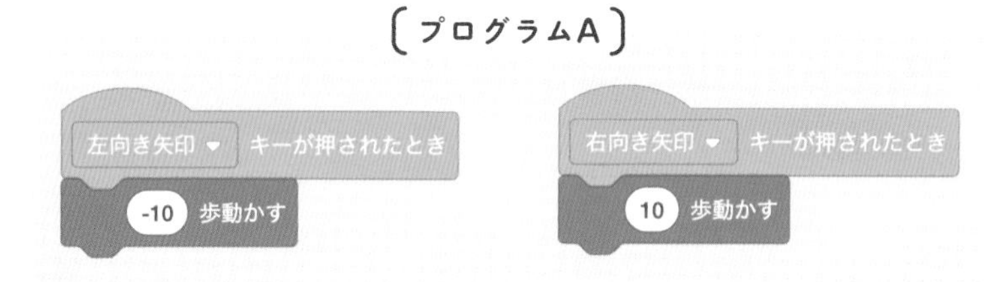

矢印キーを押し続けたときのロケットの動きをもう少しなめらかにしてみましょう。

「ずっと」ブロックの中に「もし矢印キーが押されたら動く」というプログラムを作ります。プログラムは、やり方によって動きがちがってくるので、いろいろためしてみましょう。

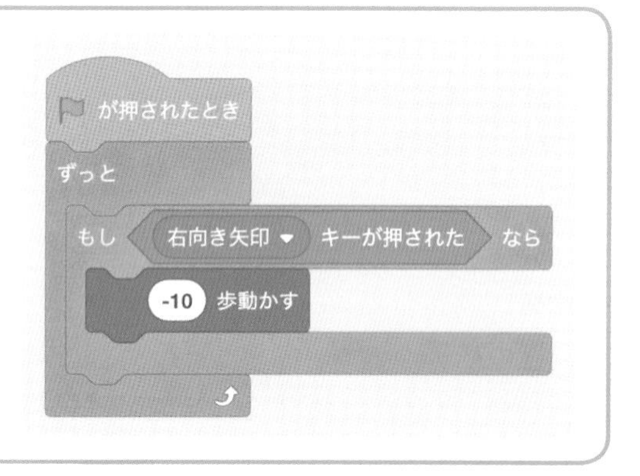

プログラムBを作ろう：ロケットと弾

プログラムBは「ロケット」と「弾」、それぞれにプログラムしていきます。ロケットから弾が発射される流れは次の通りです。

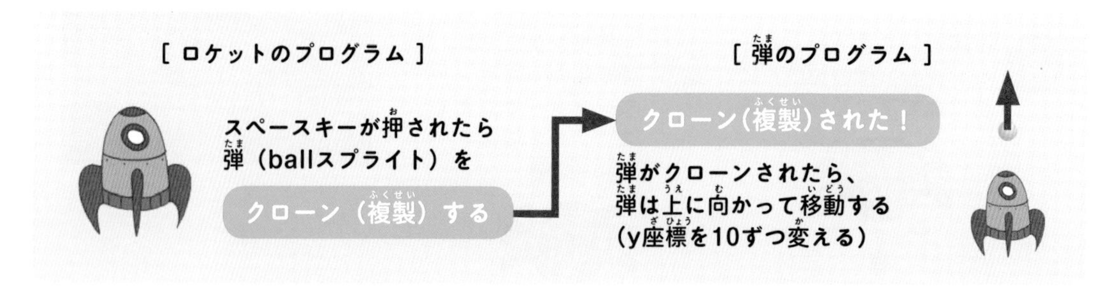

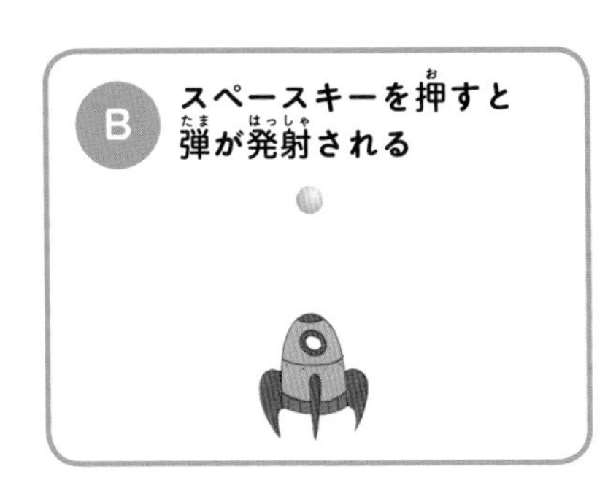

スペースキーが押されたら弾を作るには、「クローン」ブロックを使います。**B-1**、**B-2**をそのまま並べれば完成です。

弾を出す間隔を少し空けたい場合は「◯秒待つ」ブロックを使ってみましょう。

次は弾のプログラムです。クローンされたら上に動くようにプログラムしていきます。

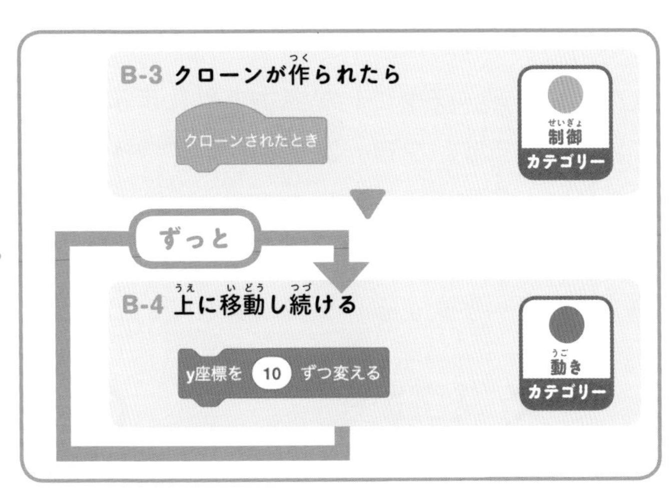

「●制御」カテゴリーの「クローンされたとき」ブロックを使うと、弾スプライトがクローンされたときにプログラムを実行できます。上に移動するには、y座標をずーっと変え続けます。

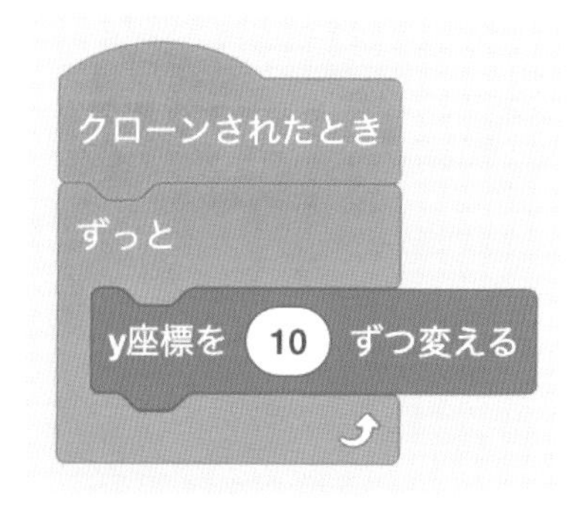

さて、クローンされた弾は、今はどこから出ているでしょうか？　スペースキーを押してみると、元の弾のスプライトがあるところから発射されていることがわかります。弾はロケットから発射されないといけないので、もうひと工夫必要です。
弾がクローンされたら瞬間的にロケットのところに移動して、そこから弾が出るようにしましょう。

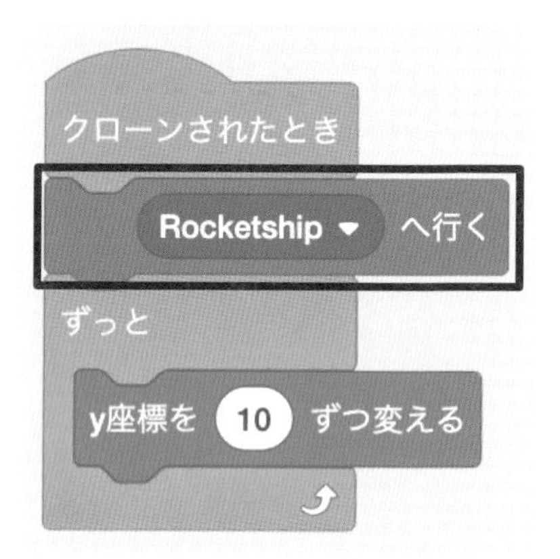

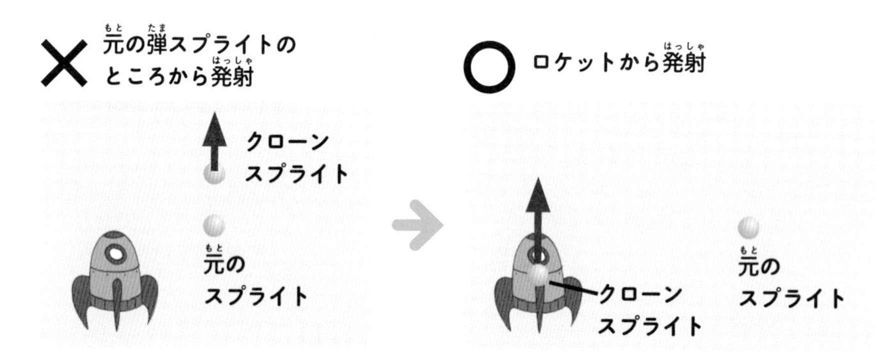

また、元の弾スプライトが表示されたままなので、旗マークが押されたときに消すようにします。クローンされたスプライトも見えなくなるので、クローンされたときは表示するようにします。
ロケットの上から弾が出てしまうこともあるので、弾は「●見た目」カテゴリーの「最背面へ移動する」ブロックを使い、ロケットにかくれるようにします。

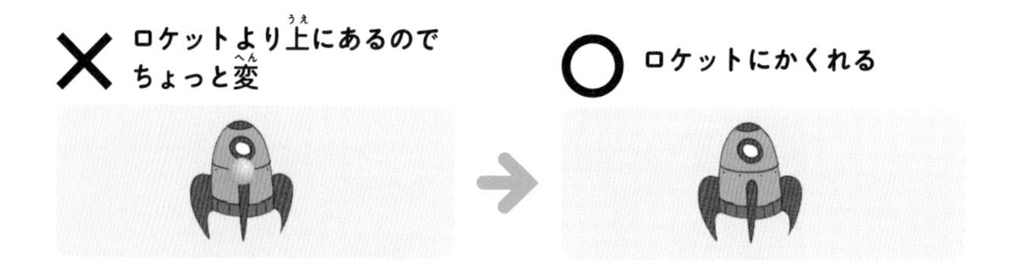

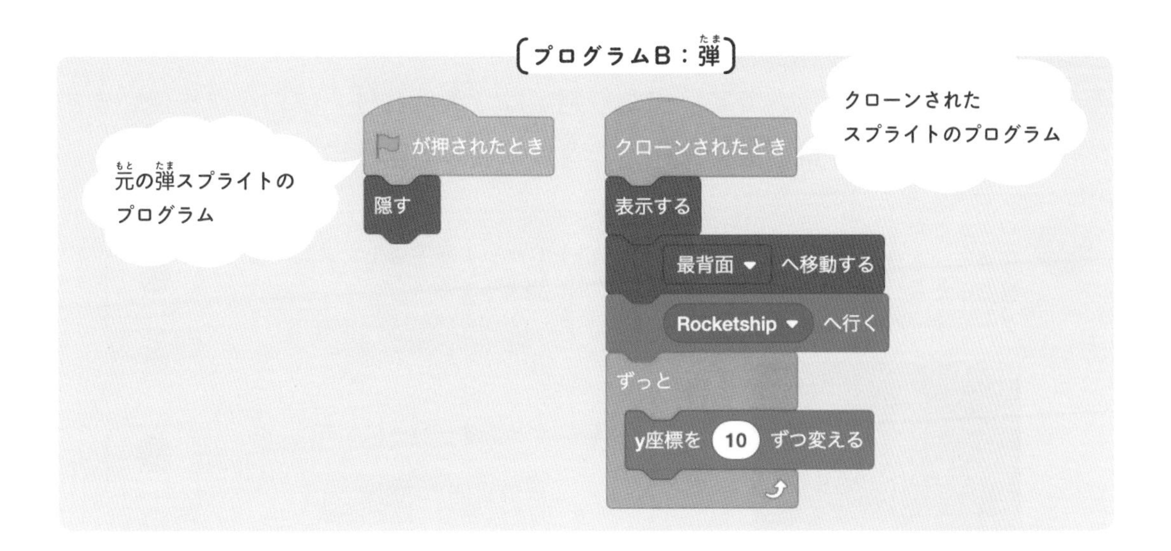

あれ？
スペースキーをクリックしたら
弾が出て上に向かって
飛んでいくけど、
よく見ると弾が上にくっついて
変なことになってるよ？

スクラッチでは、スプライトが端に行ったらそこで止まるようになっているので、「端に行ったらスプライトを削除する」ようにプログラムを追加する必要があります。

弾が端に行っているかどうかはずーっとチェックしておかないといけないので、「ずっと」ブロックの中にプログラムを追加します。

「もし弾が端に触れたら削除する」というプログラムにするので、「条件」ブロックを使います。条件は「●調べる」カテゴリーの「◯に触れた」ブロックが使えます。
これで弾スプライトのプログラムⒷは完成です。

プログラムCを作ろう：ロケット

再びロケットのプログラムです。当たり判定は「条件わけ」ブロックを使います。ゲームオーバーのときは、最初に作った背景に変わるようにします。

さて、このロケットと宇宙モンスターが当たったかどうかは、ずーっとチェックしておかないといけないので、「ずっと」ブロックの中に入れる必要があります。旗マークをクリックしたらずっとチェックしておくようにしましょう。

今回は、ゲームオーバー画面を背景として作りましたが、他の方法もあります。たとえばゲームオーバーという文字だけのスプライトを作ってかくしておき、ゲームオーバーになった時点で表示するという方法です。

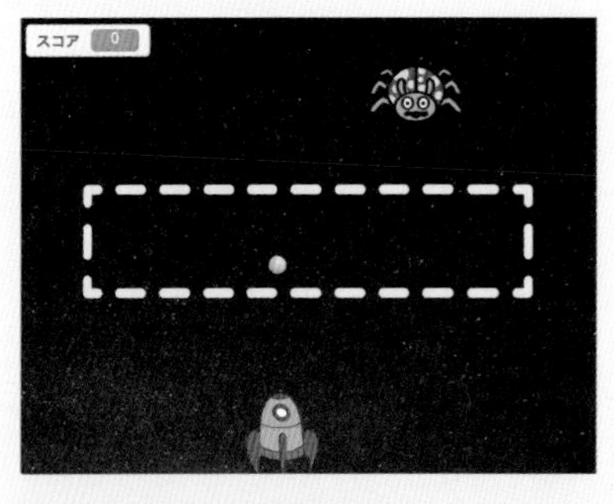

スプライトはあるけど
かくしてあるから見えない

ゲームオーバーになったら
表示する

プログラムDを作ろう：宇宙モンスター

さっきの弾と同じで、宇宙モンスターはたくさん出てくるので、「クローン」を使います。

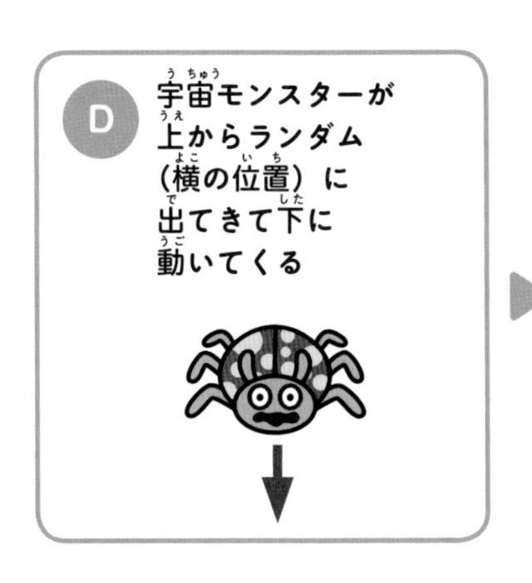

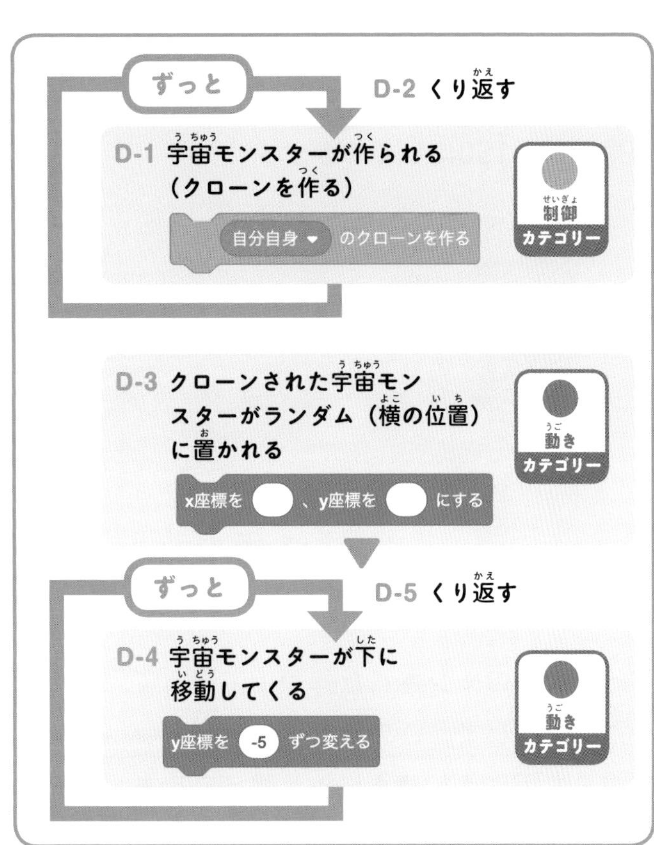

まずは**D-1**、**D-2**を作りましょう。
ゲームスタートと同時に宇宙モンスター（自分）のクローンをずっと作り続けるようにします。ただし、クローンをつぎつぎに作るとモンスターが多すぎてむずかしすぎるので、少し時間をあけてクローンを作るために、「●制御」カテゴリーの「1秒待つ」を使います。
元の宇宙モンスタースプライトはかくすようにしておきましょう。

〔プログラム D-1、D-2〕

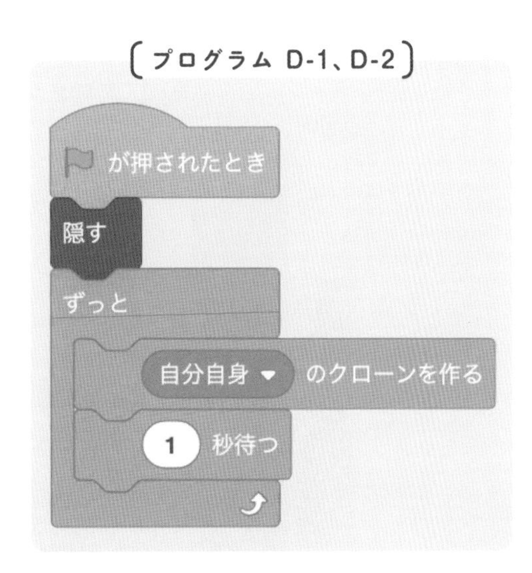

PROJECT 15

次は宇宙モンスターが作られた（クローンされた）ときのプログラム、**D-3**、**D-4**、**D-5**を作ります。
最初は「クローンされたとき」ブロックから始まります。
宇宙モンスターが出てくる位置は、x座標とy座標を決めるブロックを使います。横位置（x座標）はランダムになるので、-200から200までの乱数。縦の位置（y座標）は、150にしておきます。

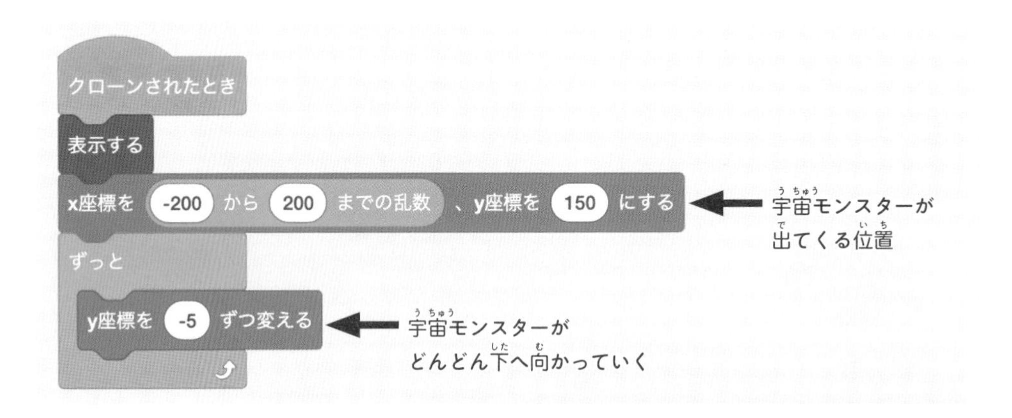

さっきのクローンされた弾が上に残っていたのと同じで、このままでは宇宙モンスターも下にうじゃうじゃと残ってしまいます。弾と同じように、端に触れたら消すようにしましょう。

【プログラムD-3、D-4、D-5】

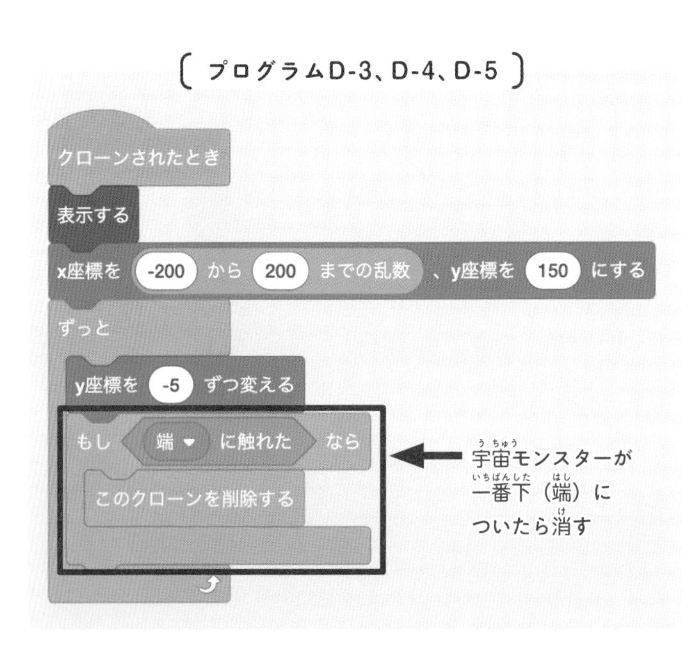

プログラムEを作ろう：宇宙モンスター

「もし当たったら……」なので「条件わけ」ブロックを使います。
当たったらスコアを増やすので、変数で「スコア」を作っておいてください。

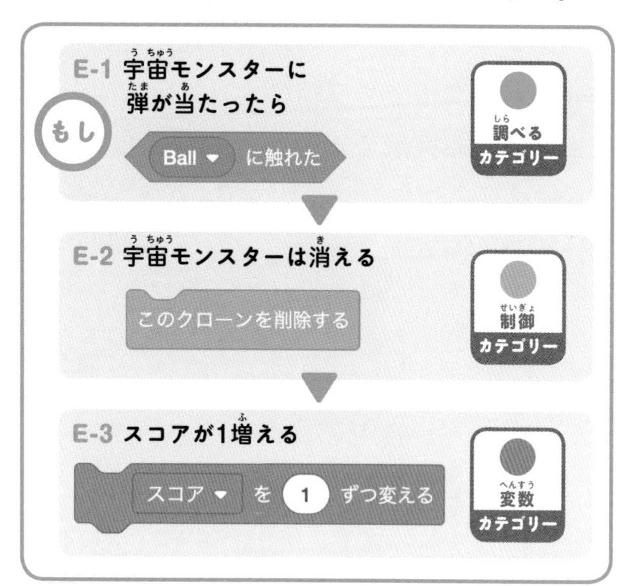

弾（Ball）スプライトに当たったら、変数ブロックでスコアを変えればいいだけです。この当たり判定はずーっとチェックしておく必要があるので、プログラムⒹの「ずっと」ブロックの中に入れておきます。

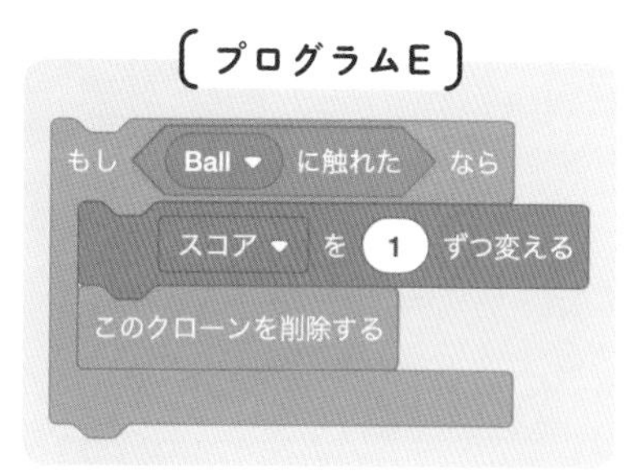

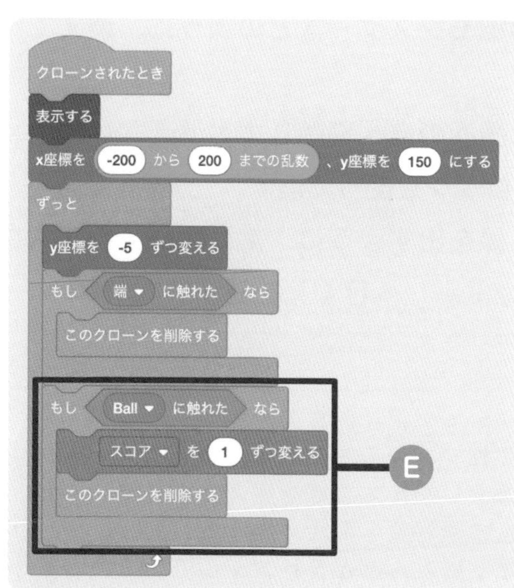

ゲームスタート時のプログラムを作ろう：ロケット

ほとんどのプログラムが完成しましたが、一度ゲームオーバーになってからまたスタートすると、スコアが0点にもどらないし、ゲームオーバー画面のままです。いつものようにゲームスタート時に元の状態にリセットするプログラムを作りましょう。ロケットのプログラムにリセットプログラムを追加します。
これでゲーム完成です！

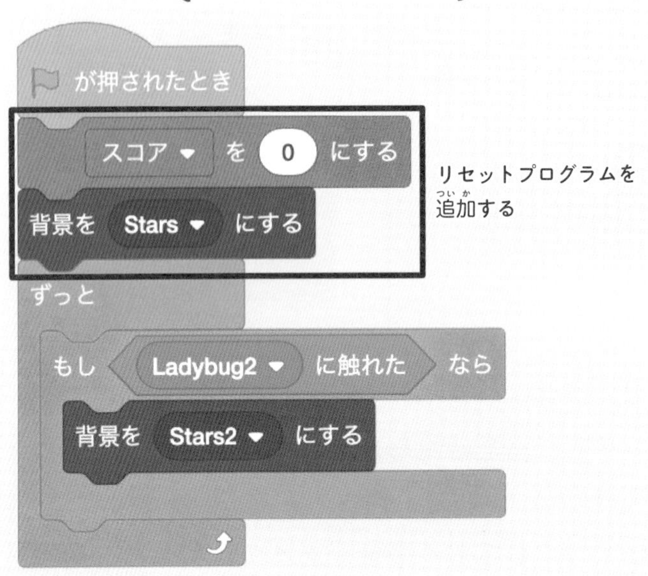

まとめ

- 今回の弾や宇宙モンスターなどのように、増えていくものはクローンを使う
- スプライトは画面の端へ移動しても消えないので、「端に触れたら」という条件ブロックを使って消す
- ロケットから弾を出すように、常に動いているスプライトから何かを出すときは、「◯へ行く」を使う

ついにシューティングゲームが完成じゃ！
もうこれで、キミもゲームプログラマー。
敵を増やしたり大きさを変えたりして、
ゲームの難易度を変えてみると、楽しいぞ。
自分なりにどんどんアレンジしていくのじゃ！

チャレンジ問題

01 弾が宇宙モンスターに当たったら、宇宙モンスターのコスチュームが変わってから0.2秒後に消えるようにしよう（爆発の絵にするなど、自分で描いてみよう）

02 ロケットが前と後ろにも動くようにしよう

03 変数「タイマー」を追加して、30秒たったらゲームオーバーになるようにしよう

04 スコアが5点になったらロケットのコスチュームを変えて、スペシャルミサイルが出せることがわかるようにしよう

05 「a」キーを押したらスペシャルミサイルが発射（表示されなくてもOK）されて、表示されているモンスターがすべて一瞬で消えるようにしよう

06 スペシャルミサイルが発射されたら、ロケットが元にもどる（スペシャルミサイルが発射できない）ようにしよう

07 ランダムな位置に移動する敵をもう1つ追加しよう

08 追加した敵は回転しながら移動するようにして、その敵に当たったらスコアが10点減点されるようにしよう

09 20秒たったらボスキャラ（例：スプライト名「Dinosaur3」）を出すようにしよう（ボスキャラはy座標120に置いて、左右にだけランダムに動くようにしよう）

10 ボスキャラに弾が当たったら、100点入るようにしよう

解答・解説はウェブサイトで
https://kanki-pub.co.jp/pages/programmingissatsu/

レベル ☆☆☆　目標時間 40分

PROJECT 16

RPG(ロールプレイングゲーム)を作ろう！

見本URL　https://scratch.mit.edu/projects/392661976/

まずは見本で遊んでみよう！

かんたんなロールプレイングゲームです。移動モードでは、↑↓←→キーでネコを動かします。歩いていると敵に会って、バトルモードとなり、敵と戦います。オートバトルなので操作は何も必要ありません。移動モードでは、左下の宿屋に行くと休むことができ、HPが回復します。

このプロジェクトではＲＰＧの基礎を作ります。基礎ができたら自分のアイデアやチャレンジ問題などで本格的なＲＰＧを作ってください！

point 画面の切りかえやドラゴンとの戦いのプログラムなど、今までやってきた「メッセージ」や「ブロック定義」などを使ってより高度なゲーム作りを学んでいきます。

STEP 1 ▶ 準備しよう

まずは画面の準備。画面がいくつかあり、また登場人物も多いので、今回は準備するスプライトや背景がたくさんあります。

スプライト

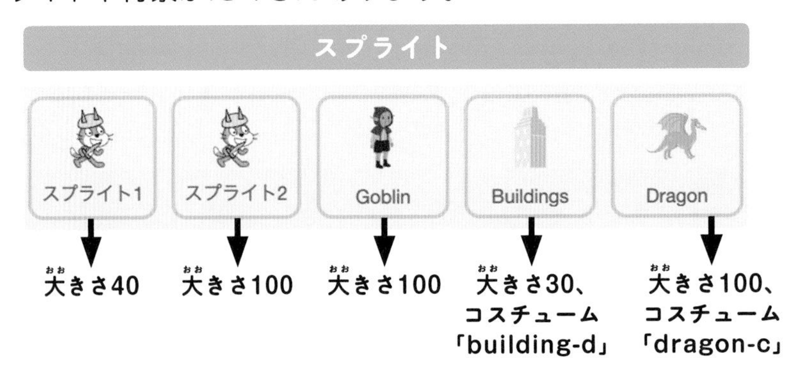

見本ではネコのコスチュームを少し変えています。スプライト2は、ネコを複製してサイズを変えたものです。**もしネコのコスチュームを変更する場合は、変更したあとに、スプライト2を作ってください。**

背景1は、ゲームの最初に表示される移動モードの画面です。背景を編集して、一面緑色にするなど、好きな色にしておいてください。

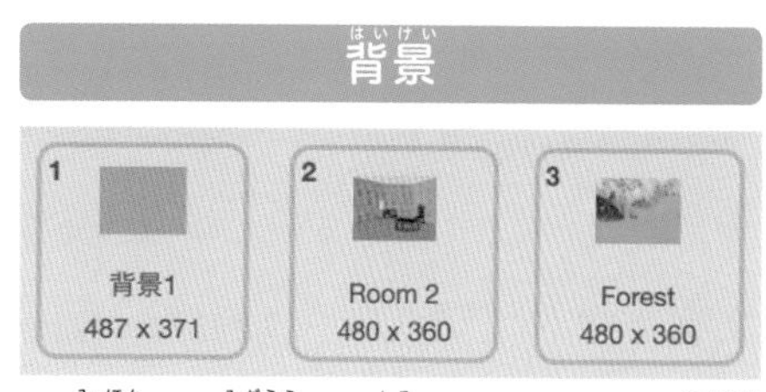

※見本では右上にお城がありますが、今回はかざりなので用意しなくてもOKです。

スプライトを配置しよう

スプライト1（ネコ）はステージ中央あたり、Buildings（宿屋）は左下あたりに配置します。

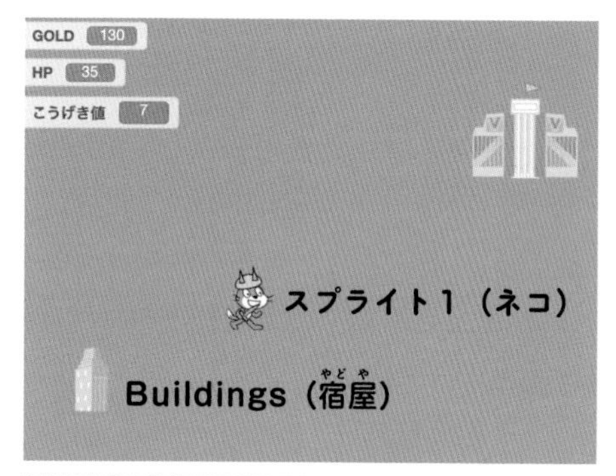

また見本を参考に、Goblinは左側、スプライト2は左下、Dragonは右上に配置しておきましょう。

Dragonは右向きなので、スプラトリストで向きを「−90」にしてください。ただこれだと上下が逆さまになるので、「●動き」カテゴリーにある「回転方法を左右のみにする」ブロックをクリック。これで見本通りに左向きになるはずです。

Goblin、スプライト2、Dragonは別のモードで表示するので、最初は非表示にしておきます。スプライトリストで各スプライトを選んでから、非表示ボタンをクリックしておきましょう。

PROJECT 16

STEP 2 ▶ このゲームの流れを考えよう

今回のゲームにはいろいろな機能があるので、何が必要かを分解して考えるのが大変です。こういうときは、**ゲーム全体の大きな流れを考えてから**、細かく分解していきます。

大きなものから小さなものへどんどん分解していくと、プログラミングしやすくなるんじゃ。

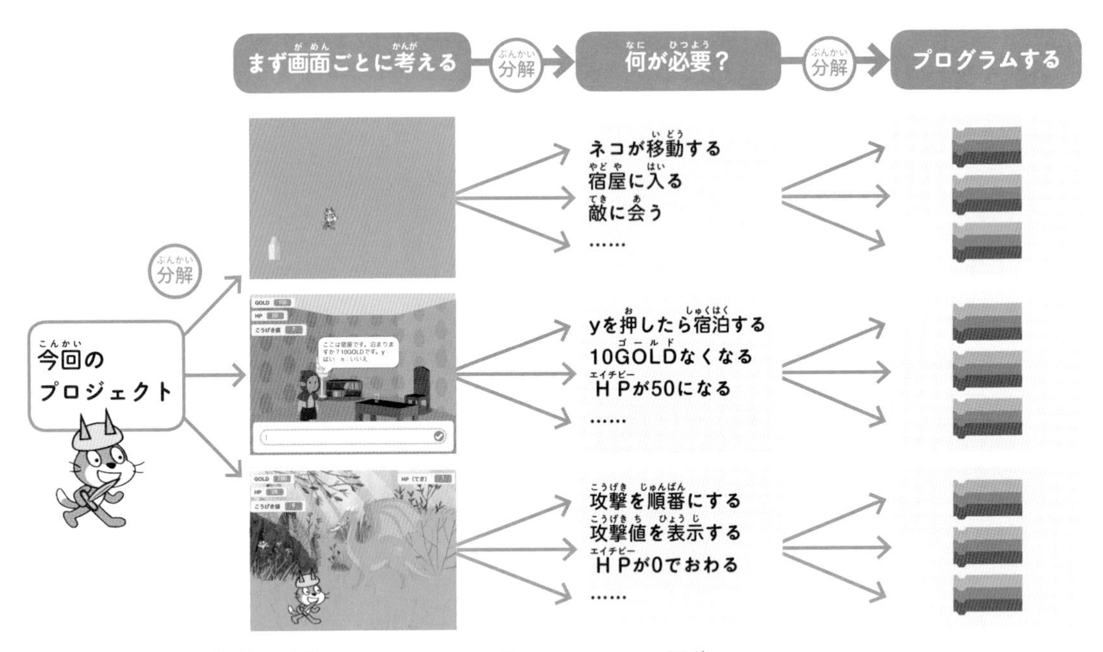

このゲームの画面の流れ（モードの切りかえ）を考えてみましょう。

このゲームには3つのモードがあり、条件によって画面が切りかわります。

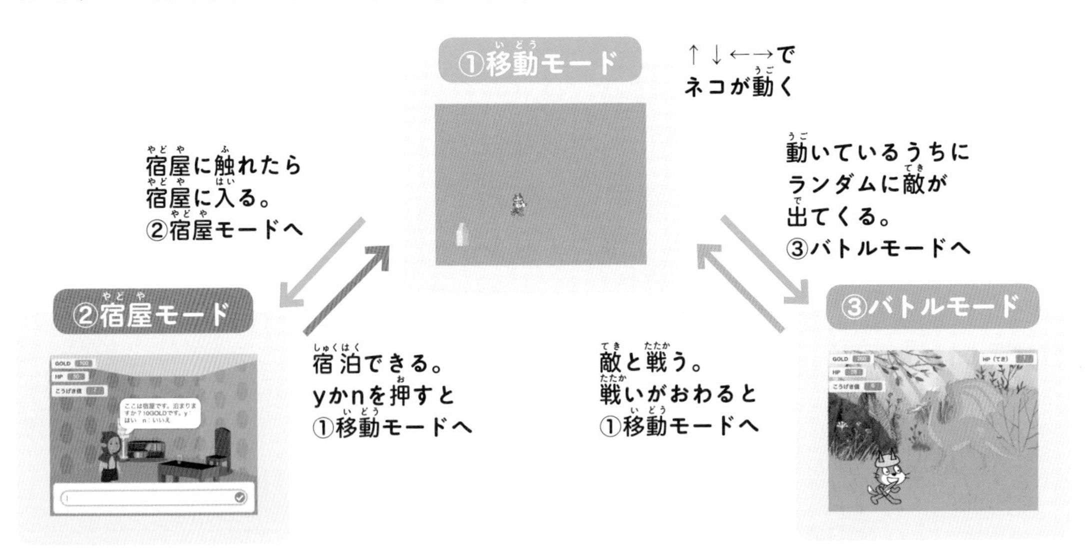

STEP 3 ▶ アルゴリズムを考えてプログラミングしよう

画面（モード）ごとにプログラミングしていきましょう。

1 移動モードのプログラム

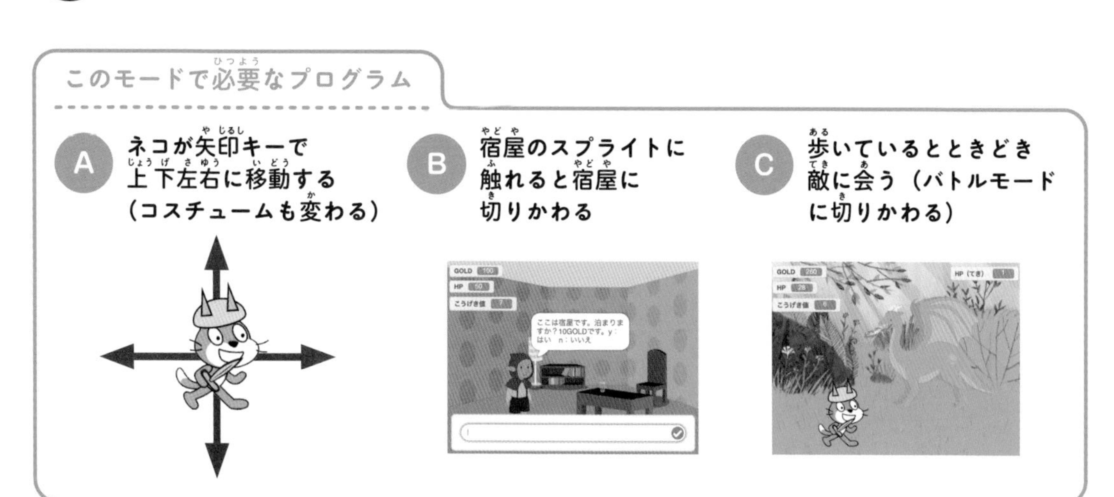

プログラムAを作ろう：ネコ（スプライト1）

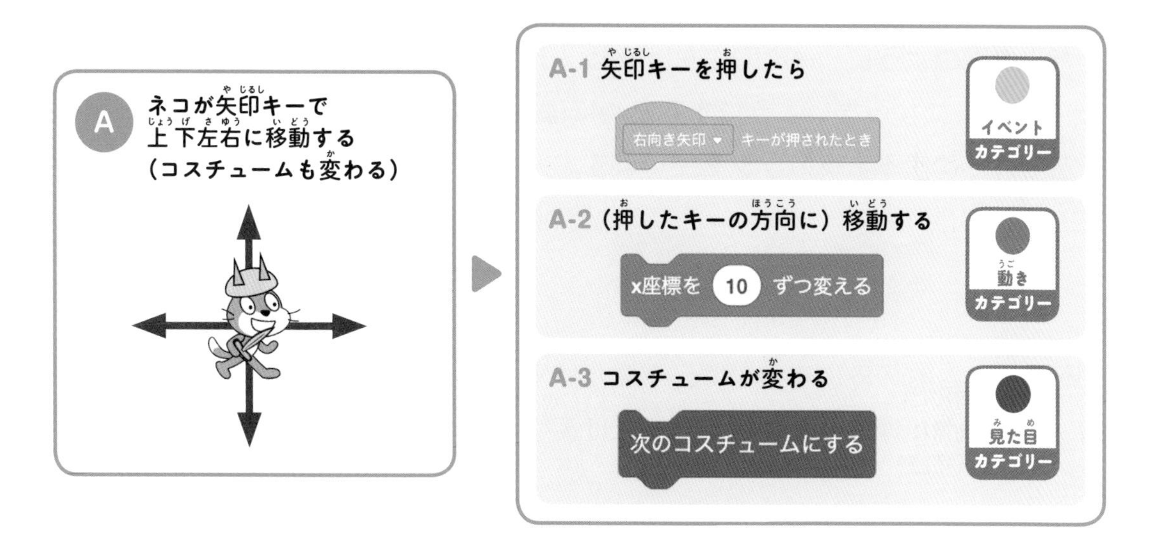

今までやった通り、ブロックを縦につなげるだけです。

「↑」キーのときはy座標を10ずつ、「↓」キーのときはy座標を−10ずつ、「→」キーのときはx座標を10ずつ、「←」キーのときはx座標を−10ずつ変えます。

歩いているように見せたいので、キーを押すたびにコスチュームを変えます。

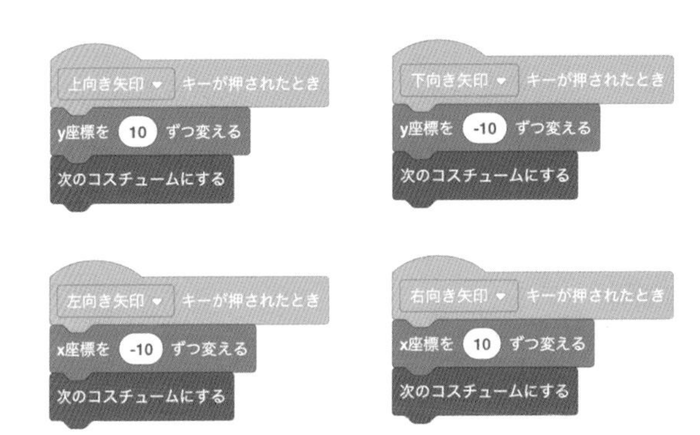

これでも動く(うご)ので十分(じゅうぶん)ですが、このままだと「←」キーを押(お)したときは、後ろ向(うしろむ)きにネコが動(うご)きます。左(ひだり)に移動(いどう)するときは、ネコが左(ひだり)を向(む)くようにしましょう。向(む)きを変(か)えるのは「◯度(ど)に向(む)ける」ブロックを使(つか)います。右向(みぎむ)きにする場合(ばあい)は角度(かくど)が90度(ど)、左向(ひだりむ)きにする場合(ばあい)は角度(かくど)が–90度(ど)です。

ただ上(うえ)の図(ず)のように、–90度(ど)に向(む)けると、上下(じょうげ)が逆(さか)さまになってしまいます。上下逆(じょうげさか)さまにならないようにするためには、「●動(うご)き」カテゴリーの「回転方法(かいてんほうほう)を左右(さゆう)のみにする」ブロックを使(つか)います。

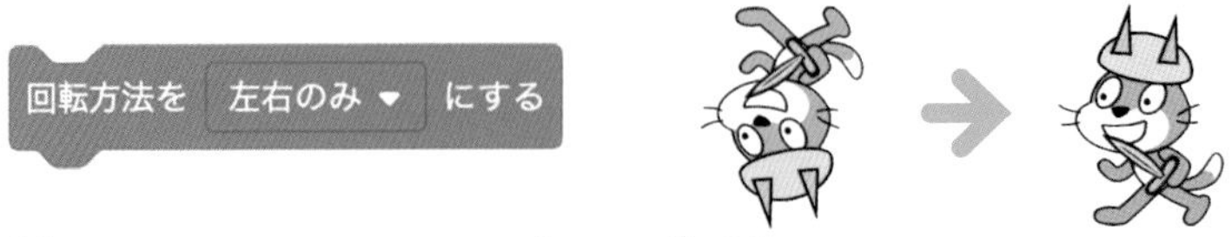

回転方法(かいてんほうほう)を左右(さゆう)のみにするのは、1度(ど)だけ実行(じっこう)すればいいので、ゲームスタート時(じ)、旗(はた)マークが押(お)されたときに1度(ど)だけ実行(じっこう)するようにしておきましょう。

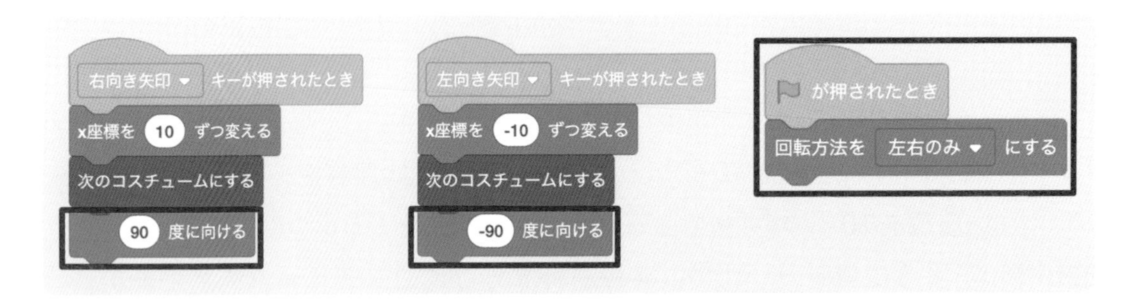

ブロック定義を使ってプログラムをまとめよう

プログラムⒷ、Ⓒを作る前に、これから作るプログラムについて考えましょう。先ほど、押される矢印キーによってプログラムを４種類作りましたが、これから作るプログラムを考えると、下のように共通する部分が多いことがわかります。

こういう場合は、**「ブロック定義」を使って共通する部分を１つにまとめます。**このほうがプログラムがすっきりしますし、共通する部分で何か修正があった場合も、４カ所ではなく１カ所だけ修正すればいいので便利です。

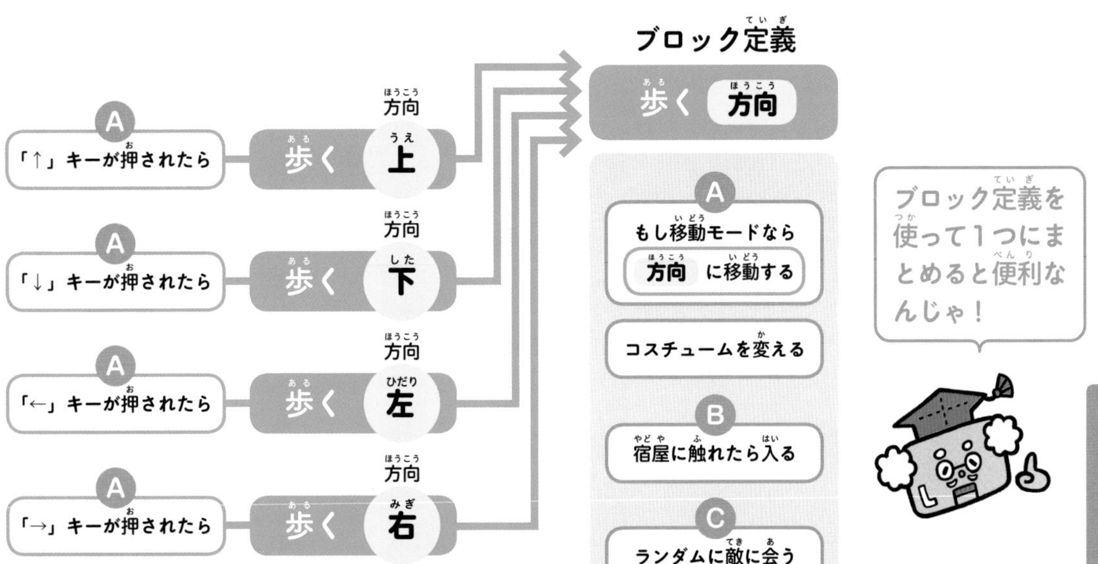

ブロック定義「歩く」でプログラムAを作ろう：ネコ（スプライト1）

ブロック定義をして、「歩く」ブロックを作ります。「●ブロック定義」カテゴリーの「ブロックを作る」をクリックしましょう。

ブロック名は「歩く」にします。
左下の「引数を追加」をクリックして引数を追加します。引数のところには「方向」と入力して「OK」をクリックしてください。

「歩く」ブロックを使ってプログラムをまとめると、下図のようになります。
引数「方向」に入っている上下左右の文字によって条件わけしてネコの動きを変えるので、「条件わけ」ブロックを使います。

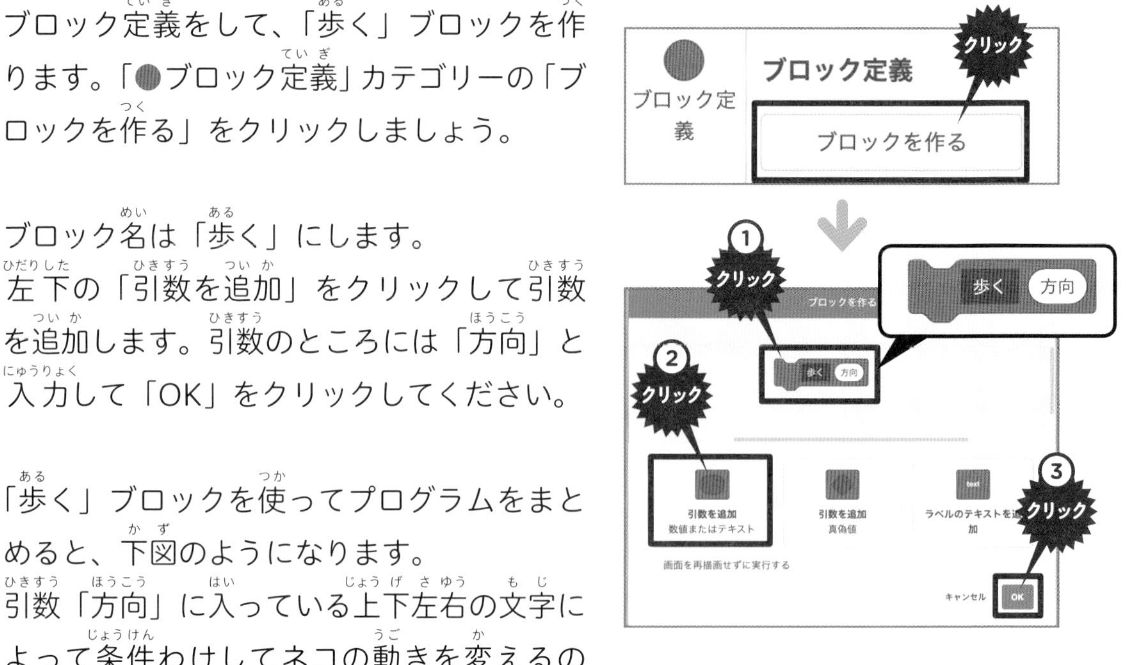

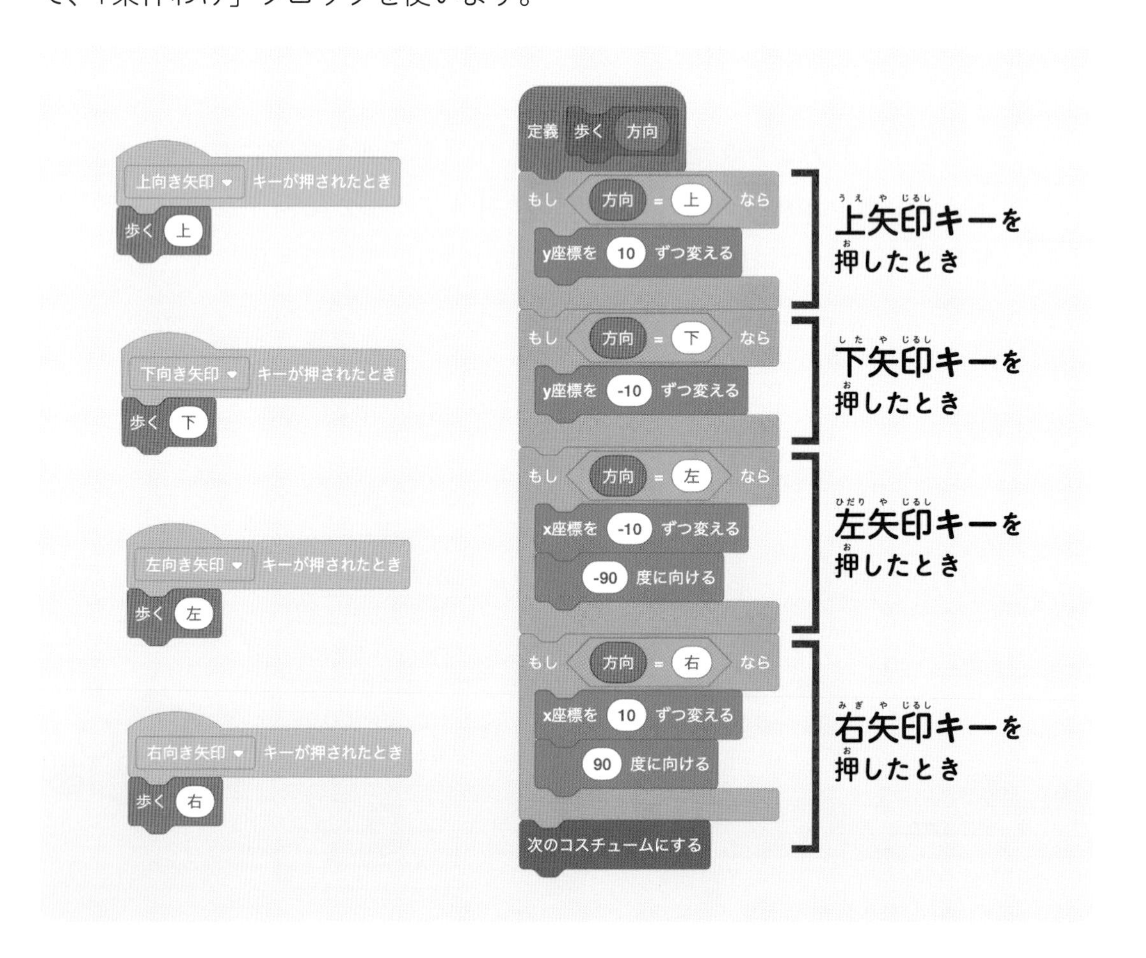

これでプログラムをまとめることができました。
ただ、もう１つこのプログラムには工夫が必要です。ネコが動くのは「移動モード」のときだけで、「バトルモード」や「宿屋モード」では、ネコは動いてはいけません。

そこで、「もし移動モードだったら」動くので、「もし〈　〉なら」の「条件わけ」ブロックを使います。

モードは背景を変えることによって切りかわるので、移動モードのとき、つまり背景が「最初の背景」のときにネコが移動するようにします。
背景の順番は、背景タブを見るとわかります。最初の背景なので番号は１です。

条件を「背景の番号＝1」にして、「もし〈　〉なら」ブロックの中に移動とコスチュームを変更するブロックを入れましょう。
これで「移動モード」のときだけネコが動くようになります。

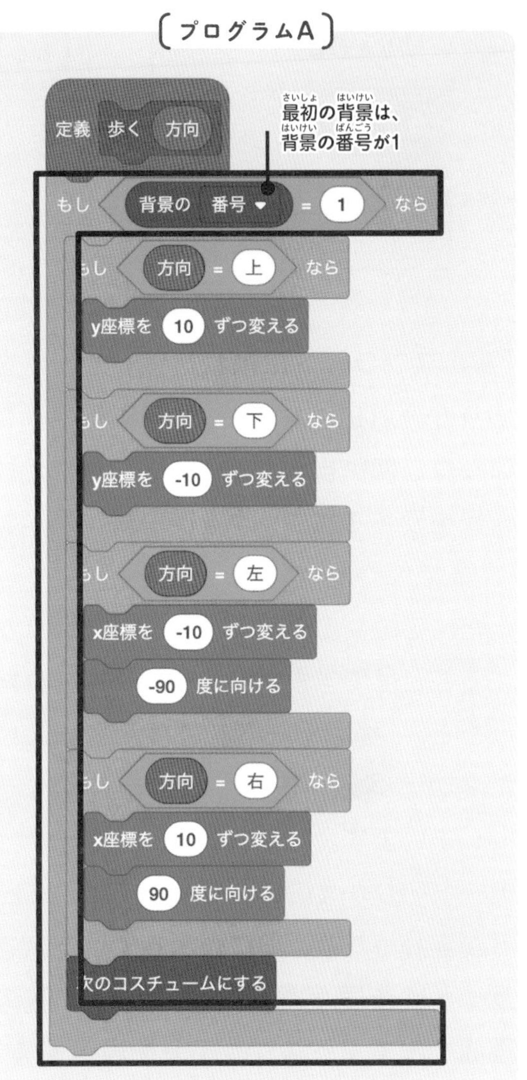

キーを押したときに移動モードかどうか判断してもいいが、これだと方向キーの数だけブロックを追加しないといけなくなる。だからまとめて「歩く」ブロックに入れるのがベストなんじゃ！

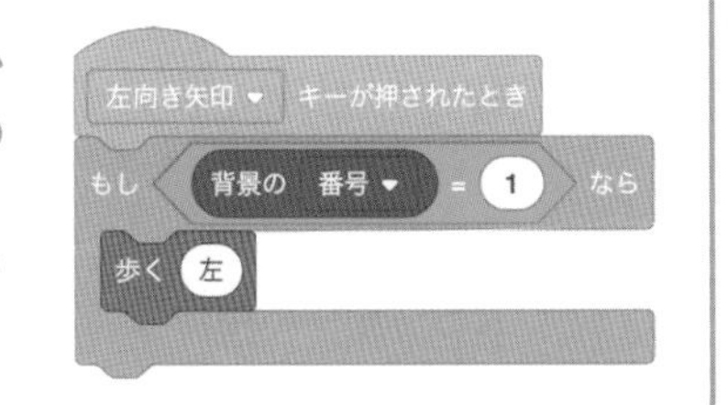

プログラムBを作ろう：ネコ（スプライト1）

次はプログラムⒷです。モードを切りかえるプログラムです。

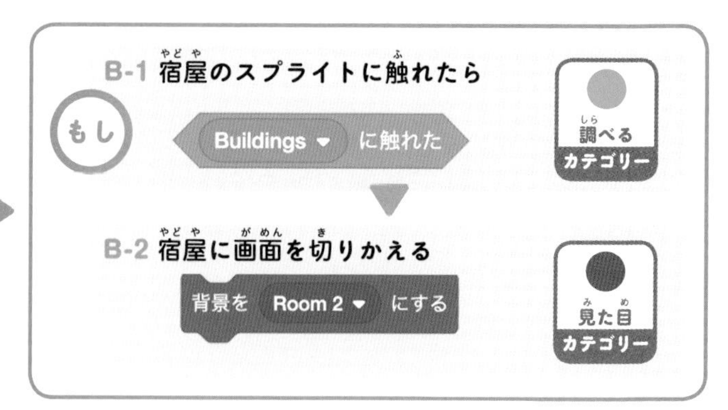

「もしスプライトに触れたら」モードを切りかえればいいので、「条件わけ」ブロックを使います。モードの切りかえは背景を変えるブロックを使います。

ただ、このプログラムでモードを切りかえることはできますが、このブロックだけだと、「移動モード」で表示されていたネコと宿屋が表示されたままになってしまいます。

モード切りかえのあるゲームでは、**モードが変わったら、前に表示していたスプライトは非表示（かくす）にして、次の画面で出てくるスプライトを表示する**、というプログラムにする必要があります。

非表示にする！

表示する！

モードが変わったときに、複数のスプライトに「表示して」「非表示にして」という命令をするには、PKゲーム（➡140ページ）やシューティングゲーム（➡152ページ）で使った**「メッセージ」**を使います。

このプロジェクトでは、モード切りかえをするときに、下のように「メッセージ」を使います。こうすることで、スプライトに今は何モードなのかが伝わります。

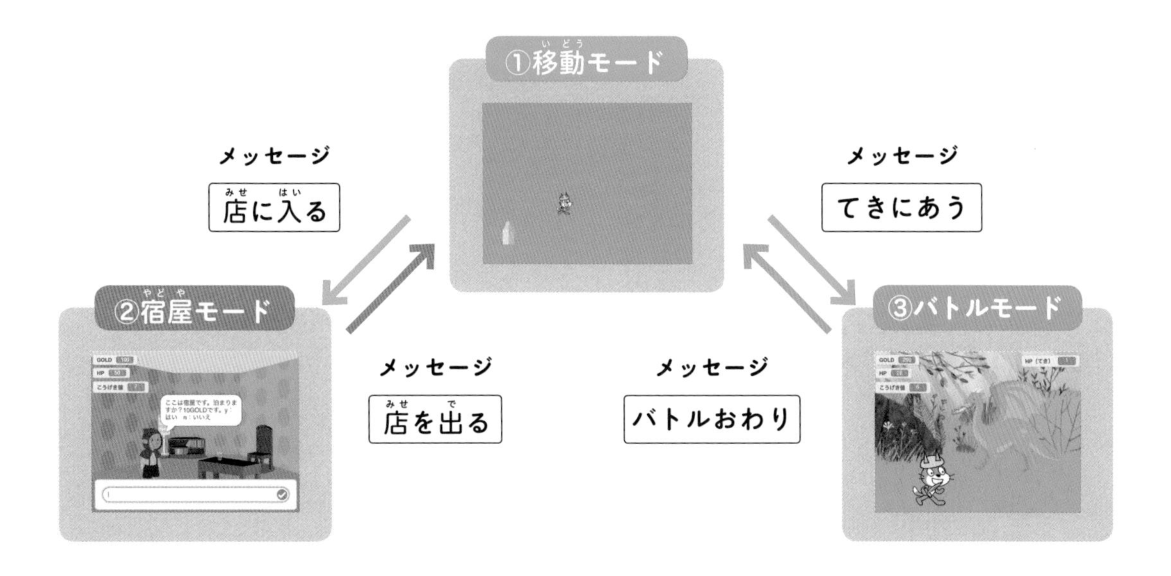

プログラムⒷでは、「店に入る」メッセージを作って、宿屋のスプライトに触れたときのプログラムに追加します（あとから使うので、上の図にある、「店を出る」「バトルおわり」「てきにあう」メッセージも同時に作っておくと楽です）。

移動モードで表示している「ネコ」も他のモードに変わったらかくす必要があるので、「隠す」ブロックも追加しておきます。

プログラムCを作ろう：ネコ（スプライト1）

C 歩いているとときどき敵に会う（バトルモードに切りかわる）

プログラムⒷと同じように、ある条件になったら画面を切りかえます。
今回は、スプライトに触れるのが条件ではなく、**歩いていたら突然バトルモードになるので、乱数を使ってランダムにモードを変える**ようにします。

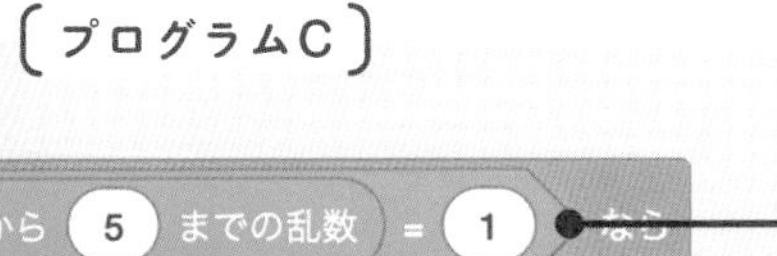

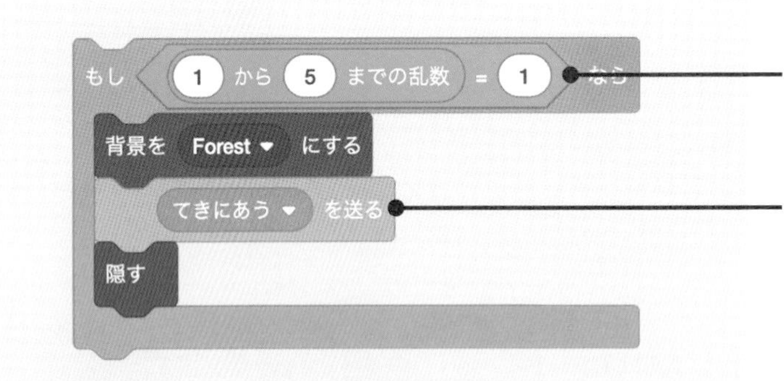

サイコロを振って1が出たときに敵に会うというイメージ。この場合は1/5の確率でバトルモードになる。

プログラムBと同じようにメッセージを送る。

乱数の範囲が大きいほど敵に会う確率が低くなるってことか。ゲームの難しさを決める数字になりそうだね！

プログラムを整理して仕上げよう

プログラムⒷもプログラムⒸも、ネコが歩いているときに実行されるプログラムなので、プログラムⒶの「歩く」ブロックに入れておきましょう。
また、旗マークがクリックされたときは背景を移動モードにして、ネコを表示するようにしておきます。店を出たとき、バトルがおわったとき（それぞれのメッセージを受け取ったとき）も、ネコを表示するようにします。

1 移動モードのプログラムのまとめ

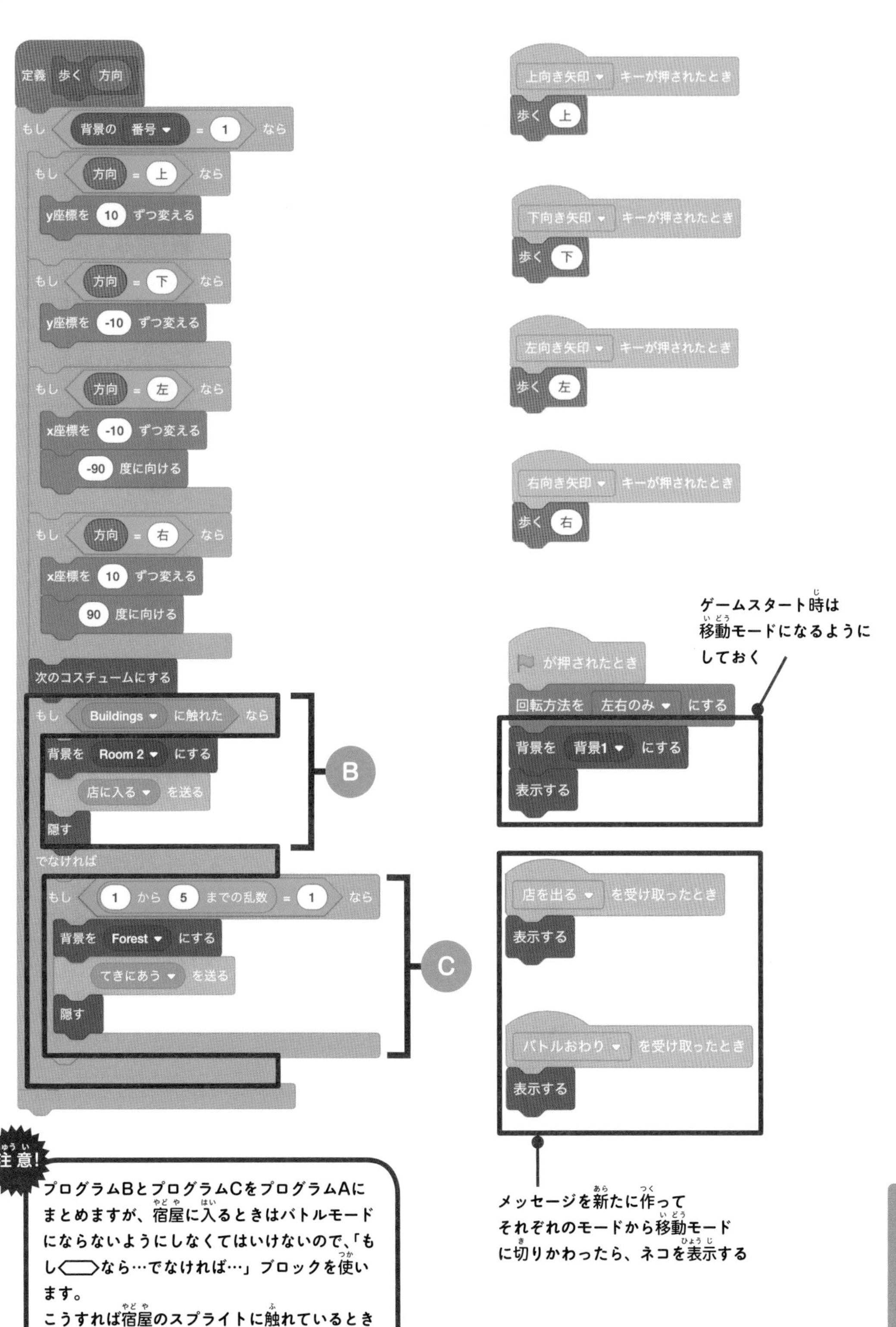

注意!

プログラムBとプログラムCをプログラムAにまとめますが、宿屋に入るときはバトルモードにならないようにしなくてはいけないので、「もし〈〉なら…でなければ…」ブロックを使います。
こうすれば宿屋のスプライトに触れているとき以外にバトルモードになるようになります。

2 宿屋モードのプログラム

次は宿屋モードのプログラムです。宿屋に入ると宿屋の主人がセリフを言います。「y」キーか「n」キーを入力することで、宿泊か外に出るかが条件わけされます。

プログラムDを作ろう：宿屋の主人（Goblin）

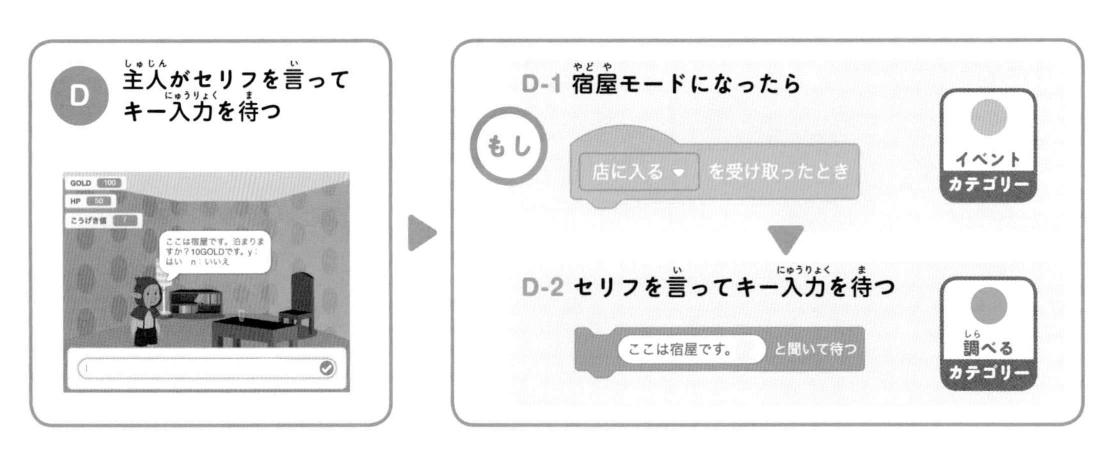

宿泊するかどうかを聞くので、「（　　　）と聞いて待つ」ブロックを使います。宿屋モードになったときは、主人を表示しなくてはいけないので、「表示する」ブロックも入れておきましょう。

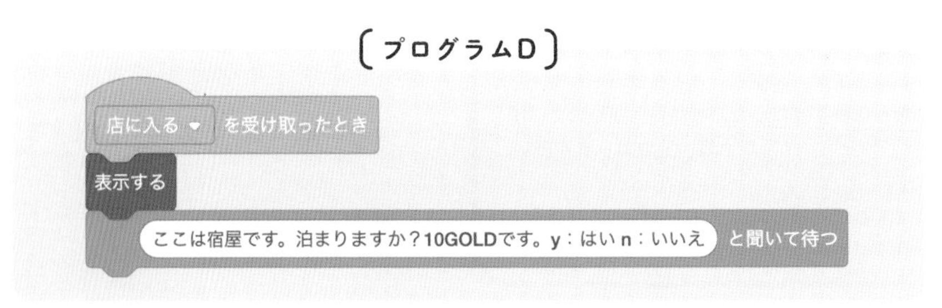

プログラムEを作ろう：宿屋の主人（Goblin）

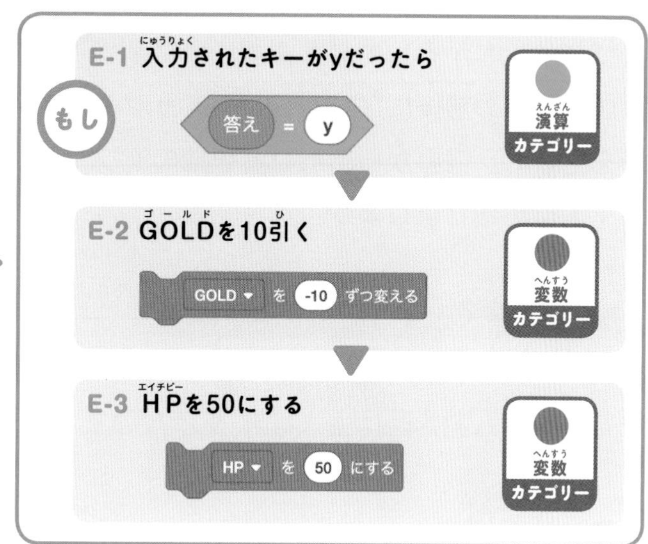

RPGに必要な「お金」と「体力」を変数にしておきます。変数「GOLD」と「HP」を作っておきましょう。
入力したキーは変数「答え」に入るので、これが「y」であれば変数の値を変えます。

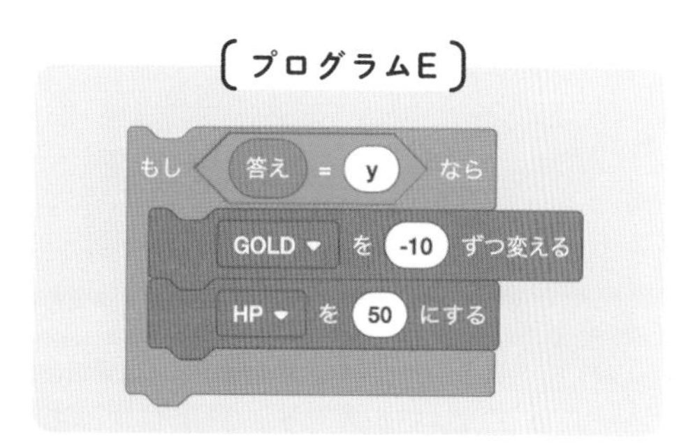

プログラムFを作ろう：宿屋の主人（Goblin）

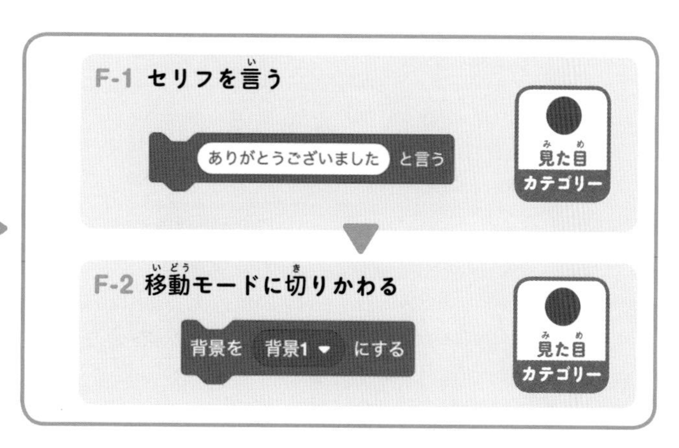

キーを押したあとは店を出るだけですが、いきなりモードが変わるととうとつな感じがするので、主人にセリフを言ってもらって少し時間を置いてから画面を切りかえます。

セリフを言ったあとに「1秒待つ」ブロックを入れて時間のタメを作ります。主人のスプライトもかくしておきます。
プログラムの最後に「店を出る」のメッセージを出して、宿屋から出たことを他のスプライトに知らせましょう。

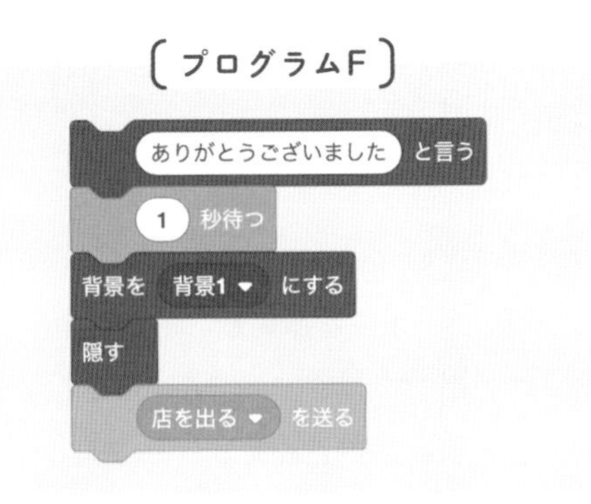

プログラムを整理して仕上げよう

最後に、プログラムD、E、Fをまとめて1つのプログラムにしましょう。
また、ゲーム開始時は主人は非表示なのでかくしておきましょう。

2 宿屋モードのプログラムのまとめ

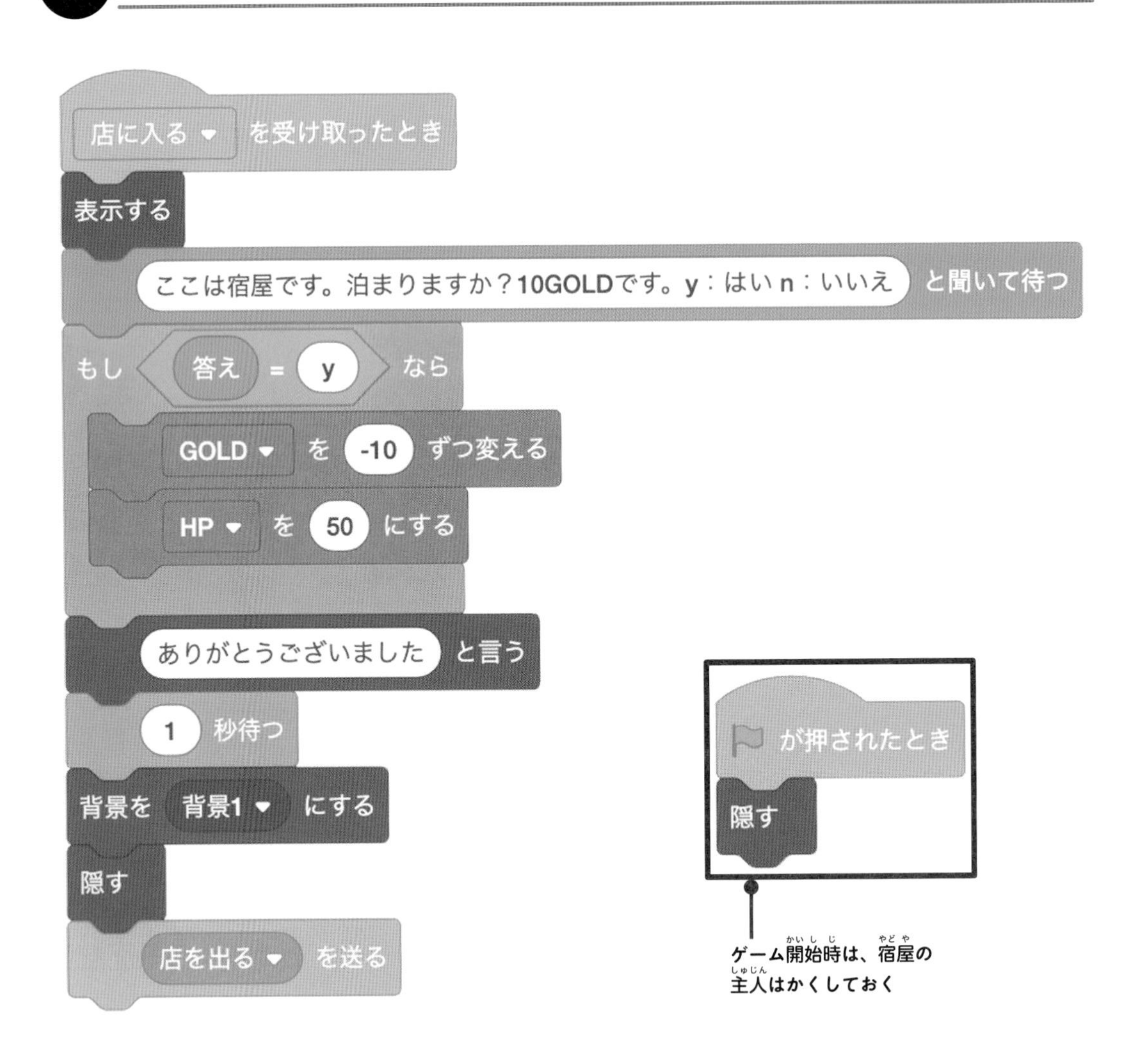

ゲーム開始時は、宿屋の主人はかくしておく

3 バトルモードのプログラム

このモードで必要なプログラム

G 「てきにあった！」と言う（バトルスタート）

H ネコとドラゴンが戦い、お互いセリフを言って、どちらかのHPが0より小さくなったら終了

I バトルがおわったら移動モードに変わる

まず、バトルモードで使うメッセージと変数を作っておきましょう。

- **メッセージ「ネコこうげきおわり」「てきこうげきおわり」「ネコがかち」「てきがかち」**
- **変数「こうげき値」「HP（てき）」**

ここでバトルモードの流れを図で説明しておきます。

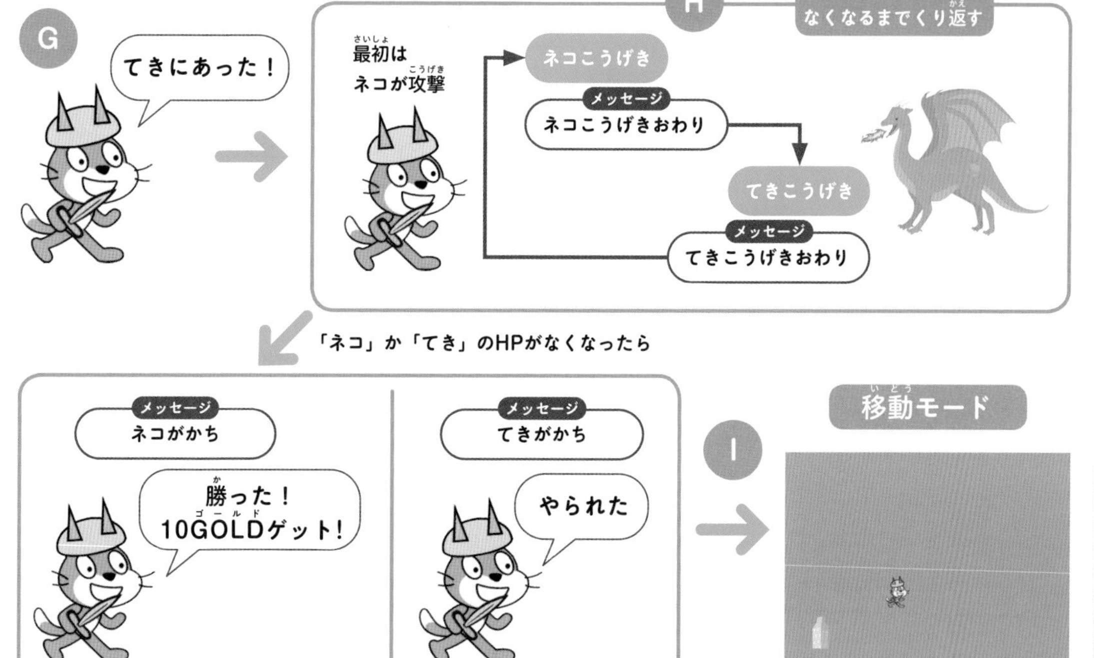

バトルモードのプログラムは複雑なので、完成したブロックをもとに説明します。ブロックごとのコメントを見ながらプログラムを完成させてください。
なお、スプライト2のほうのネコのプログラムなので、気をつけてください。

ネコ（スプライト2）のプログラム

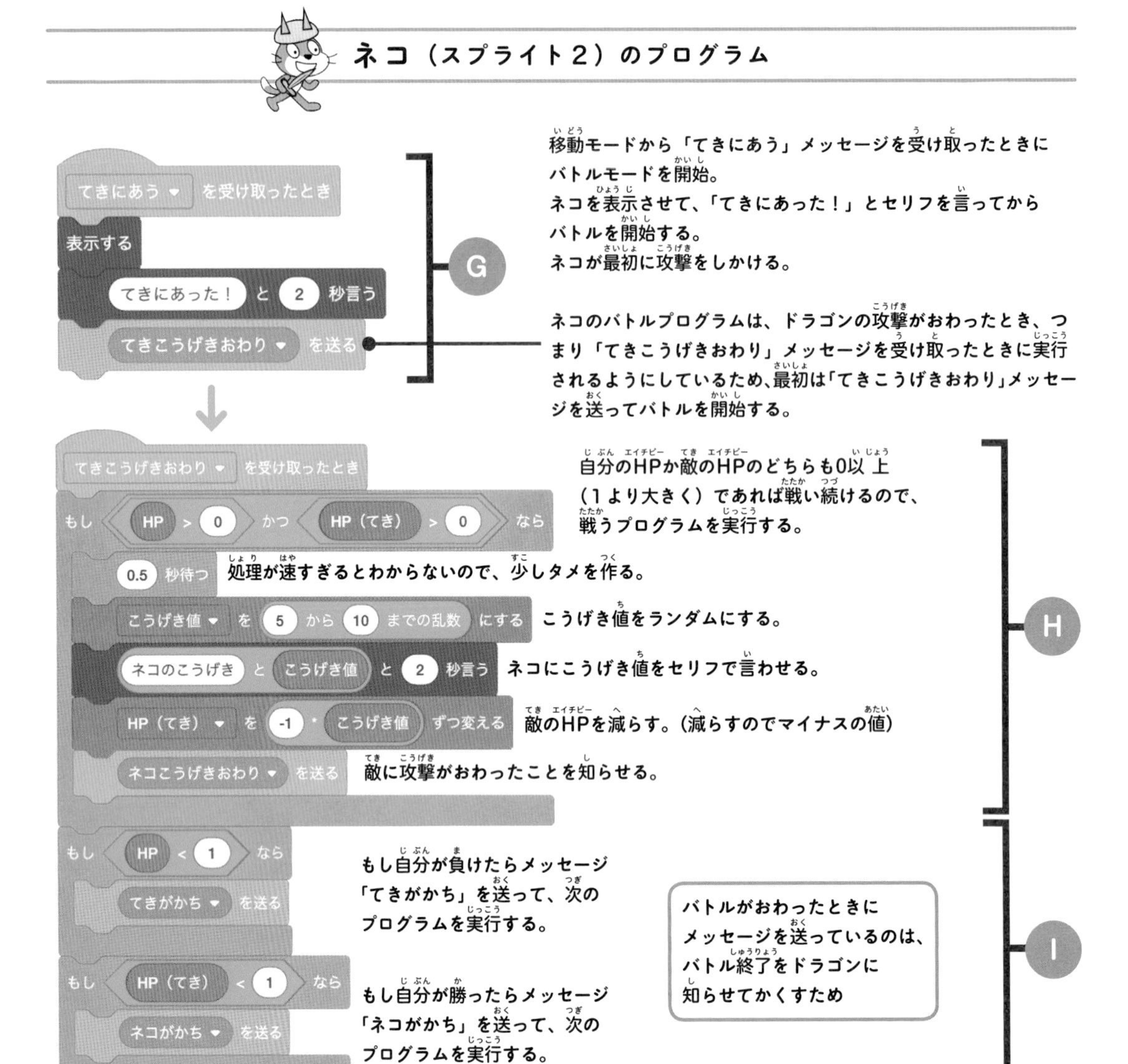

バトル終了後のプログラムと、ゲームスタート時のプログラムを追加します。
バトルに勝ったときはGOLDを増やします。

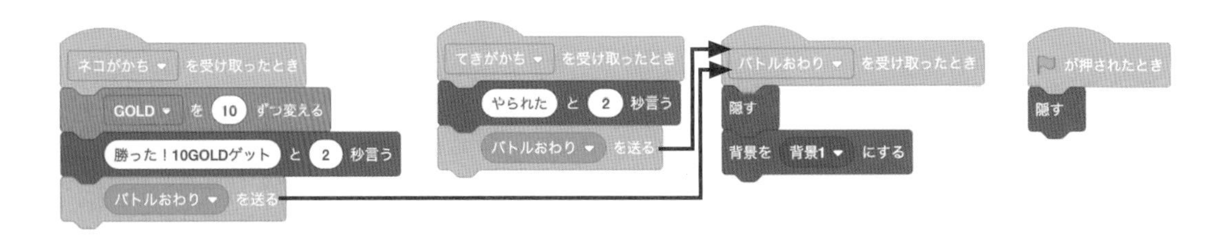

ドラゴンの攻撃のプログラムは、ネコのプログラムとほぼ同じです。違うところだけ説明します。

ドラゴン（dragon）のプログラム

```
ネコこうげきおわり ▼ を受け取ったとき        ネコの攻撃がおわったらドラゴン攻撃のプログラムを実行する。
もし < (HP) > 0 > かつ < (HP（てき）) > 0 > なら
    0.5 秒待つ
    こうげき値 ▼ を 5 から 10 までの乱数 にする
    ドラゴンのこうげき と (こうげき値) と 2 秒言う        ドラゴンにこうげき値をセリフで言わせる。
    HP ▼ を -1 * (こうげき値) ずつ変える        ネコのHPを減らす。（減らすのでマイナスの値）
    てきこうげきおわり ▼ を送る        ネコに攻撃がおわったことを知らせる。
もし < (HP) < 1 > なら
    てきがかち ▼ を送る
もし < (HP（てき）) < 1 > なら
    ネコがかち ▼ を送る
```

バトルモードになったときはドラゴンを表示して、ドラゴンのHPを10にしておきます。バトルの勝負がついて、バトルモードが終了したとき、ゲームスタート時にはドラゴンをかくしておきます。

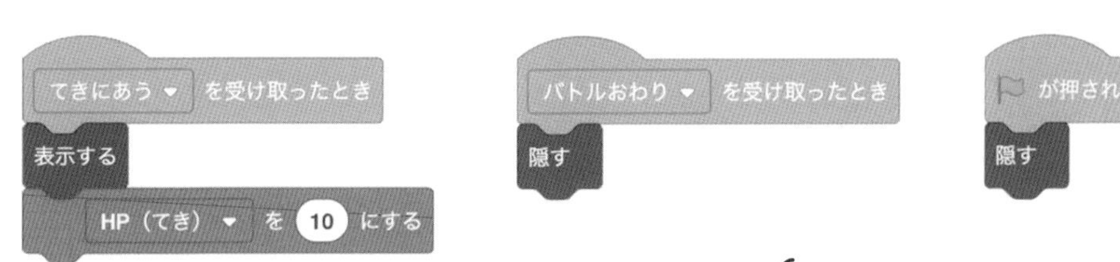

ゲームスタート時のプログラムを考えよう

旗マークをクリックしたときにGOLDやHPの値をリセットするようにプログラムしておきます。ネコ（スプライト１）のプログラムに追加しましょう。

ネコ（スプライト1）のプログラム

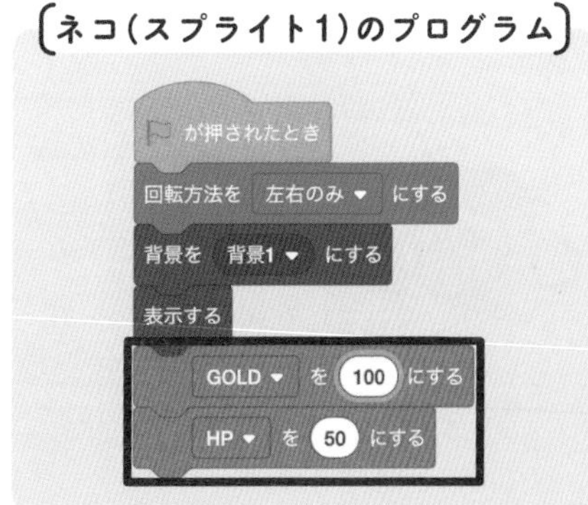

宿屋のスプライト（Buildings）のプログラムをしよう

最後に宿屋のスプライトのプログラムします。忘れがちなのですが、この宿屋のスプライトはモードによって表示したりかくしたりする必要があります。

ゲームスタート時のほか、バトルモードと宿屋モードがおわったときは「移動モード」なので表示します。バトルモードと宿屋モードになったときはどちらもかくします。

これでゲームの完成です！

宿屋のスプライトのプログラム

まとめ

- 複雑なプロジェクトを作るときは、大きな流れから細かく分解するとプログラミングがしやすい
- メッセージを使って画面の切りかえ処理やスプライト同士のやりとりがプログラムできる

今まで覚えたことを組み合わせると、自分でこんなゲームまで作れるんだ〜！

今回はRPGの基礎的な部分を作ったが、ここで紹介した方法以外にもいろいろなやり方があるから、自分で工夫したり調べたりしてプログラムを改良していくのもいいかもしれんぞ。
チャレンジ問題や自分のアイデアを追加して、キミだけのすごいＲPGを作ってみるのじゃ！

チャレンジ問題

01 変数「こうげき」「まもり」(スタート時はそれぞれ1に設定) を追加して、バトルモードでは、「こうげき」の値を変数「こうげき値」に追加、攻撃を受けるときは「まもり」の数を引いた「こうげき値」をHPから引くようにしよう

02 変数「EXP」(けいけん値、スタート時は0に設定) を追加して、敵をたおすとEXPが5ずつ増えるようにしよう

03 変数「レベル」(スタート時は1に設定) を追加して、EXPが20以上になったらレベルを2になるようにして、敵をたおしたあとに「レベル2になった！」と言うようにしよう

04 レベルが上がったら、「こうげき」「まもり」「最大HP」(体力の最大値)が2ずつ上がるようにしよう (ゲームスタート時の最大HPの値は50に)

05 EXPが30、40、50と、次のレベルになるためのEXPが自動的に10ずつ増えるにしよう

06 レベルが2になったとき回復魔法が使えるようにしよう (変数「MP」〈魔法が使えるポイント〉を作り、ゲームスタート時は0になるようにしておく)

07 レベルアップしたらMPを10にして、いつでも「h」キーを押すと体力が20回復し、MPが5ずつ引かれるようにしよう

08 武器屋のスプライトを追加して、そのスプライトに触れたらお店に入るようにしよう (背景と店の主人スプライトを1つ追加する)

09 武器屋では入力欄に「a」キーを入力したら「銅のつるぎ」、「b」キーを入力したら「革のたて」が買えるようにし、それぞれ買ったら100GOLD引かれ、「銅のつるぎ」を買うと「こうげき」が5増え、「革のたて」なら「まもり」が5増えるようにしよう

10 入力欄とは関係なく、「スペース」キーを押したら武器屋から出るようにしよう

解答・解説はウェブサイトで
https://kanki-pub.co.jp/pages/programmingissatsu/

まねて学ぶ！ リミックス機能の使い方

スクラッチには、**「リミックス」**という機能があります。
「リミックス」は、他の人が作った作品をコピーしたあと、それをもとにブロックを追加したりスプライトを変えたりして、オリジナルの作品を作ることができる機能です。

リミックスをするときは、スクラッチにサインインしておく必要があるぞ！

リミックスしたい作品を検索しよう

まずはスクラッチのサイトにアクセスしましょう。

Scratch URL **https://scratch.mit.edu**

スクラッチでは、世界中の人たちが作ったプロジェクトを検索できます。
サイトの上部にある検索窓に、「ダンス」「アニメーション」など何かキーワードを入れて、「Enter」キーを押してみましょう。

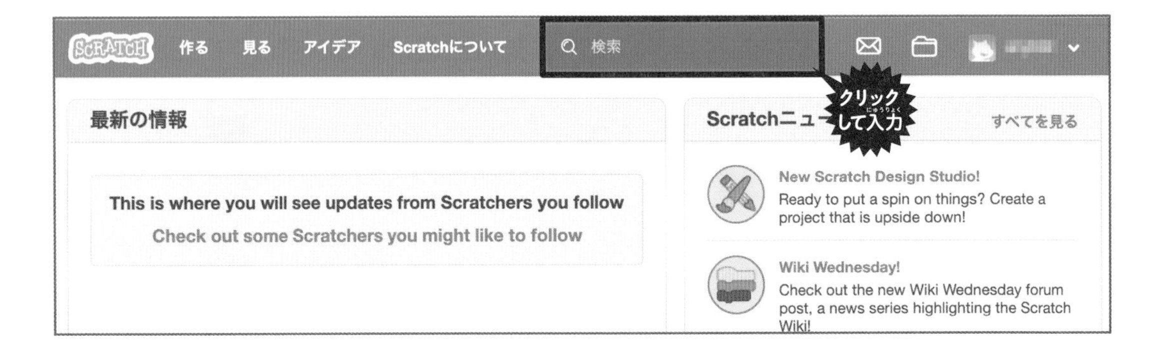

世界中の人のプロジェクトが見られるなんて、ワクワクしちゃう！

検索結果が表示されたら、リミックスしてみたいプロジェクトをクリックしましょう。そうすると、プロジェクトの右上に「リミックス」ボタンが表示されるので、ボタンをクリックしてください。

少し待つと、クリックしたプロジェクトがコピーされて、自分でプログラムを追加・編集できるようになります。

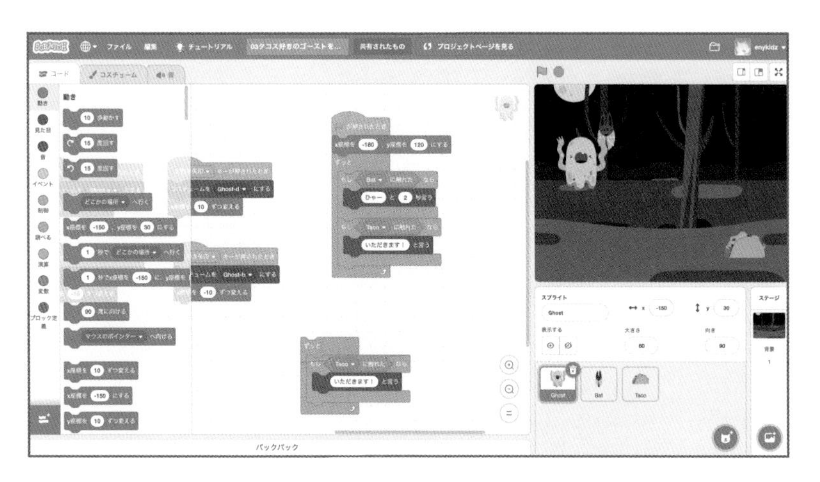

他の人が作ったプロジェクトの中を見ると、新しい発見がたくさんあって、とても勉強になるぞ。
リミックスして、自分なりのアイデアやデザインを入れた新しい作品をどんどん作ってみるのじゃ！

オリジナル作品を作ってみよう

リミックス機能を使ってさらにプログラミングのテクニックがわかってきたら、自分のオリジナル作品を作ってみましょう。

複雑なゲームや作品を作るときは、いきなりプログラミングを始めるのではなくて、**まずはやりたいことを紙などに書き出して、どんなプログラムをする必要があるか考えてから始める**といいでしょう。

たとえば、その作品に出てくる登場人物はだれでしょう？
その登場人物がスプライトになりますよね。変数やリストが必要かもしれません。

だれが登場する？

スプライト（登場人物）

あとは今までやってきたように、スプライトにはどんな動きが必要かを分解・整理し、アルゴリズムを考えながら、プログラミングすればいいだけです！

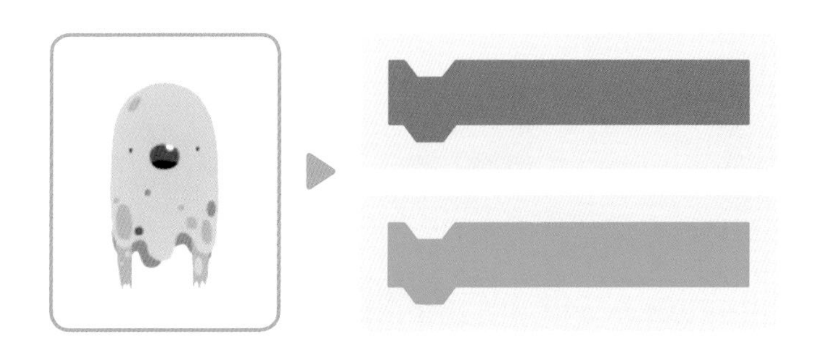

みんなで役割分担して、１つの作品を作ってみよう！

世の中にあるゲームや本、アニメーションなどは、いろいろな人がそれぞれの担当の仕事をして、それを最終的に組み合わせて、完成します。
今までやってきたように、スクラッチは絵を描いたり、音を鳴らしたり、いろいろなことができるツールです。
１つの作品を作るのに、１人だけでやるのではなく、**何人かでいっしょにアイデアを出したり、協力して作ると、思いもつかなかった作品ができるようになります。**
まわりの友だちを誘って、それぞれが得意なことをやり、すごい作品を作ってみてください！

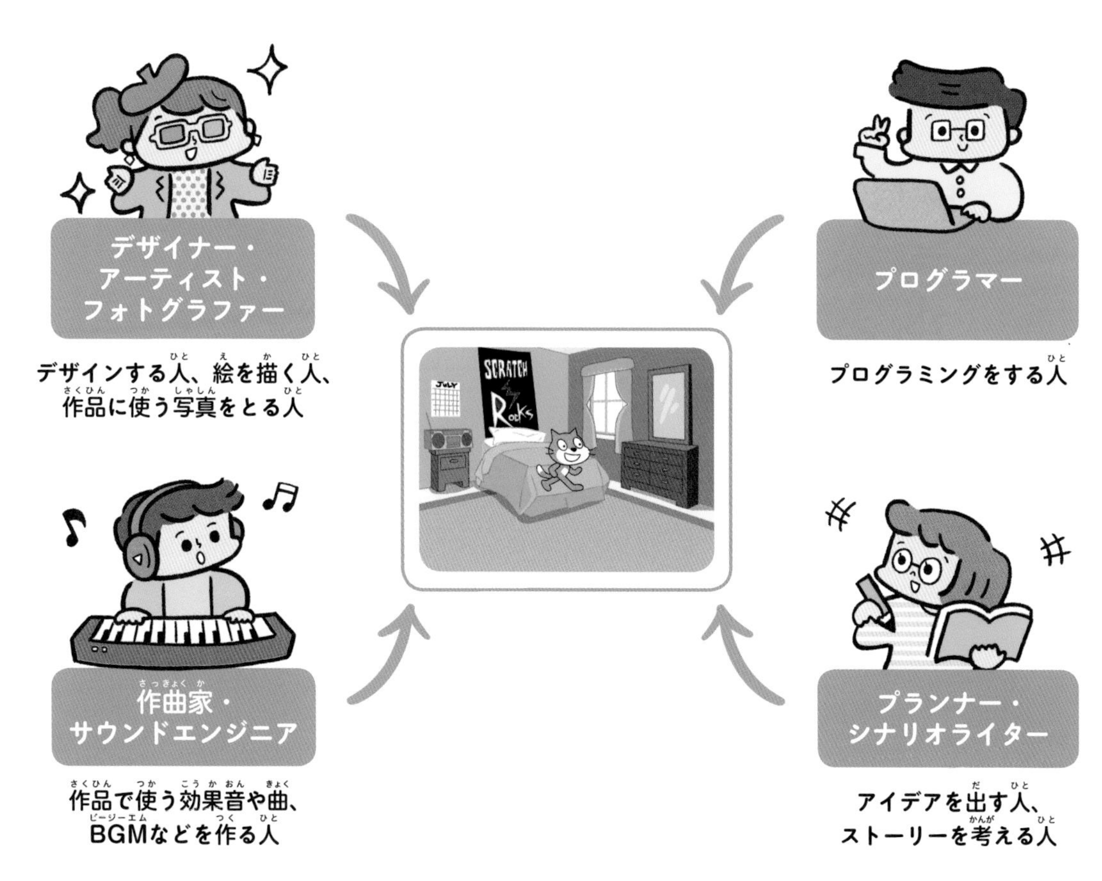

ぼくは読書が好きだからシナリオを書いて、絵が得意なジュンにアニメーションをつけてもらうのもいいかも！

作った作品をみんなにプレゼンテーションしよう！

この本で作ったものでも、リミックスしたものでも、新しく作った作品でも、完成したら、まわりの人に見せてみましょう。

人の前で説明することを「プレゼンテーション」といいます。プレゼンテーションすると、「どうやって説明するのか」を考える勉強になります。
たとえばYouTuberは、どうやったらおもしろい映像になるかを考えて、YouTubeの中でプレゼンテーションしているのです。

見せた人たちからは、「どうやってやっているの？」という質問がくるかもしれません。自分が作ったものを説明することで、よりプログラムを理解できるようになります。

友だち同士で「これはどうやってプログラミングしてるの？」「こんなプログラムしてるんだー」と教え合うと、プログラミングスキルがもっともっとアップしていくぞ！

みんなの前で説明する力は、中学生や高校生、大学生になったとき、そして将来大人になって働くときにも、とても役立ちます。
どんどんプレゼンテーションしていきましょう！

すっごい
楽しかったー！
いろんな
作品を
作れたぞー！
うむ キミたちは
もう立派な
プログラマーじゃ
パチ
パチ
1

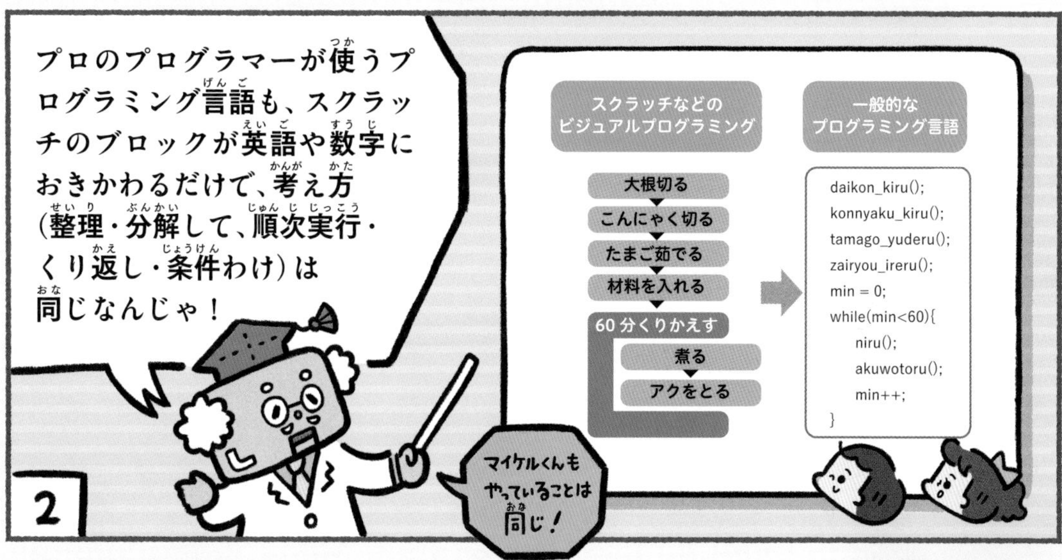
プロのプログラマーが使うプログラミング言語も、スクラッチのブロックが英語や数字におきかわるだけで、考え方（整理・分解して、順次実行・くり返し・条件わけ）は同じなんじゃ！
スクラッチなどの
ビジュアルプログラミング
一般的な
プログラミング言語
大根切る
こんにゃく切る
たまご茹でる
材料を入れる
60分くりかえす
煮る
アクをとる
daikon_kiru();
konnyaku_kiru();
tamago_yuderu();
zairyou_ireru();
min = 0;
while(min<60){
niru();
akuwotoru();
min++;
}
マイケルくんも
やっていることは
同じ！
2

えー 次は
何つくろっかなー
他の
プログラミング言語も
覚えてみたいな
フフフ…
Ooo
3

また2人、プログラミングで作りたいものを作りだせる子どもを育ててしまった……
次はどんな子に
出会える
じゃろうか……
プログラミングの
楽しさを伝える
伝道師の旅は続く…
4

お役立ち情報

ショートカットキーを使ってみよう！

キー入力の組み合わせでかんたんに操作ができる入力方法を「ショートカット」といいます。スクラッチの操作中にも使えるので、やってみましょう。利き手でマウスを使い、反対の手でショートカットキーを使うと時間短縮になります。

	Windows	Mac
操作をもとに戻す （操作を間違えた場合はこれを使うと便利）	Control + Z	Command + Z
操作をやり直す（Control + Z を取り消す）	Control + Shift + Z	Command + Shift + Z
データやブロックをコピーする	Control + C	Command + C
コピーしたデータやブロックを貼り付ける	Control + V	Command + V

知っておきたいスクラッチの機能

プロジェクトのファイル操作

コピーを保存：プロジェクトを複製できます。

コンピューターから読み込む：
パソコンなどに保存したプロジェクトファイルを読み込んで、編集することができます。

コンピューターに保存する：
プロジェクトをファイルとして保存できます。保存したファイルは別プロジェクトで読み込んだり、データとして他の人にわたしたりできます。インストール版スクラッチでも使えます。

▼画面左上「ファイル」メニュー

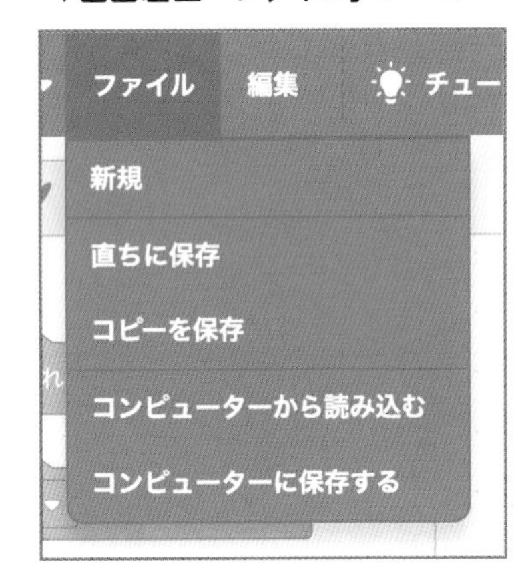

スプライト削除の取り消し

スプライトをまちがって削除してしまった場合は取り消しできます。

ターボモード

ターボモードにするとプログラムの処理が速くなります。時間がかかるプログラムを実行するときは便利です。「Shift」キーを押しながら旗マークをクリックしてもターボモードになります。

▼画面左上「編集」メニュー

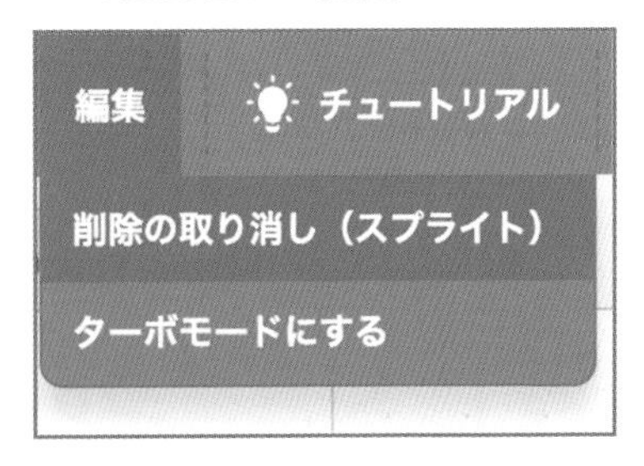

変数・リスト名の変更、削除

変数やリスト名は右クリックから変更できます。名前を変えたい場合、削除したい場合などはその変数やリストを右クリックしましょう。

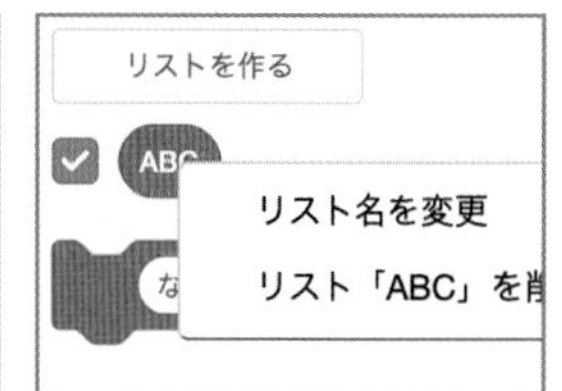

音の追加、録音、編集

音はスプライトの「音」タブをクリックすると録音、編集ができます。音を逆再生したり速く再生したり、いろいろなことができます。自分の声を録音したり、パソコンなどに入っている音を追加して使ったりすることもできます。

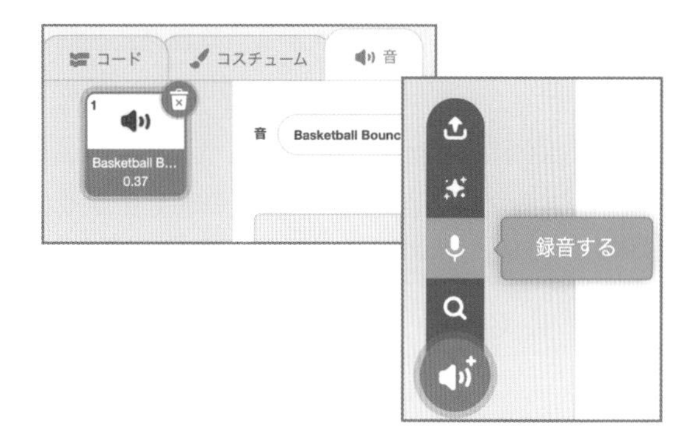

リストの読み込み、書き出し

リストの内容は、ファイルとして保存することができます(書き出し)。また、スクラッチ以外のソフトで作ったリストを読み込むこともできます。リストを右クリックすると操作できます。
リストの中身が多い場合などは、リストの読み込みを使うと便利です。

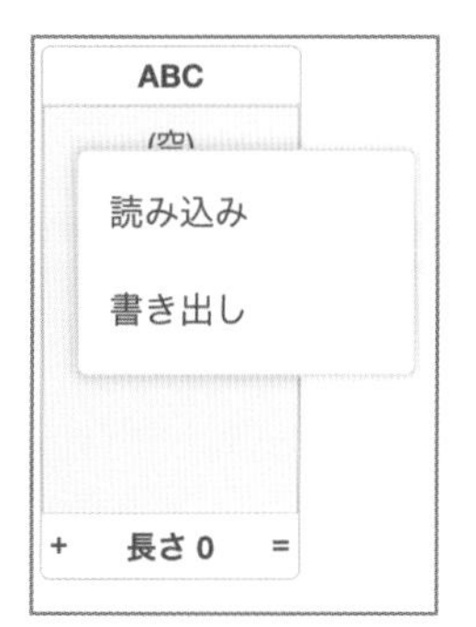

「ファイル名.txt」というテキスト形式のファイルにリストの中身を1行ずつ書いて保存します。
このファイルを読み込むとリストができあがります。

なす
にんじん
だいこん

拡張機能　ハードウェアとの連携

スクラッチは拡張機能を使うと、いろいろなハードウェア(装置、機械)との連携ができます。
たとえばネコのスプライトをパソコンにつなげたコントローラーで操作したり、スクラッチで作ったプログラムをハードウェアに送ってロボットを動かすこともできます。
なかでも、「micro:bit」というハードウェアが比較的安価なので、ハードウェア連携をはじめてためすにはおすすめです。

著者紹介

熊谷　基継（くまがい・もとつぐ）

◉——ENY KiDZオンラインスクール校長。有限会社ナノカ代表。

◉——1975年生まれ。青山学院大学大学院卒業。卒業後、NECにて販促・企画に従事。その後、中目黒のおでんや料理人、コンサルティング会社でのWEBデザイン・プログラミング、マーケティング職を経て、IT専門学校HAL東京にてプログラミング・デザインを教える。講師時代に「プログラミングはもっと早い子どもの時期から教育すべき」と感じ、キッズプログラミング学習オンラインスクールを立ち上げる。過去に指導した子どもたちは1000名以上。

◉——現在、小学生向けのプログラミングイベントやプログラミング教室のアドバイザーを務めるほか、オンラインプログラム学習サービス・paiza、社会人教育研修サイト等でカリキュラム開発に携わり、プログラミング教材を提供している。2019年には制作したプログラミング番組が対馬市CATVにて放送され、同市のプログラミング教育コンテンツとして教育委員会から認定。同市の小学校の教材として採用された。

◉——世界的なWEBデザインアワードを多数受賞、ノミネート（A' Design Award、CSS Design Awards、Design Awards Asia、Awwwardsなど）。著書に『親子で学べる いちばんやさしいプログラミング おうちでスタートBOOK』（すばる舎）がある。

小学校6年生までに必要なプログラミング的思考力が1冊でしっかり身につく本

2020年7月6日　第1刷発行
2023年10月25日　第3刷発行

著　者——熊谷　基継
発行者——齊藤　龍男
発行所——株式会社かんき出版
東京都千代田区麹町4-1-4 西脇ビル　〒102-0083
電話　営業部：03(3262)8011㈹　編集部：03(3262)8012㈹
FAX　03(3234)4421　振替　00100-2-62304
http://www.kanki-pub.co.jp/

印刷所——シナノ書籍印刷株式会社

ISBN978-4-7612-3009-8 C6055